高等学校安全工程专业教材
国家科技支撑计划项目《城镇油气管道泄漏监测预警与风险研判技术装备研发》(2015BAK16B03)资助

危险化学品安全管理

许 铭 编著

参加编写人员：康荣学 多英全 桑海泉 方 芳
曹康维 云霞皓月 何旭辉 雷博雯
徐 可 刘可心 马媛杰 曾志伟
邹小飞 马鸿图 廖康文 任思敏
舒 涵 李玉浩 王一如 崔 钰
季晨阳 徐星星 高星宇 张子涵
张永宝

中国劳动社会保障出版社

图书在版编目(CIP)数据

危险化学品安全管理/许铭编著. —北京：中国劳动社会保障出版社，2018.1
高等学校安全工程专业教材
ISBN 978-7-5167-3299-1

Ⅰ.①危… Ⅱ.①许… Ⅲ.①化学产品-危险物品管理-高等学校-教材 Ⅳ.①TQ086.5

中国版本图书馆 CIP 数据核字(2017)第 307676 号

中国劳动社会保障出版社出版发行
（北京市惠新东街 1 号 邮政编码：100029）
*
三河市华骏印务包装有限公司印刷装订 新华书店经销
787 毫米×1092 毫米 16 开本 19.25 印张 367 千字
2018 年 1 月第 1 版 2019 年 4 月第 2 次印刷
定价：48.00 元

读者服务部电话：（010） 64929211/84209103/84626437
营销部电话：（010） 84414641
出版社网址：http://www.class.com.cn

内容简介

本书以《危险化学品安全管理条例》为基础，以近年来国家出台的加强危险化学品安全管理的法规、文件为依据，结合最新研究成果编著而成。书中内容共分为10章，包括：绪论，化工生产安全基础，危险化学品安全管理要点，安全规划、安全审查和安全许可制度，储罐区安全管理，油气输送管道安全管理，化工园区安全管理，化工安全评价技术，危险化学品安全教育培训，应急救援与事故处置。书后还附录了《涉及危险化学品安全风险的行业品种目录》《危险化学品重大危险源临界量》，以方便读者查阅。

本书可作为危险化学品安全生产监督管理人员、化工园区安全管理人员、化工企业主要负责人和安全管理人员以及安全咨询服务人员等其他相关人员安全教育培训及日常工作的参考用书，还可作为全国高校安全工程专业及相关专业的教学用书。

本书由国家科技支撑计划项目《城镇油气管道泄漏监测预警与风险研判技术装备研发》（2015BAK16B03）资助出版。

目录

第一章　绪论

第二章　化工生产安全基础

第三章　危险化学品安全管理要点

第四章　安全规划、安全审查和安全许可制度

第五章　储罐区安全管理

第六章　油气输送管道安全管理

第七章　化工园区安全管理

第八章　化工安全评价技术

第九章　危险化学品安全教育培训

第十章　应急救援与事故处置

第一章

绪论

第一节　我国的危险化学品情况概述

一、我国是世界第一大化学品生产国

据美国《化学文摘》统计，全世界已有化学品多达 700 万种，其中已作为商品上市的有 10 万余种，经常使用的有 7 万多种，每年全世界新出现化学品 1 000 多种。2016 年工业和信息化部发布《石化和化学工业发展规划（2016—2020 年）》显示，我国已成为世界第一大化学品生产国，甲醇、化肥、农药、氯碱、轮胎、无机原料等重要大宗产品产量位居世界首位。

我国每年原油产量约 2.1 亿 t，天然气产量约 1 300 亿 m^3，原油加工量约 5 亿 t，道路运输约 2.5 亿 t 的危险化学品。已建成了 22 个千万吨级炼油、10 个百万吨级乙烯基地，形成了长江三角洲、珠江三角洲、环渤海地区三大石化产业集聚区；建成云贵鄂磷肥、青海和新疆钾肥等大型化工基地以及蒙西、宁东、陕北等现代煤化工基地。

德国知名化工企业巴斯夫公司的统计资料显示：中国化工产品总产值排在全球第一位，约占世界化工产品总产值的四分之一。

我国石化“十三五”规划预测，国内对石化化工产品的需求仍会稳定增长，具体见表 1—1 和表 1—2。

表 1—1　　2020 年代表性石化化工产品国内需求预测　　单位：万吨

产　品	2015 年消费量	2020 年需求预测	需求年均增长率%
一、传统石化化工产品			
乙烯（当量消费量）	4 030	4 800	3.6
丙烯（当量消费量）	3 180	4 000	4.7

续表

产　品	2015 年消费量	2020 年需求预测	需求年均增长率%
一、传统石化化工产品			
对二甲苯	2 070	2 850	6.6
甲醇	5 238	8 000	8.8
乙二醇	1 335	1 850	6.7
钾肥（折 K_2O100%）	1 145	1 300	2.5
二、代表性高端产品			
聚碳酸酯	167	230	6.7
聚甲基丙烯酸甲酯（当量消费量）	71	100	7.2
乙烯-醋酸乙烯共聚树脂（EVA）	118	150	4.9
硅橡胶（折聚硅氧烷，含回收利用）	75	150	14.9
丁基橡胶	31	48	9.1
二苯基甲烷二异氰酸酯（MDI）	190	270	7.3
聚四氟乙烯	7.4	10	6.3
有机硅单体（折硅氧烷，含回收利用）	90	156	11.6

表 1—2　　部分传统化工产品 2015 年产能、产量和 2020 年国内需求预测　单位：万吨

产品	2015 年产能	2015 年产量	2015 年消费量	2020 年需求预测	需求年均增长率%
聚氯乙烯	2 350	1 609	1 614	2 020	4.6
烧碱	3 870	3 028	2 852	3 550	4.5
纯碱	3 150	2 617	2 397	2 780	3.0
氮肥（折纯 N100%）	6 050	4 840	3 728	4 100	1.2
磷肥（折 $P_2O_5$100%）	2 350	1 793	1 243	1 320	1.2
农药（原药，折 100%）	300	160	82.5	85	0.6

二、我国是危险化学品生产、使用、进出口和消费大国

化学品中有相当一部分为危险化学品。据国家安全生产监督管理总局统计，截至 2016 年年底，全国有危险化学品企业近 30 万家（其中生产企业 1.9 万家、经营企业 26.5 万家、储存企业 0.55 万家），从业人员近千万，全国油气长输管线总里程超过 12 万公里。危险化学品领域、化工行业已成为现代工业中危险源最集中、危险性最高的

领域、行业之一。国民经济的大多数行业都涉及危险化学品安全管理问题，具体见附录一。

第二节　危险化学品及化工生产的危险特性

一、危险化学品的危险特性

危险化学品的危险特性归纳起来主要有以下几点：

1. 燃烧性

爆炸品、压缩气体和液化气体中的可燃性气体、易燃液体、易燃固体、自燃物、遇湿易燃物、有机过氧化物等，在条件具备时均可能发生燃烧。

2. 爆炸性

爆炸品、压缩气体和液化气体、易燃液体、易燃固体、自燃物品、遇湿易燃物品、氧化剂和有机过氧化物等危险化学品均可能由于其化学活性或易燃性引发爆炸事故。

3. 毒害性

许多危险化学品可通过一种或多种途径进入人体和动物体内，当其在人体中累积到一定量时，便会扰乱或破坏肌体的正常生理功能，引起暂时性或持久性的病理改变，甚至危及生命。

4. 腐蚀性

强酸、强碱等物质能对人体组织、金属等物品造成损坏，接触人的皮肤、眼睛或肺部、食道等时，会引起表皮组织坏死而造成灼伤。人体内部器官被腐蚀性物质灼伤后可引起炎症，甚至会造成死亡。

5. 放射性

放射性危险化学品通过放出的射线可阻碍和伤害人体细胞活动机能并导致细胞死亡。

由于危险化学品所固有的易燃、易爆、有毒、腐蚀、放射等危险特性，在其生产、经营、储存、运输、使用以及废弃物处置的过程中，如果管理、操作、防护不当，当受到摩擦、撞击、震动、接触热源或火源、日光暴晒、遇水受潮、遇性能相抵触物品等外界条件的作用，可能导致危险化学品泄漏、火灾爆炸等事故，造成人员死伤、健康受损、财产损失、环境污染、生态破坏等严重后果。

部分常见危险化学品的危险特性见表1—3。

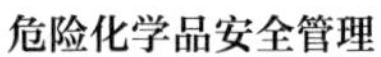

表 1—3　　部分常见危险化学品危险特性

物质名称	闪点(℃)	燃点(℃)	爆炸极限(%)	最小点火能(mJ)	容许浓度(mg/m^3)	说明
乙炔(C_2H_2)		305	2.5~80	0.019		
铝粉(Al)		645		20	3(TWA) 4(STEL)	
氨(NH_3)		651	15~28		20(TWA) 30(STEL)	
苯(C_6H_6)	-11	562	1.3~8	0.022	6(TWA) 10(STEL)	
一氧化碳(CO)		609	12.5~74.2		30	
氯(Cl_2)					1(MAC)	
氯乙烯(C_2H_3Cl)	-78	472	5.6~33		10(TWA) 25(STEL)	
乙醇(C_2H_6O)	13	443	4.7~19			
乙烯(C_2H_4)		450	2.7~36			
甲醛(CH_2O)	50	430	7~73		0.5(MAC)	
汽油	-43	280~456	1.4~7.6		350	
氢气(H_2)		500	4.1~74.2	0.001 8		
氰化氢(HCN)	-18	538	5.6~40		1(MAC)	
硫化氢(H_2S)		260	4~46		10(MAC)	
甲烷(CH_4)		537	5.3~15	0.02		
光气(CCl_2O)					0.5(MAC)	
磺磷(P)		30			0.05(TWA) 0.1(STEL)	遇撞击、摩擦、氧化剂可燃爆
氯酸钾($KClO_3$)						遇撞击可燃爆，强氧化剂
丙烷(C_3H_8)		450	2.9~9.5	0.26		
硫酸(H_2SO_4)						强腐蚀性
硝酸(HNO_3)						强腐蚀性
氢氧化钠(NaOH)						强腐蚀性

注：表中容许浓度一列中 MAC 指最高容许浓度，TWA 指时间加权平均容许浓度，STEL 指短时间接触容许浓度。

二、化工生产特点

1. 生产涉及的危险化学品多

化工生产使用的原料、半成品和成品种类繁多，且绝大部分是易燃、易爆、有毒、有腐蚀性的危险化学品。这对这些原材料、燃料、中间产品和成品的生产、储存和运输都提出了特殊的安全管理要求。

2. 化工生产要求的工艺条件苛刻

有些化学反应在高温、高压下进行，有些化学反应在低温、高真空度下进行。如在轻柴油裂解制乙烯、进而生产聚乙烯的生产过程中，轻柴油在裂解炉中的裂解温度为 800 ℃；裂解气要在深冷（-96 ℃）条件下进行分离；纯度为99.99%的乙烯气体在294 MPa 压力下聚合，制成聚乙烯树脂。

3. 生产规模大型化

近几十年来，国际上化工生产采用大型生产装置已是一个明显的趋势。以化肥为例，20 世纪 50 年代合成氨的最大规模为 6 万吨/年，60 年代初为 12 万吨/年，60 年代末达到 30 万吨/年，70 年代发展到 50 万吨/年，如今已发展到 100 万吨/年以上。采用大型装置，可以明显降低单位产品的建设投资和生产成本，有利于提高劳动生产率。因此，世界各国都在积极发展大型化工生产装置。

4. 生产方式日趋先进

现代化工企业的生产方式已经从过去的手工操作、间歇生产转变为高度自动化、连续化生产；生产设备由敞开式变为密闭式；生产装置由室内走向露天；生产操作由分散控制变为集中控制，继而又发展到计算机控制。

三、化工生产事故特点

化学工业作为高危行业，重大伤亡事故屡见不鲜。通过大量的化工事故统计分析，可以看出以下几个特点：

1. 燃烧爆炸事故屡屡发生

燃烧爆炸是化工行业多发事故之一，主要原因是由行业生产特点决定的，加之违章指挥，违章作业，违反操作规程；设备、工具、附件有缺陷；管理上有漏洞，如规章制度不健全、劳动组织不合理；不懂操作技术知识，操作人员文化素质不高等，从而导致燃烧爆炸事故屡屡发生。

2. 泄漏事故普遍发生

泄漏中毒灼伤事故是化工生产普遍发生的事故，也是导致职业病发病的主要原因之一。由于有毒物质大多是原料和中间产物，在生产过程中以气体或液体状态存在，在发生泄漏事故的情况下，有害物质迅速外泄并污染作业环境，如果防护不当或应急救援不及时，很容易发生急性中毒、慢性中毒、职业性皮炎和化学灼伤等伤害事故。

分析危险化学品泄漏事故的原因，主要是设备密封不严、严重腐蚀穿孔、超压引起设备与管道突然断裂、检修时未加设挡板、有毒气体倒流负压系统、阀门泄漏、操作失误、管理混乱和规章制度不落实等。

3. 同类事故接连不断

有些类型的事故会重复发生，甚至在一台化工设备或化工机器上连续发生多次。

4. 恶性事故没能有效遏制

从发生设备事故的数量及事故的严重性来看，总的趋势有所增加和发展，重大恶性事故没能有效遏制。

5. 设备缺陷比例很大

在大量的设备事故中，因设计制造缺陷而导致的事故所占比例很大。例如，自制设备，擅自修改图纸、改装设备，材质不符合要求，随意选用代材，铸造、焊接质量低劣，以及管件、阀门质量不佳而留下隐患等。

6. 正常生产时事故隐患多

首先，化工生产中有许多副反应，有些机理尚不完全清楚，有些则是在危险边缘（如爆炸极限）附近生产，如乙烯制环氧乙烷，生产条件稍有变化就会发生严重事故，间歇生产更是如此。其次，化工工艺中影响各种参数的干扰因素很多，参数很容易发生偏移，而参数的偏移是事故的根源之一，即使在自动调节的过程中也会发生失调或失控现象，人工调节更易发生事故。最后，由于人的素质或人机工程设计欠佳，往往造成误操作，如看错仪表、开错阀门等。特别是现代化生产中，人是通过控制台进行操作的，发生误操作的机会更多。

四、典型事故

历史上发生过一系列震惊中外的危险化学品重特大事故。

1. 国外典型事故

1976 年 6 月 10 日，意大利塞韦索（Seveso）发生二噁英泄漏事故，导致 2 000 人中毒、数十平方英里的土地和植被被污染。1984 年 11 月 19 日，墨西哥城发生液化石油气爆炸事故，导致 650 多人死亡，数千人受伤。1984 年 12 月 3 日，印度博帕尔市的美国联合碳化物公司农药厂发生毒气泄漏事故。据国际聚氨酯协会异氰酸酯分会提供的数据，该起事故共造成 6 495 人死亡、12.5 万人中毒、5 万人终身受害。1986 年 4 月 16 日，原苏联切尔诺贝利核电站发生爆炸事故，大量放射性物质泄漏，导致事故后前 3 个月内有 31 人死亡，之后 15 年内有 6 万~8 万人死亡。世界卫生组织称，500 多万人受到核辐射影响，从事故污染区迁出了约 13.5 万名居民。2016 年 11 月底，乌克兰筹资约 15 亿欧元，为切尔诺贝利核电站 4 号反应堆建造了高 110 m，长 257 m，宽 164 m，重达 3.62 万 t 的新保护罩，以阻止放射性物质泄漏。

2. 国内典型事故

随着我国经济的高速发展，危险化学品火灾、爆炸、中毒等类重特大事故频繁发生。2003 年 12 月 23 日，重庆市开县发生特大井喷事故，泄漏的硫化氢气体造成 243 人死亡，6.5 万人紧急疏散，26 555 人门诊，2 142 人住院，直接经济损失 9 262.7 万元。2004 年 4 月 15 日重庆天原化工厂发生氯气泄漏爆炸事故，造成 9 人死亡，15 万人紧急疏散。2005 年 11 月 13 日中石油吉林双苯厂发生爆炸事故，造成 8 人死亡，60 人受伤，100 t 苯类物质流入松花江致使松花江水域遭到污染，近 400 万人口的哈尔滨市停水 4 天。2010 年 7 月 28 日，南京市栖霞区南京塑料四厂拆除工地施工中，挖断地下丙烯管道导致爆燃事故，造成 22 人死亡，120 人住院治疗。2013 年 6 月 3 日，吉林省长春市宝源丰禽业有限公司发生氨气管道泄漏爆炸燃烧特别重大事故，共造成 121 人死亡、76 人受伤，17 234 m^2 主厂房及主厂房内生产设备被损毁，直接经济损失 1.82 亿元。2013 年 11 月 22 日，山东省青岛市中石化东磺输油管道发生泄漏爆炸特别重大事故，造成 63 人死亡，156 人受伤，直接经济损失 7.5 亿元。2015 年 8 月 12 日，位于天津市滨海新区天津港的瑞海国际物流有限公司危险品仓库发生特别重大火灾爆炸事故，爆炸冲击波波及最远距离达 13.3 km。事故造成 165 人死亡（消防人员 99 人、公安民警 11 人，周边居民 55 人），8 人失踪（消防人员 5 人），798 人受伤住院治疗；304 幢建筑物、12 428 辆商品汽车、7 533 个集装箱受损，直接经济损失 68.66 亿元。

第三节　危险化学品相关术语

与危险化学品密切相关的术语有化学品、危险化学品、剧毒化学品、危险货物、危险物品、易制爆危险化学品、易制毒化学品、高度关注物质等。

1. 化学品（Chemicals）

化学品是指各种化学元素和化合物以及混合物，无论其是天然的还是人工合成的（摘自：国际劳工组织《关于作业场所安全使用化学品公约》）。

2. 危险化学品（Hazardous chemicals）

一般的，危险化学品是指物质本身具有某种危险特性，当受到摩擦、撞击、震动、接触热源或火源、日光暴晒、遇水受潮、遇性能相抵触物品等外界条件的作用，会导致燃烧、爆炸、中毒、灼伤及污染环境等事故发生的化学品。相关法规、标准对危险化学品有明确定义。

《危险化学品目录》（2015 版）和 GB 18218—2009《危险化学品重大危险源辨识》定义危险化学品：具有毒害、腐蚀、爆炸、燃烧、助燃等性质，对人体、设施、环境具有危害的剧毒化学品和其他化学品。

我国《危险化学品安全管理条例》定义危险化学品：是指具有易燃、易爆、有毒、有害等特性，会对人员、设施、环境造成伤害或损害的化学品。

3. 剧毒化学品（Highly toxic chemicals）

剧毒化学品是指具有剧烈急性毒性危害的化学品，包括人工合成的化学品及其混合物和天然毒素，还包括具有急性毒性易造成公共安全危害的化学品［摘自：《危险化学品目录》（2015 版）］。

4. 危险货物（Dangerous goods）

危险货物是运输行业的专门术语，是指具有爆炸、易燃、毒害、感染、腐蚀、放射性等危险特性，在运输、储存、生产、经营、使用和处置中，容易造成人身伤亡、财产损毁或环境污染而需要特别防护的物质和物品（摘自：GB 6944—2012《危险货物分类和品名编号》）。

道路运输危险货物具体以列入 GB 12268—2012《危险货物品名表》为准，铁路运输危险货物具体以列入《铁路危险货物品名表》（铁运〔2009〕130 号）为准，水路运输危险货物具体以列入《水路运输危险货物规则》中附件一《各类引言和危险货物运输的建议书规章范本》的分类方法为准。

5. 危险物品（Dangerous materials）

危险物品又称危险品，安全生产领域的专门术语，是指易燃易爆物品、危险化学品、放射性物品等能够危及人身安全和财产安全的物品（摘自：《中华人民共和国安全生产法》）。

6. 易制爆危险化学品（Hazardous chemicals liable to produce explosives）

易制爆危险化学品是社会公共安全领域的专门术语，是指国务院公安部门规定的可用于制造爆炸物品的危险化学品，具体以列入 2017 年 5 月公安部颁布的《易制爆危险化学品名录》（2017 年版）为准。其分类依据是 GB 20576—20591《化学品分类、警示标签和警示性说明安全规范》，与《危险化学品目录》（2015 版）基本一致。

7. 易制毒化学品（Precursor chemicals）

易制毒化学品是社会公共安全领域的专门术语，是指国务院公安部门规定的可用于制造毒品的危险化学品，具体以列入《易制毒化学品目录》（2012 版）为准。《易制毒化学品目录》（2012 版）收录了 41 种易制毒化学品，分为三类，第一类收录 30 种，第二类收录 5 种，第三类收录 6 种。

8. 高度关注物质（SVHC）

高度关注物质是欧盟监管威胁安全和健康的危险物质的新术语。高度关注物质（Substances of very high concern，SVHC）是指满足 REACH（欧盟法规《化学品的注册、评估、授权和限制》，REGULATION concerning the registration，Evaluation，Authorization and restriction of chemicals）第 57 条规定的物质。自 2008 年 10 月 28 日，欧盟化学品管理局（ECHA）首次公布第一批 SVHC 候选清单（16 种物质）以来，截至 2016 年 6 月 20 日，已发布 15 批 SVHC 清单，高度关注物质增加到 169 种，主要是危险化学品、剧毒化学品，还包括多种无机物和有机物。

9. 重大危险源（Major hazard installations）

重大危险源是指长期地或者临时地生产、搬运、使用或者储存危险物品，且危险物品的数量等于或者超过临界量的单元（包括场所和设施）（摘自:《安全生产法》）。GB 18218—2009《危险化学品重大危险源辨识》规定，凡是单元内存在的危险化学品数量等于或超过标准规定的临界量，即被确定为重大危险源。危险化学品重大危险源临界量见附录二。

第四节　危险化学品安全相关法律法规

一、相关法律法规标准规范

为了确保危险化学品安全，国家制定颁布了《中华人民共和国安全生产法》（中华人民共和国主席令第 13 号）《危险化学品安全管理条例》（国务院令第 591 号）等法律法规，以及《危险化学品重大危险源监督管理暂行规定》（安全生产监督管理总局令第 40 号）等 10 余项部门规章；制定印发了《国务院安委会办公室关于进一步加强危险化学品安全生产工作的指导意见》（安委办〔2008〕26 号）、《国家安全监管总局　工业和信息化部关于危险化学品企业贯彻落实〈国务院关于进一步加强企业安全生产工作的通知〉的实施意见》（安监总管三〔2010〕186 号）、《国务院办公厅关于印发危险化学品安全综合治理方案的通知》（国办发〔2016〕88 号）等一系列规范性文件，以及涉及危险化学品安全技术及管理的国家标准、行业标准。这些法律法规、规章、文件、标准和规范等，构成危险化学品安全管理的基本规定。

二、危险化学品安全生产和安全监管重点工作要求

危险化学品安全管理涉及其全生命周期的各个环节和方方面面，表 1—4 统计了 49 项危险化学品安全生产和安全监管重点工作要求。

表 1—4　　危险化学品安全生产和安全监管重点工作要求汇总表

序号	项目	工作要求	依据	备注
1	规划布局	有化工产业的县级以上地方人民政府编制化工行业安全发展规划	安委办〔2008〕26 号	
2		新的化工建设项目必须进入产业集中区或化工园区	安委办〔2008〕26 号 安监总管三〔2010〕186 号	
3		推动城镇人口密集区高安全风险危险化学品生产储存企业搬迁、转产或关闭	安监总管三〔2012〕87 号	

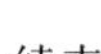
续表

序号	项目		工作要求	依据	备注
4	设计管理		严格涉及“两重点一重大”的大型建设项目设计单位资质要求	安全生产监督管理总局令第41号 安监总管三〔2010〕186号 安监总管三〔2013〕76号	应为工程设计综合资质或相应工程设计化工石化医药、石油天然气（海洋石油）行业、专业资质甲级“两重点一重大”是指政府安全生产监督管理部门重点监管的危险化工工艺、重点监管的危险化学品和重大危险源，本书中统一用简称
5	设计管理		大力提高工艺自动化控制与安全仪表水平，新建大型和危险程度高的化工装置，在设计阶段要进行仪表系统安全完整性等级评估	安监总管三〔2010〕186号	
6	设计管理		新建化工装置必须设计装备自动化控制系统	安监总管三〔2013〕76号	
7	设计管理		未经正规设计的在役装置要开展安全设计诊断	安监总管三〔2012〕87号	
8	设计管理		未经正规设计的储罐区要进行设计复核	安监总管三〔2014〕68号	
9	『两重点一重大』监管	重点监管危险工艺	开展危险化工工艺生产装置自动化系统控制改造	安委办〔2008〕26号 安监总管三〔2009〕116号 安监总管三〔2012〕87号	
10	『两重点一重大』监管	重点监管危险工艺	涉及危险化工工艺高度危险和大型装置要装备安全仪表系统（紧急停车或安全联锁）	安监总管三〔2013〕3号	
11	『两重点一重大』监管	重点监管危化品	生产、储存重点监管危险化学品的装置要装备自动化控制系统	安监总管三〔2013〕12号	
12	『两重点一重大』监管	重点监管危化品	生产、储存、使用涉及重点监管危险化学品的高度危险和大型装置要装备安全仪表系统	安监总管三〔2013〕12号	
13	『两重点一重大』监管	重点监管危化品	受热、遇明火、摩擦、震动、撞击时可发生爆炸的化学品全部纳入重点监管危险化学品	安监总管三〔2012〕87号	
14	『两重点一重大』监管	重大危险源	开展危险化学品重大危险源自动化监控系统改造，完善监控措施	安监总管三〔2012〕87号	全面实现危险化学品重大危险源温度、压力、液位、流量、可燃有毒气体泄漏等重要参数自动监测监控、自动报警和连续记录
15	『两重点一重大』监管	重大危险源	建立重大危险源监督管理制度	安全生产监督管理总局令第40号	

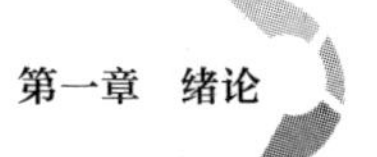

续表

<table>
<tr><th>序号</th><th colspan="2">项目</th><th>工作要求</th><th>依据</th><th>备注</th></tr>
<tr><td>16</td><td rowspan="3">『两重点一重大』监管</td><td>重大危险源</td><td>储存和使用氯气、氨气等对皮肤有强烈刺激的吸入性有毒有害气体的企业要配备全封闭防化服</td><td>安全生产监督管理总局令第 57 号</td><td>至少配备两套全封闭防化服</td></tr>
<tr><td>17</td><td rowspan="2">其他</td><td>提高危险化学品领域从业人员准入条件，涉及“两重点一重大”装置的专业管理人员必须具有大专以上学历，操作人员必须具有高中以上文化程度</td><td>安监总管三〔2012〕87 号</td><td></td></tr>
<tr><td>18</td><td>推广应用危险与可操作性分析（HAZOP）</td><td>安监总管三〔2010〕186 号
安监总管三〔2012〕87 号
安监总管三〔2013〕76 号
安监总管三〔2012〕103 号
安监总管三〔2013〕88 号</td><td>涉及“两重点一重大”和首次工业化设计的项目必须在基础设计阶段开展 HAZOP 涉及“两重点一重大”的危险化学品生产、储存企业要定期开展危险与可操作性分析</td></tr>
<tr><td>19</td><td colspan="2" rowspan="2">教育培训</td><td>规范和强化企业安全培训教育管理</td><td>安监总管三〔2010〕186 号
安监总管三〔2013〕88 号</td><td>企业要制定安全培训教育管理制度，编制年度安全培训教育计划，制定安全培训教育方案，建立培训档案，实施持续不断的安全培训教育，使从业人员满足本岗位对安全生产知识和操作技能的要求</td></tr>
<tr><td>20</td><td>推动在相关高校开设化工安全工程硕士班；推动在现有本科专业设置化工安全方向，将危险与可操作性分析、定量风险分析、化工过程安全及过程自动化控制等纳入培养要求；推进重点地区特别是新兴化工行业发展较快的地区成立化工职业院校</td><td>教高〔2014〕4 号</td><td>企业根据实际情况，明确从业人员必须具备的学历和专业要求，把是否具备相关化工安全知识和技能作为招聘的重要条件 2020 年开始，涉及“两重点一重大”的化工装置、设施的操作人员要逐步实现从化工安全相关专业毕业生中聘用</td></tr>
<tr><td>21</td><td colspan="2" rowspan="4">安全生产标准化建设</td><td>企业要建立和严格执行领导干部带班值班制度</td><td>安监总管三〔2010〕186 号</td><td></td></tr>
<tr><td>22</td><td>企业要设置安全生产管理机构或配备专职安全生产管理人员</td><td>安监总管三〔2010〕186 号</td><td></td></tr>
<tr><td>23</td><td>企业要建立、健全并严格落实全员安全生产责任制，加强监督考核</td><td>安全监管总局令第 64 号</td><td></td></tr>
<tr><td>24</td><td>企业要建立生产工艺装置危险有害因素辨识和风险评估制度</td><td>安监总管三〔2010〕186 号</td><td></td></tr>
</table>

续表

序号	项目	工作要求	依据	备注
25	安全生产标准化建设	企业要建立完善安全生产动态监控及预警预报体系	安监总管三〔2010〕186号	
26		企业要确保报警联锁系统、可燃和有毒气体泄漏等报警系统处于完好状态	安全监管总局令第64号	
27		企业要建立和落实动火、进入受限空间等危险作业及变更管理许可制度	安全监管三〔2013〕88号	
28		企业要将化工过程安全管理纳入绩效考核	安监总管三〔2013〕88号	
29		开展安全生产标准化达标创建	安委办〔2008〕26号 安监总管三〔2011〕24号	所有危险化学品企业达到三级以上安全标准化水平
30	隐患排查治理	督促指导企业规范开展隐患排查治理工作	安监总管三〔2012〕103号	要采取培训、专家讲座等多种形式，大力开展《危险化学品企业事故隐患排查治理实施导则》宣贯，指导企业掌握隐患排查治理的基本方法和工作要求；及时搜集和研究辖区内企业隐患排查治理情况
31		建立隐患排查治理信息管理系统，建立安全生产工作预警预报机制	安监总管三〔2012〕103号	
32		建立隐患排查治理工作责任制，完善隐患排查治理制度，规范各项工作程序，实时监控重大隐患，逐步建立隐患排查治理的常态化机制	安监总管三〔2012〕103号	
33	危险化学品登记	开展危险化学品登记工作	安委办〔2008〕26号	
34	化工园区管理	实施园区安全生产一体化管理	安委办〔2012〕37号	
35		建立健全安全生产管理机构，配备安全监管人员	安委办〔2012〕37号	
36		推行园区封闭化管理	安委办〔2012〕37号	
37	危险化学品输送管道监管	开展城镇危险化学品输送管道安全管理现状普查	安监总管三〔2012〕87号	
38		开展穿越公共区域的危险化学品输送管道集中治理	安监总管三〔2012〕87号	
39		危险化学品长输管道要装备自动化控制设施	安监总管三〔2013〕76号	危险化学品长输管道应设置防泄漏、实时检测系统（SCADA数据采集与监控系统）及紧急切断设施
40		禁止光气、氯气等剧毒气体化学品管道穿（跨）越公共区域	安全生产监督管理总局令第43号	

续表

序号	项目	工作要求	依据	备注
41	危险化学品罐区监管	完善化学品罐区监测监控设施	安监总管三〔2014〕68号	设置储罐高低液位报警，采用超高液位自动联锁关闭储罐进料阀门和超低液位自动联锁停止物料输送措施大型、液化气体及剧毒化学品等重点储罐要设置紧急切断阀
42		立即暂停使用多个化学品储罐尾气联通回收系统	安监总管三〔2014〕68号	经安全论证合格方可投用
43		可燃液体储罐应按单罐单堤的要求设置防火堤或防火隔堤	安监总管三〔2014〕68号	
44		有毒物料储罐、低温储罐及球罐进出物料管道应设置自动或手动遥控的紧急切断阀	安监总管三〔2013〕76号	
45		液化烃罐组或可燃液体罐组不应毗邻布置在高于工艺装置、全厂性重要设施或人员集中场所的位置	安监总管三〔2013〕76号	
46		企业的液化石油气、液化天然气、液氯和液氨等易燃易爆有毒有害液化气体的充装应设计万向节管道充装系统	安监总管三〔2010〕186号	
47		企业的充装设备管道的静电接地、装卸软管及仪表和安全附件要配备齐全	安监总管三〔2010〕186号	
48	事故调查处理	事故调查处理要按规定时限结案	安委办〔2008〕26号	
49		按规定对事故企业进行处罚：发生死亡事故的，要依法暂扣其安全许可证1个月以上6个月以下；在动火、进入受限空间等直接作业环节发生死亡事故的，要依法暂扣其安全许可证两个月以上6个月以下；发生较大事故或一年内发生两次人员死亡事故的，要依法暂扣其安全许可证3个月以上6个月以下；发生重大以上事故及一年内发生两次较大事故的，要依法吊销其安全许可证	安监总管三〔2010〕186号 安监总管三〔2014〕46号	

第二章
化工生产安全基础

第一节 安全管理基本理论

一、概念术语

1. 危险源（Hazard source）

危险源是指生产生活中的超高能量、危险物质、危险状态及其载体、过程、活动等。例如：能量——电能、辐射能等；危险物质——各种危险化学品；状态——高处、高压等；载体——电缆、储罐、反应装置等；工艺过程——氧化还原、催化裂化等；活动——带电作业、高处作业、动火作业、危险化学品运输等。

2. 隐患（Security threat）

隐患是指造成控制危险源的安全措施缺失、低效、失效的违法违规现象或行为。按表现特征，隐患可划分为“人、物、环、管”四类；按产生环节，隐患可划分为设计建造类、生产经营类、应急类等。危险源是内因，隐患是外因：内因则是变化的根据，外因是变化的条件，外因通过内因而起作用。事故是危险源与隐患共同作用的结果。

3. 风险（Risk）

风险是指不确定性对目标的影响。在安全生产领域，风险是指特定危险性事件发生的可能性及其后果的结合。令 R 为风险，则：

$$R=P\times L \tag{2—1}$$

式(2—1) 中 P 为发生可能性；L 为后果严重度。

风险可分为固有风险和现实风险。固有风险（用 R_g 表示）由危险源的能级、量级决定。对危险源采取安全措施后的风险称为剩余风险，又称为现实风险（用 R_x 表示）。

当工业生产导致的死亡风险不高于自然死亡风险时，称为可接受风险（用 R_0 表示）。基于此，风险可接受度（I_a）定义为现实风险和可接受风险的比值，见式(2—2)。

$$I_a = \frac{R_x}{R_0} \tag{2—2}$$

I_a 表示了现实风险高于或低于可接受风险的程度：$I_a>1$，现实风险不可接受；$I_a \leq 1$，现实风险可接受。

4. 安全（Safety）

安全是指现实风险可接受的状态，即 $I_a \leq 1$。安全是人类生存发展的基本需求，是经济社会发展的核心目标。

5. 事故（Accident）

事故是指在生产生活中偶然发生的造成死亡、疾病、伤害、财产损失或其他损失的意外事件。后果非常轻微或未导致不期望后果的称为“险肇事故”或“未遂事故”。

危险源、隐患、风险、安全4个基本概念中，危险源和隐患是具象的，它们是安全生产工作的实体对象；风险和安全是抽象概念，是安全生产工作的绩效反映：安全生产工作越扎实有效，潜在的风险越小，生产系统的安全性越好。

二、事故致因模型

事故致因理论指阐明事故为什么会发生，事故是怎样发生的，以及如何防止事故发生等问题的理论或模型。学者们提出了许多事故致因理论或模型，如事故因果连锁模型、能量意外释放理论、人失误模型、事故综合原因论、瑞森奶酪模型、蝴蝶结模型、AcciMap（事故图）模型、STAMP（系统理论事故模拟和过程）模型、正常事故理论、高可靠性组织理论、韧性工程理论等。

图2—1所示为基于纵深防御理念的事故致因模型，在化工、航空等高危险性行业占主流地位。纵深防御（Defense-in-depth）理念被美国核管理委员会称为实现安全的首要支柱。20世纪80年代后，美国化工过程安全中心在此基础上发展为防护层（Layers of protection，LOP）模型。为保证安全生产，以基本工艺本质安全化设计为中心，必须再针对危险源的危险有害属性设置以下必要的防护层：①基本控制层；②超限报警层；③安全控制层；④主动防护层；⑤被动防护层；⑥应急响应层。每一层防护层是独立的，防止多层同时或相继失去防护作用。

图2—1简明地描绘了危险源、隐患、事故、安全防护措施及工况安全状态之间的关系。存在隐患，必然导致控制危险源措施的效力下降或失效，它们是一一对应的。危险源是导致事故的根源，是内因；隐患是导致事故发生及后果扩大的触发条件，是外因；外因必须依托内因才起作用，即事故是危险源和隐患综合作用的产物。

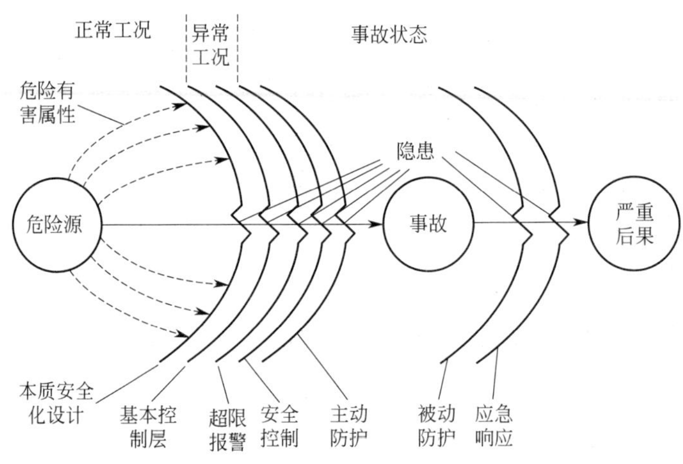

图 2—1　基于纵深防御理念的事故致因模型

三、安全技术公理

公理是指依据人类理性的不证自明的基本事实，经过人类长期反复实践的考验，不需要再加证明的基本命题。公理化方法就是从尽可能少的原始概念出发，把认识到的基本概念间的逻辑关系命题化。基于公理化方法，从危险源、隐患、风险、安全 4 个基本概念出发，著作者提出如下 4 个安全技术公理：

1. 危险源的固有风险是确定的

估计危险源的固有风险时不考虑额外的安全措施。固有风险是由能量的能级或危险物质的量级决定的。矿山、危险化学品、烟花爆竹、建筑施工、民爆器材等行业、领域危险源的固有风险高，因此，将其划分为高危行业、领域。

固有风险高的危险源一旦失控会导致灾难性后果，是日常安全生产工作的重点管理对象。为了保证危险化学品设施周边人群的安全，规划设计时应基于固有风险，设置足够远的安全距离。事故应急处置也是基于固有风险的。事故发生后，原有的安全措施已失效，抢险人员直面危险源，固有风险很大。因此，一方面要设法尽快排除原有安全措施的隐患，使其恢复安全防护功能；另一方面需按固有风险采取正确、有效的措施，迅速控制事态发展，疏散受影响人群。本质安全技术可降低固有风险，应优先发展。

2. 成熟技术的现实风险是可控的、可接受的

成熟技术通常经历了几十年的工业应用和检验，是工业生产活动的主流技术，其安全性、可靠性、经济性等各方面性能得到广泛确认，即成熟技术的风险可接受度 $I_a \leqslant 1$。

成熟技术形成了公认的标准或规范，安全工作的重点在于日常的管理和维护。如

果大量推广应用成熟技术，就不必花大精力进行高成本的风险评价活动。新技术、不成熟的技术或产品固有风险、现实风险不明，不允许量产或投放市场，必须进行风险评价后采取适当的安全措施，现实风险下降到可接受时才允许进入市场。一些高危的技术、落后的野蛮生产技术由于现实风险不可控，应予以淘汰。

3. 隐患增大现实风险

存在隐患，安全措施的安全防护功能下降，现实风险增大。隐患导致安全措施功能劣化的程度与现实风险增加程度成正比，安全措施功能下降越多，现实风险增加越大。对于成熟技术，安全措施起初的可靠度 $K=1$；存在隐患，安全措施的可靠度下降，风险可接受度 $I_a>1$。对于影响范围、对象不变的危险源，现实风险由可能性决定，即由安全措施的可靠度决定，可靠度下降，现实风险增加。可接受的风险标准是确定的，因此风险可接受度仅与现实风险有关，亦即由安全措施的可靠度决定，可看作是它的倒数，$I_a=1/K$。依此可预测预警面临的现实风险水平。

生产系统是一个复杂的人机系统，为了确保安全，设置了很多的安全措施。但是任何技术措施总会老化，规章制度总会僵化，人的惰性难以克服，这是产生隐患的根本原因，也是安全科学研究和安全生产实践的巨大挑战。安全生产的核心工作是预测、发现、消除所有可能引起安全措施失效的隐患，这是最要紧、最繁重的日常工作。

4. 基于风险可最大化实现安全

通过加强危险源安全管理、隐患排查治理等核心工作，始终保持风险可接受度 $I_a\leqslant1$，就能够实现安全生产。基于风险的安全管理、安全监管策略见表 2—1。

表 2—1　　基于风险的安全管理/安全监管策略

监管对象风险分级	风险可接受度	对应管理/监管策略
严重/1 级	$I_a\geqslant10$	高级预控措施
中等/2 级	$2\leqslant I_a<10$	中级预控措施
一般/3 级	$1<I_a<2$	一般预控措施
安全	$I_a\leqslant1$	维持现有措施

（1）严重风险对象，其安全措施的主要防护功能、次要功能已丧失，危险源随时会失控，因此必须采取高级预控措施：企业立即停止生产，排查隐患，直至安全措施恢复功能，现实风险可接受度下降到 1 以后才能恢复生产；政府责令企业限期停业整顿，暂停相关资质证照，挂牌督办，对超出期限无力整改的吊销、终止其资质证照。

（2）中等风险对象，其安全措施的次要防护功能已丧失，已较大影响可靠性，需及时处理，可采取中级预控措施：企业局部停产，排查隐患，直至安全措施恢复功能，现实风险的风险可接受度下降到 1 以后恢复生产；政府责令企业限期整改，重点督查，不能如期整改的，暂停相关资质证照，推迟相关许可事项的批复。

(3) 一般风险对象，其安全措施的个别次要功能已丧失，已影响可靠性，需及时恢复，可采取一般预控措施：企业暂停作业活动，完善安全措施，恢复防护功能后方可作业；政府责令企业限期整改，抽查部分整改情况，对弄虚作假不采取有效整改措施的予以处罚，情节严重的暂停、吊销相关资质证照。

四、重大事故预防控制技术

海因里希法则指出死亡和重伤、轻伤、无伤害事故的起数存在一定的比例（1：29：300），但引发无伤害事件或轻微伤害事故的原因同样可造成严重伤害事故发生，因此要防止发生重大伤害事故，必须从消除隐患、防止发生未遂事件做起。事故预防的技术控制原理如图 2—2 所示。运用风险管理的方法，对生产场所、公共场所、人员密集场所的危险源进行辨识、评价、监控，及时发现并消除人的不安全行为、物的不安全状态以及管理缺陷等各种事故隐患，防止出现未遂事故，才有可能避免发生死伤事故。

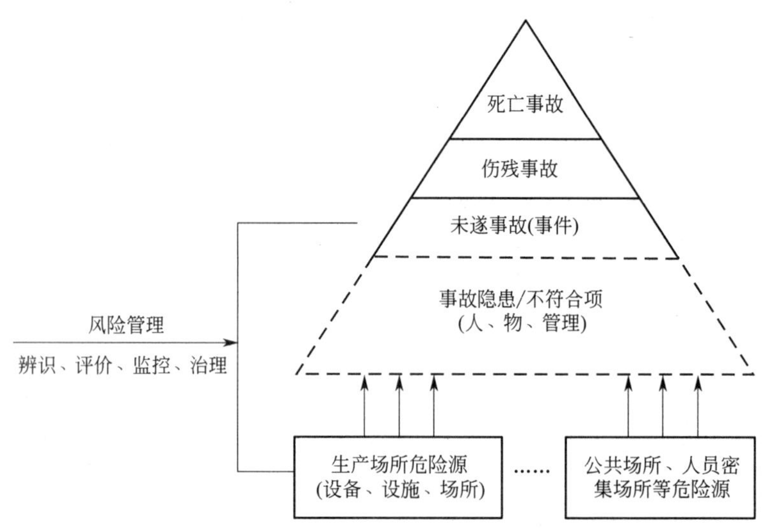

图 2—2　事故预防的技术控制原理

从工程技术层面，应按图 2—3 所示的纵深防御优先顺序原则采取各种措施，首先应尽可能地消除或避免危险源，在不能消除或避免危险源的情况下，再考虑用防止、控制、减缓等原理减少危害后果、减少危险发生的可能性。采取安全防护方法的优先顺序依次为本质安全、无源安全、有源安全、多层防护、个体防护、功能安全、程序安全等措施。

重大事故损失严重、影响恶劣，预防重大事故发生是政府的责任和社会的共同愿望。知名安全学者吴宗之等基于系统工程思想和方法，针对重大危险源的复杂性，提出重大事故预防控制技术支撑体系框架，如图 2—4 所示。

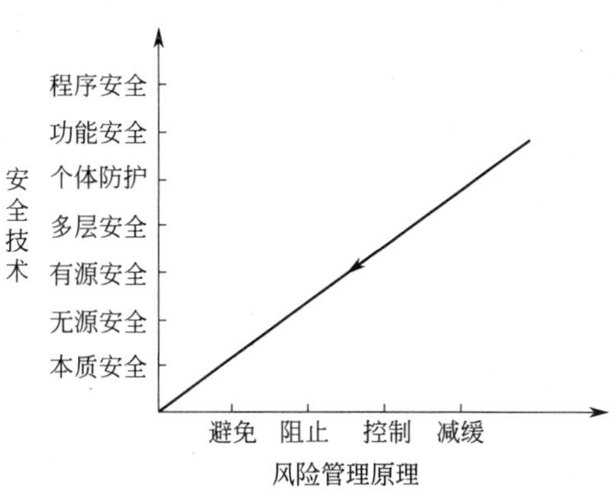

图 2—3　纵深防御优先顺序

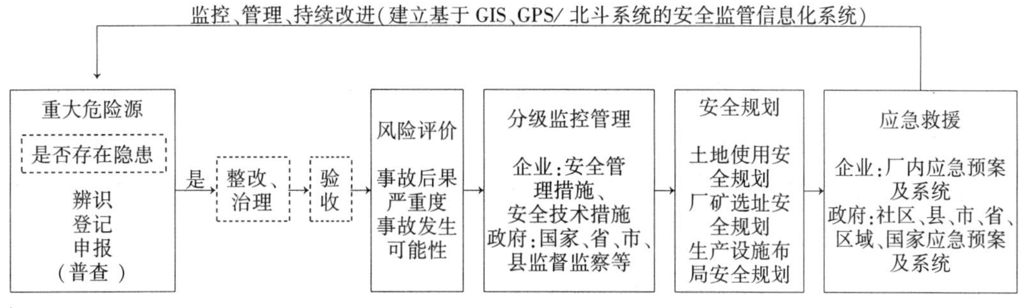

图 2—4　重大事故预防控制技术支撑体系框架

第二节　危险化学品分类

危险化学品分类不仅是政府相关部门依法实施危险化学品安全监督管理，企业落实危险化学品安全管理法定主体责任的重要依据，也是开展国际贸易、进行国际交流与合作的重要基础。

一、联合国 GHS

《全球化学品统一分类和标签制度》（Globally Harmonized System of Classification and Labelling of Chemicals，简称 GHS，又称“紫皮书”）是联合国于 2003 年出版的指导各国建立统一化学品分类和标签制度的规范性文件，每两年修订一次。

GHS 制度将化学品的危害大致分为三大类 28 项：

（1）物理危害（如易燃液体、氧化性固体等 16 项）。

（2）健康危害（如急性毒性、皮肤腐蚀/刺激等 10 项）。

（3）环境危害（如水、臭氧层两项）。

我国于2006年将GHS制度转化为国家系列标准GB 20576—2006～GB 20602—2006《化学品分类、警示标签和警示性说明安全规范》，为了进一步与国际接轨，2013年对该系列标准进行了修订，用GB 30000《化学品分类和标签规范》系列标准（GB 30000.2—2013～GB 30000.29—2013）予以替代。

二、危险货物分类

我国国家标准《危险货物分类和品名编号》（GB 6944—2012）、《危险货物品名表》（GB 12268—2012）依据联合国《关于危险货物运输的建议书　规章范本》（第16修订版）、联合国《关于危险货物运输的建议书　试验和标准手册》（第5修订版），按危险货物具有的危险性或最主要的危险性分为9个类别：

第1类：爆炸品

1.1项：有整体爆炸危险的物质和物品；

1.2项：有迸射危险，但无整体爆炸危险的物质和物品；

1.3项：有燃烧危险并有局部爆炸危险或局部迸射危险或这两种危险都有，但无整体爆炸危险的物质和物品；

1.4项：不呈现重大危险的物质和物品；

1.5项：有整体爆炸危险的非常不敏感物质；

1.6项：无整体爆炸危险的极端不敏感物品。

第2类：气体

2.1项：易燃气体；

2.2项：非易燃无毒气体；

2.3项：毒性气体。

第3类：易燃液体

第4类：易燃固体、易于自燃的物质、遇水放出易燃气体的物质

4.1项：易燃固体；

4.2项：易于自燃的物质；

4.3项：遇水放出易燃气体的物质。

第5类：氧化性物质和有机过氧化物

5.1项：氧化性物质；

5.2项：有机过氧化物。

第6类：毒性物质和感染性物质

6.1项：毒性物质；

6.2项：感染性物质。

第 7 类：放射性物质

第 8 类：腐蚀性物质

第 9 类：杂项危险物质和物品

三、《危险化学品目录》中的分类

1.《危险化学品目录》的分类

《危险化学品目录》(2015 版) 将危险化学品分为 3 大类 28 类，共收录危险化学品 2 828 种，其中剧毒化学品 148 种：

(1) 物理危险

1) 爆炸物：不稳定爆炸物、1. 1、1. 2、1. 3、1. 4。

2) 易燃气体：类别 1、类别 2、化学不稳定性气体类别 A、化学不稳定性气体类别 B。

3) 气溶胶（又称气雾剂)：类别 1。

4) 氧化性气体：类别 1。

5) 加压气体：压缩气体、液化气体、冷冻液化气体、溶解气体。

6) 易燃液体：类别 1、类别 2、类别 3。

7) 易燃固体：类别 1、类别 2。

8) 自反应物质和混合物：A 型、B 型、C 型、D 型、E 型。

9) 自燃液体：类别 1。

10) 自燃固体：类别 1。

11) 自热物质和混合物：类别 1、类别 2。

12) 遇水放出易燃气体的物质和混合物：类别 1、类别 2、类别 3。

13) 氧化性液体：类别 1、类别 2、类别 3。

14) 氧化性固体：类别 1、类别 2、类别 3。

15) 有机过氧化物：A 型、B 型、C 型、D 型、E 型、F 型。

16) 金属腐蚀物：类别 1。

(2) 健康危害

1) 急性毒性：类别 1、类别 2、类别 3。

2) 皮肤腐蚀/刺激：类别 1A、类别 1B、类别 1C、类别 2。

3) 严重眼损伤/眼刺激：类别 1、类别 2A、类别 2B。

4) 呼吸道或皮肤致敏：呼吸道致敏物 1A、呼吸道致敏物 1B、皮肤致敏物 1A、皮肤致敏物 1B。

5) 生殖细胞致突变性：类别 1A、类别 1B、类别 2。

6）致癌性：类别 1A、类别 1B、类别 2。

7）生殖毒性：类别 1A、类别 1B、类别 2、附加类别。

8）特异性靶器官毒性——一次接触：类别 1、类别 2、类别 3。

9）特异性靶器官毒性——反复接触：类别 1、类别 2。

10）吸入危害：类别 1。

（3）环境危害

1）危害水生环境——急性危害：类别 1、类别 2；危害水生环境——长期危害：类别 1、类别 2、类别 3。

2）危害臭氧层：类别 1。

2.《危险化学品目录》（2015 版）示例

表 2—2 摘录了《危险化学品目录》（2015 版）部分目录，表中各栏目的含义如下：

（1）“序号”是指《危险化学品目录》中化学品的顺序号。按“品名”汉字的汉语拼音排序。

（2）“品名”是指根据《化学命名原则》（1980）确定的名称。

（3）“别名”是指除“品名”以外的其他名称，包括通用名、俗名等。

（4）“CAS 号”是指美国化学文摘社对化学品的唯一登记号。

（5）“备注”是对剧毒化学品的特别注明。

表 2—2　《危险化学品目录》（2015 版）（摘录）

序号	品名	别名	CAS 号	备注
1	阿片	鸦片	8008-60-4	
2	氨	液氨；氨气	7664-41-7	
3	5-氨基-1，3，3-三甲基环己甲胺	异佛尔酮二胺；3，3，5-三甲基-4，6-二氨基-2-烯环己酮；1-氨基-3-氨基甲基-3，5，5-三甲基环己烷	2855-13-2	
4	5-氨基-3-苯基-1-［双（N，N-二甲基氨基氧膦基）］-1，2，4-三唑［含量>20%］	威菌磷	1031-47-6	剧毒
…	…	…	…	…
2828	含易燃溶剂的合成树脂、油漆、辅助材料、涂料等制品［闭杯闪点≤60 ℃］			

注：1. A 型稀释剂是指与有机过氧化物相容、沸点不低于 150 ℃的有机液体。A 型稀释剂可用来对所有有机过氧化物进行退敏。

2. B 型稀释剂是指与有机过氧化物相容、沸点低于 150 ℃但不低于 60 ℃、闪点不低于 5 ℃的有机液体。B 型稀释剂可用来对所有有机过氧化物进行退敏，但沸点必须至少比 50 kg 包件的自加速分解温度高 60 ℃。

3. 条目 2 828，闪点高于 35 ℃，但不超过 60 ℃的液体如果在持续燃烧性试验中得到否定结果，则可将其视为非易燃液体，不作为易燃液体管理。

四、重点监管的危险化学品名录

根据国家安全生产监督管理总局先后发布的《重点监管的危险化学品名录》，重点监管的危险化学品主要是以下类别 74 种危险化学品：

（1）易燃气体类别 1（爆炸下限≤13%或爆炸极限范围≥12%的气体）。

（2）易燃液体类别 1（闭杯闪点<23 ℃并初沸点≤35 ℃的液体）。

（3）自燃液体类别 1（与空气接触不到 5 分钟便燃烧的液体）。

（4）自燃固体类别 1（与空气接触不到 5 分钟便燃烧的固体）。

（5）遇水放出易燃气体的物质类别 1（在环境温度下与水剧烈反应所产生的气体通常显示自燃的倾向，或释放易燃气体的速度等于或大于每公斤物质在任何 1 分钟内释放 10 L 的任何物质或混合物）。

（6）三光气等光气类化学品。具体见表 2—3。

表 2—3　　重点监管的危险化学品名录

序号	化学品名称	别名	CAS 号
1	氯	液氯、氯气	7782-50-5
2	氨	液氨、氨气	7664-41-7
3	液化石油气		68476-85-7
4	硫化氢		7783-06-4
5	甲烷、天然气		74-82-8（甲烷）
6	原油		
7	汽油（含甲醇汽油、乙醇汽油）、石脑油		8006-61-9（汽油）
8	氢	氢气	1333-74-0
9	苯（含粗苯）		71-43-2
10	碳酰氯	光气	75-44-5
11	二氧化硫		7446-09-5
12	一氧化碳		630-08-0
13	甲醇	木醇、木精	67-56-1
14	丙烯腈	氰基乙烯、乙烯基氰	107-13-1
15	环氧乙烷	氧化乙烯	75-21-8
16	乙炔	电石气	74-86-2
17	氟化氢、氢氟酸		7664-39-3
18	氯乙烯		75-01-4
19	甲苯	甲基苯、苯基甲烷	108-88-3
20	氰化氢、氢氰酸		74-90-8
21	乙烯		74-85-1

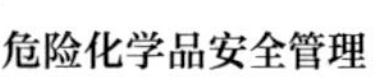

续表

序号	化学品名称	别名	CAS 号
22	三氯化磷		7719-12-2
23	硝基苯		98-95-3
24	苯乙烯		100-42-5
25	环氧丙烷		75-56-9
26	一氯甲烷		74-87-3
27	1，3-丁二烯		106-99-0
28	硫酸二甲酯		77-78-1
29	氰化钠		143-33-9
30	1-丙烯、丙烯		115-07-1
31	苯胺		62-53-3
32	甲醚		115-10-6
33	丙烯醛、2-丙烯醛		107-02-8
34	氯苯		108-90-7
35	乙酸乙烯酯		108-05-4
36	二甲胺		124-40-3
37	苯酚	石碳酸	108-95-2
38	四氯化钛		7550-45-0
39	甲苯二异氰酸酯	TDI	584-84-9
40	过氧乙酸	过乙酸、过醋酸	79-21-0
41	六氯环戊二烯		77-47-4
42	二硫化碳		75-15-0
43	乙烷		74-84-0
44	环氧氯丙烷	3-氯-1，2-环氧丙烷	106-89-8
45	丙酮氰醇	2-甲基-2-羟基丙腈	75-86-5
46	磷化氢	膦	7803-51-2
47	氯甲基甲醚		107-30-2
48	三氟化硼		7637-07-2
49	烯丙胺	3-氨基丙烯	107-11-9
50	异氰酸甲酯	甲基异氰酸酯	624-83-9
51	甲基叔丁基醚		1634-04-4
52	乙酸乙酯		141-78-6
53	丙烯酸		79-10-7
54	硝酸铵		6484-52-2
55	三氧化硫	硫酸酐	7446-11-9
56	三氯甲烷	氯仿	67-66-3

续表

序号	化学品名称	别名	CAS 号
57	甲基肼		60-34-4
58	一甲胺		74-89-5
59	乙醛		75-07-0
60	氯甲酸三氯甲酯	双光气	503-38-8
61	氯酸钠		7775-9-9
62	氯酸钾		3811-4-9
63	过氧化甲乙酮		1338-23-4
64	过氧化（二）苯甲酰		94-36-0
65	硝化纤维素		9004-70-0
66	硝酸胍		506-93-4
67	高氯酸铵		7790-98-9
68	过氧化苯甲酸叔丁酯		614-45-9
69	N，N′-二亚硝基五亚甲基四胺		101-25-7
70	硝基胍		556-88-7
71	2，2′-偶氮二异丁腈		78-67-1
72	2，2′-偶氮-二-（2，4-二甲基戊腈）（即偶氮二异庚腈）		4419-11-8
73	硝化甘油		55-63-0
74	乙醚		60-29-7

五、易制爆危险化学品名录

根据公安部发布的《易制爆危险化学品名录》（2017 年版），名录包括酸类 3 种；硝酸盐类 11 种；氯酸盐类 3 种；高氯酸盐类 4 种；重铬酸盐类 5 种；过氧化物和超氧化物类 15 种；易燃物还原剂类 16 种；硝基化合物类 11 种；其他 7 种。表 2—4 为名录的部分内容摘录。

表 2—4　　《易制爆危险化学品名录》（2017 年版）（摘录）

序号	品名	别名	CAS 号	主要的燃爆危险性分类
1 酸类				
1.1	硝酸		7697-37-2	氧化性液体，类别 3
1.2	发烟硝酸		52583-42-3	氧化性液体，类别 1
1.3	高氯酸（浓度>72%）	过氯酸	7601-90-3	氧化性液体，类别 1
	高氯酸（浓度 50%~72%）			氧化性液体，类别 1
	高氯酸（浓度≤50%）			氧化性液体，类别 2

续表

序号	品名	别名	CAS 号	主要的燃爆危险性分类
2 硝酸盐类				
2.1	硝酸钠		7631-99-4	氧化性固体，类别 3
2.2	硝酸钾		7757-79-1	氧化性固体，类别 3
2.3	硝酸铯		7789-18-6	氧化性固体，类别 3
2.4	硝酸镁		10377-60-3	氧化性固体，类别 3
2.5	硝酸钙		10124-37-5	氧化性固体，类别 3
2.6	硝酸锶		10042-76-9	氧化性固体，类别 3
2.7	硝酸钡		10022-31-8	氧化性固体，类别 2
2.8	硝酸镍	二硝酸镍	13138-45-9	氧化性固体，类别 2
2.9	硝酸银		7761-88-8	氧化性固体，类别 2
2.10	硝酸锌		7779-88-6	氧化性固体，类别 2
2.11	硝酸铅		10099-74-8	氧化性固体，类别 2
3 氯酸盐类				
3.1	氯酸钠		7775-09-9	氧化性固体，类别 1
	氯酸钠溶液			氧化性液体，类别 3
3.2	氯酸钾		3811-04-9	氧化性固体，类别 1
	氯酸钾溶液			氧化性液体，类别 3
3.3	氯酸铵		10192-29-7	爆炸物，不稳定爆炸物
4 高氯酸盐类				
4.1	高氯酸锂	过氯酸锂	7791-03-9	氧化性固体，类别 2
4.2	高氯酸钠	过氯酸钠	7601-89-0	氧化性固体，类别 1
4.3	高氯酸钾	过氯酸钾	7778-74-7	氧化性固体，类别 1
4.4	高氯酸铵	过氯酸铵	7790-98-9	爆炸物，1.1 项 氧化性固体，类别 1
……				

六、易制毒化学品的分类和品种目录

易制毒化学品是指国家规定管制的可用于制造毒品的前体、原料和化学助剂等物质。根据国务院发布的《易制毒化学品管理条例》（2016 年修订版），我国列管了三类 23 个品种，第一类主要是用于制造毒品的原料，第二类、第三类主要是用于制造毒品的配剂。表 2—5 为易制毒化学品分类和品种目录。

表 2—5　　易制毒化学品的分类和品种目录（2016 年版）

序号	品名	序号	品名
第一类			
1	1-苯基-2-丙酮	8	邻氨基苯甲酸
2	3,4-亚甲基二氧苯基-2-丙酮	9	麦角酸＊
3	胡椒醛	10	麦角胺＊
4	黄樟素	11	麦角新碱＊
5	黄樟油	12	麻黄素、伪麻黄素、消旋麻黄素、去甲麻黄素、甲基麻黄素、麻黄浸膏、麻黄浸膏粉等麻黄素类物质＊
6	异黄樟素		
7	N-乙酰邻氨基苯酸		
第二类			
1	苯乙酸	4	乙醚
2	醋酸酐	5	哌啶
3	三氯甲烷		
第三类			
1	甲苯	4	高锰酸钾
2	丙酮	5	硫酸
3	甲基乙基酮	6	盐酸

注：1. 第一类、第二类所列物质可能存在的盐类，也纳入管制。

2. 带有＊标记的品种为第一类中的药品类易制毒化学品，第一类中的药品类易制毒化学品包括原料药及其单方制剂。

 七、重点环境管理危险化学品目录

根据环境保护部发布的《重点环境管理危险化学品目录》（2014 年版），将符合下列条件之一的化学品，列入重点环境管理危险化学品：

（1）具有持久性、生物累积性和毒性的。

（2）生产使用量大或者用途广泛，且同时具有高的环境危害性和（或）健康危害性。

（3）属于需要实施重点环境管理的其他危险化学品，包括《关于持久性有机污染物的斯德哥尔摩公约》《关于汞的水俣公约》管制的化学品等。

该目录包含 84 种危险化学品，表 2—6 为部分摘录。

表 2—6 《重点环境管理危险化学品目录》（2014 年版）（摘录）

编号	品名	别名	CAS 号
PHC001	1，2，3-三氯代苯	1，2，3-三氯苯	87-61-6
PHC002	1，2，4-三氯代苯	1，2，4-三氯苯	120-82-1
PHC003	1，2，4，5-四氯代苯		95-94-3
⋮	⋮	⋮	⋮
PHC082	硫丹乳剂［含量 2%~80%］		115-29-7
PHC083	氯氰菊酯	灭百可；兴棉宝；安绿宝	52315-07-8
PHC084	三苯基氢氧化锡	毒菌锡；三苯基羟基锡	76-87-9

凡是被列入目录中的化学品，其生产和使用企业将必须向环保部门报告有关这些化学品的生产、使用、释放的数量，并且向公众公开这些数据。

八、内河禁运危险化学品目录

《危险化学品目录》（2015 版）颁布后，2015 年 7 月 2 日，交通运输部会同环境保护部、工业和信息化部、安全生产监督管理总局制定并发布《内河禁运危险化学品目录》（2015 版）（试行）。该目录坚持安全第一，确保政策平稳过渡的原则，以现有的禁运范围作为基础，做出如下调整：

（1）《危险化学品目录》（2015 版）所包含的 148 种剧毒化学品（包括 140 种原有品种和新增加的 8 种剧毒化学品）全部列入内河禁运范围。

（2）对于《危险化学品目录》（2015 版）中不再作为剧毒化学品管理的 160 个品种，考虑到在危险特性、对人体和水环境的危害程度以及消除危害后果的难易程度等方面缺乏充分论证，可能对人民财产安全、公共环境保护产生巨大影响，暂继续列入内河禁运范围。

（3）不再列入《危险化学品目录》（2015 版）的 35 种化学品将不再被列入内河禁运范围。

《内河禁运危险化学品目录》（2015 版）见表 2—7（摘录）。

表 2—7 《内河禁运危险化学品目录》（2015 版）（摘录）

序号	中文名称		CAS 号	UN 编号
	化学名	别名		
1	氰	氰气	460-19-5	1026
2	氰化钠	山奈	143-33-9	1689
3	氰化钾	山奈钾	151-50-8	1680
4	氰化钙		592-01-8	1575

续表

序号	中文名称		CAS 号	UN 编号
	化学名	别名		
⋮	⋮	⋮	⋮	⋮
307	亚砷酸钙	亚砒酸钙	27152-57-4	1574
308	1-（对氯苯基）-2，8，9-三氧-5-氮-1-硅双环（3，3，3）十二烷	毒鼠硅；氯硅宁；硅灭鼠	29025-67-0	

九、化学品安全技术说明书和化学品安全标签

1. 化学品安全技术说明书

化学品安全技术说明书，国际上称作化学品安全信息卡，简称 CSDS（Chemical Safety Data Sheet）或 MSDS（Material Safety Data Sheet），是一份关于化学品燃爆、毒性和环境危害以及安全使用、泄漏应急处置、主要理化参数、法律法规等方面信息的综合性文件。

（1）作为最基础的技术文件，化学品安全技术说明书的主要用途是传递安全信息，其主要作用体现在以下几点：

1）是化学品安全生产、安全流通、安全使用的指导性文件。

2）是应急作业人员进行应急作业时的技术指南。

3）为危险化学品生产、处置、储存和使用各环节制定安全操作规程提供技术信息。

4）为危害控制和预防措施的设计提供技术依据。

5）是企业安全教育的主要内容。

（2）根据国家标准 GB/T 16483—2008《化学品安全技术说明书　内容和项目顺序》要求，化学品安全技术说明书将按照下面 16 部分提供化学品的信息，每部分的标题、编号和前后顺序不应随意变更：

1）化学品及企业标识。

2）危险性概述。

3）成分/组成信息。

4）急救措施。

5）消防措施。

6）泄漏应急处理。

7）操作处置与储存。

8）接触控制和个体防护。

9）理化特性。

10）稳定性和反应性。

11）毒理学信息。

12）生态学信息。

13）废弃处置。

14）运输信息。

15）法规信息。

16）其他信息。

化学品安全技术说明书由化学品生产供应企业编印，在交付商品时提供给用户；化学品的用户在接收、使用化学品时，要认真阅读技术说明书，了解和掌握化学品危险性，并根据使用的情形制定安全操作规程，选用合适的防护器具，培训作业人员。

化学品安全技术说明书的内容，从制作之日算起，每五年更新一次，要不断补充信息资料，若发现新的危害性，在有关信息发布后的半年内，生产企业必须对技术说明书的内容进行修订。

2. 化学品安全标签及其使用

（1）化学品安全标签。化学品安全标签是用文字、图形符号和编码的组合形式表示化学品所具有的危险性和安全注意事项。

国家标准 GB 15258—2009《化学品安全标签编写规定》规定了化学品安全标签的内容、格式和制作等事项，具体内容如下：

1）名称。用中英文分别标明危险化学品的通用名称。名称要求醒目清晰，位于标签的正上方。

2）分子式。可用元素符号和数字表示分子中各原子数，居名称的下方。若是混合物此项可略。

3）化学成分及组成。标出化学品的主要成分和含有的有害组分、含量或浓度。

4）编号。应标明联合国危险货物运输编号和中国危险货物运输编号，分别用 UN No. 和 CN No. 表示。

5）标志。采用联合国《关于危险货物运输的建议书》和 GB 15258—2009《化学品安全标签编写规定》规定的符号。每种化学品最多可选用两个标志。标志符号居标签右边。

6）警示词。根据化学品的危险程度，分别用“危险”“警告”“注意”三个词进行危害程度的警示。当某种化学品具有两种及两种以上的危险性时，用危险性最大的警示词。警示词一般位于化学品名称下方，要求醒目、清晰。警示词应用的一般原则见表 2—8。

表 2—8　警示词与化学品危险性类别的对应关系

警示词	化学品危险性类别
危　险	爆炸品、易燃气体、有毒气体、低闪点液体、一级自燃物品、一级遇湿易燃物品、一级氧化剂、有机过氧化物、剧毒品、一级酸性腐蚀品
警　告	不燃气体、中闪点液体、一级易燃固体、二级自燃物品、二级遇湿易燃物品、二级氧化剂、有毒品、二级酸性腐蚀品、一级碱性腐蚀品
注　意	高闪点液体、二级易燃固体、有害品、二级碱性腐蚀品、其他腐蚀品

7）危险性概述。简要概述化学品燃烧爆炸危险特性、健康危害和环境危害。说明要与安全技术说明书的内容相一致，并居于警示词下方。

8）安全措施。表述化学品在其处置、搬运、储存和使用作业中所必须注意的事项和发生意外时简单有效的救护措施等，要求内容简明扼要、重点突出。

9）灭火。若化学品为易（可）燃或助燃物质，应提示有效的灭火剂和禁用的灭火剂以及灭火注意事项。

10）批号。注明生产日期和生产班次。

11）提示向生产销售企业索取安全技术说明书。

12）生产企业名称、地址、邮编、电话。

13）应急咨询电话。填写化学品生产企业的应急咨询电话和国家化学事故应急咨询电话。

（2）化学品安全标签的使用。在使用化学品安全标签时，应注意以下事项：

1）安全标签应由生产企业在货物出厂前粘贴、挂拴、印刷。出厂后若要改换包装，则由改换包装单位重新粘贴、挂拴、印刷标签。

2）安全标签应粘贴、挂拴、印刷在危险化学品容器或包装的明显位置；粘贴、挂拴、印刷应牢固，以便在运输、储存期间不会脱落。

3）盛装危险化学品容器或包装，在经过处理并确认其危险性完全消除之后，方可撕下标签，否则不能撕下相应的标签。

4）当某种化学品有新的信息发现时，标签应及时修订、更改。在正常情况下，标签的更新时间应与安全技术说明书相同，不得超过 5 年。

危险化学品生产企业应当提供与其生产的危险化学品相符的化学品安全技术说明书，并在危险化学品包装（包括外包装件）上粘贴或者拴挂与包装内危险化学品相符的化学品安全标签。化学品安全技术说明书和化学品安全标签所载明的内容应当符合国家标准的要求。

危险化学品生产企业发现其生产的危险化学品有新的危险特性的，应当立即公告，并及时修订其化学品安全技术说明书和化学品安全标签。

第三节 典型化工工艺安全

化工工艺即化工技术或生产技术，指将原料物主要经过化学反应转变为产品的方法和过程，包括实现这一转变的全部措施。

一、重点监管的危险化工工艺目录

国家安全生产监督管理总局于2009年和2013年先后发布两批《重点监管的危险化工工艺目录》，同时下发了《重点监管的危险化工工艺安全控制要求、重点监控参数及推荐的控制方案》，对涉及重点监管的危险化工工艺的本质安全水平提出了相应基本要求。

1. 首批重点监管危险化工工艺目录

①光气及光气化工艺；②电解工艺（氯碱）；③氯化工艺；④硝化工艺；⑤合成氨工艺；⑥裂解（裂化）工艺；⑦氟化工艺；⑧加氢工艺；⑨重氮化工艺；⑩氧化工艺；⑪过氧化工艺；⑫胺基化工艺；⑬磺化工艺；⑭聚合工艺；⑮烷基化工艺。

2. 第二批重点监管危险化工工艺目录

（1）新型煤化工工艺：煤制油（甲醇制汽油、费-托合成油）、煤制烯烃（甲醇制烯烃）、煤制二甲醚、煤制乙二醇（合成气制乙二醇）、煤制甲烷气（煤气甲烷化）、煤制甲醇、甲醇制醋酸等工艺。

（2）电石生产工艺。

（3）偶氮化工艺。

3. 调整的首批重点监管危险化工工艺中的部分典型工艺

（1）涉及涂料、黏合剂、油漆等产品的常压条件生产工艺不再列入“聚合工艺”。

（2）将“异氰酸酯的制备”列入“光气及光气化工艺”的典型工艺中。

（3）将“次氯酸、次氯酸钠或N-氯代丁二酰亚胺与胺反应制备N-氯化物”“氯化亚砜作为氯化剂制备氯化物”列入“氯化工艺”的典型工艺中。

（4）将“硝酸胍、硝基胍的制备”“浓硝酸、亚硝酸钠和甲醇制备亚硝酸甲酯”列入“硝化工艺”的典型工艺中。

（5）将“三氟化硼的制备”列入“氟化工艺”的典型工艺中。

（6）将“克劳斯法气体脱硫”“一氧化氮、氧气和甲（乙）醇制备亚硝酸甲（乙）酯”“以双氧水或有机过氧化物为氧化剂生产环氧丙烷、环氧氯丙烷”的列入“氧化工艺”的典型工艺。

（7）将“叔丁醇与双氧水制备叔丁基过氧化氢”列入“过氧化工艺”的典型工艺中。

（8）将“氯氨法生产甲基肼”列入“胺基化工艺”的典型工艺中。

二、电解工艺

电解工艺在化学工业中有广泛应用，如电解食盐水溶液制取 H_2 和 NaOH，其中 Cl_2 和 NaOH 都是基本的化工原料，广泛使用在化工、轻工、纺织、冶金等工业部门以及农业部门，在国民经济中占有重要地位。此外，电解还在冶金、电镀、电解加工、电铸、电抛光、电泳涂漆等机械制造部门广泛应用。

1. 电解工艺危险性分析

食盐电解的产品氯气（Cl_2）具有毒性；氢气（H_2）可燃，能与空气或氯气混合形成爆炸性气体；烧碱（NaOH）能刺激黏膜和灼伤皮肤。此外，电解生产时所用直流电的电压较高，电流很大，有触电的危险。

在氯碱生产中，氢气与氯气或空气能形成易燃易爆的混合气体，当设备或管道有氢气外泄或氯气通过水封放空时，都可能发生燃烧或爆炸。在氢气和氯气的混合气体中，氢的体积分数在 3%～7%时，即可着火燃烧，同时压力缓慢增高；含氢在 7%～15%时，在燃烧的同时压力会急剧升高；含氢在 15%～83%时，燃烧并伴有爆炸；含氢量达 83%～97%时，压力增高但不爆炸。

2. 电解过程的安全措施

（1）防止氢气与氯气或空气混合形成爆炸性气体。

（2）防止阳极室含氢量过高。

（3）在输氢系统中，氢气管道应保持密闭，不得出现负压以防空气串入管内而形成爆炸性混合气体。

（4）防止液氯系统中形成的三氯化氮爆炸。

（5）防止氯气中毒和烧碱对人体的灼伤。

三、氯化工艺

在化合物分子中引入氯原子以生成氯的衍生物的反应称为氯化。氯化反应在化工中应用较广，可应用在农药、医药、染料、塑料等行业中，而且烃类的氯化产品用途很多。根据促进氯化反应的手段不同，工业上采用的氯化方法主要有热氯化法、光氯化法和催化氯化法 3 种。

1. 氯化工艺危险性分析

氯化过程本身存在着燃烧、爆炸的危险因素，其危险性主要取决于被氯化物料、氯化剂产品的化学性质，催化剂和物料的聚积状态以及反应过程中的控制条件等。

（1）被氯化的原料、产品多为易燃或易爆物质，有的产品具有特殊的危险性（如毒性），若使用或储存不当，就有发生火灾或爆炸的危险。氯气储存压力较高，有爆炸危险。氯气常用液氯钢瓶或槽车储存运输，若被氯化的物质倒流入钢瓶或槽车，将引起爆炸。

（2）氯化过程常伴有氯化氢生成，或采用氯化氢作为氯化剂。氯化氢具有强烈的腐蚀性，特别是原料中含有水，对设备的腐蚀程度就更大，而且会产生氢气，增加了危险性。

（3）氯化反应是放热反应，在较高温度下反应尤为激烈。例如氯丙烯生产中，丙烯与氯混合预热到 340℃左右，氯化反应温度为 450～500℃，在这样的高温条件下，若有物料泄漏，易导致燃烧爆炸事故。

（4）氯化废气系统常含有可燃气体、易燃液体蒸气或氯化氢气体。

（5）氯化反应器易因物料“跑冒”造成大面积火灾或爆炸事故。

2. 氯化反应的安全措施

（1）氯化用的原料、氯化剂和氯化产品应按危险化学品安全管理规定存储。

（2）按照工艺条件严格控制温度和通氯流量，防止流量过快使反应加剧、温度升高而导致危险。

（3）防止“跑冒滴漏”。

（4）要严格控制各种火源，设备符合防爆要求。

（5）设置防止火势蔓延设备。

四、硝化工艺

硝化是有机化学工业中的一个重要化学反应，通过硝化反应，可以制造出多种炸药，还可以制造各种医药、农药和染料中间体，如硝基苯、硝基萘、三硝基甲苯等。

1. 硝化反应过程危险性

（1）被硝化的原料存在较大的火灾危险性。如苯、甲苯、苯酚、萘、甘油、脱脂棉等，都是易燃或易爆物质，有的还兼有毒性。

（2）硝化剂具有较大的火灾危险性。常用的硝化剂如浓硝酸、发烟硝酸、混酸，具有强烈的氧化性和腐蚀性。制备混酸时，温度过高，会导致硝酸大量分解出二氧化氮和水，若进入水，会导致大量水汽化，不仅强烈腐蚀设备，而且还会造成爆炸。

（3）硝化产品大都具有爆炸危险性。二硝基和多硝基化合物是磺色的结晶体，不溶于水，性质极不稳定，受热、摩擦或强烈撞击时可发生分解爆炸，且产生很大的破坏力。干燥的硝化棉受到火焰作用能立即着火，大量燃烧时有可能发生爆轰。

(4) 硝化反应是强放热反应。每引入一个硝基约放出 152.3~153.2 kJ 的热量，反应操作过程若中途停止搅拌，冷却水供应不足、加料速度过快、原料配比失调或有冷却水进入反应器等会导致反应加剧，反应温度过高，使混酸的氧化能力增强，并有多硝基化合物生成，易引起火灾或爆炸事故发生。

2. 硝化反应过程的安全措施

(1) 硝化用的原料、硝化剂和硝化产品要妥善保存。

(2) 混酸制备和进行硝化反应时要严格控制温度。

(3) 反应设备和管道上应采取必要的防火防爆措施。

五、合成氨工艺

氨是重要的化工基础原料，可用于制造氮肥、复合肥、硝酸、纯碱、含氮无机盐、有机中间体、磺胺类药、高分子合成材料等。氨是由纯净的 3∶1 的氢氮混合气在一定的温度、压力条件下合成的。合成氨生产工艺包括 3 个主要步骤：一是原料气的制取。现在工业上普遍采用焦炭、无烟煤、天然气、焦炉气、炼厂气、石脑油、重油、渣油等含碳氢化合物的原料和水蒸气、空气作用的气化方法来制备。二是原料气的净化。无论选择什么原料来制得的氢、氮原料气中都含有硫化物、一氧化碳、二氧化碳等杂质，这些杂质都是氨合成催化剂的“毒物”。因此在氢、氮原料气送去氨合成之前，必须将其中的杂质除去。三是氨的合成。将净化后的氢、氮混合气压缩至高压，在催化剂和高温条件下合成为氨。

1. 合成氨工艺危险性

合成氨生产过程是一个高温、高压、易燃、易爆的工艺环境，介质具有火灾、爆炸、毒性危害，设备和管道受过热、腐蚀、金属疲劳、骤冷骤热等作用或内部压力超过所用材料的机械强度时，还会发生爆炸。

2. 合成氨工艺安全措施

(1) 在煤气净化过程中，排送机或鼓风机的旁通阀应保持开闭灵活，排送机或鼓风机与有关生产设备应有联锁装置并设置紧急备用电源。

(2) 焦油雾收集过程是一个非常危险的操作，必须保持煤气中的氧含量低于 1%，并设置含氧量超限自动停车处理的联锁装置。

(3) 在高温、高压条件下操作的氨合成塔是最复杂、最关键的设备。严格设定工艺条件，保证材料、设备和安装工作的质量，是保证氨合成装置安全运行的基本条件。

六、裂解（裂化）工艺

裂解又称为裂化，是指有机化合物在高温下分子发生分解的反应过程。石油产品的裂化主要是以重油为原料，在加热、加压或催化剂作用下，分子量较高的烃类发生分解反应而生成分子量较小的烃类，再经分馏而得到裂化气、汽油、煤油和残油等组分。裂化可分为热裂化、催化裂化、加氢裂化 3 种类型。

1. 热裂化

热裂化是在加热和加压下进行，根据所用压力的大小分为高压热裂化和低压热裂化，产品有裂化气体、汽油、煤油、残油和石油焦等。热裂化装置的主要设备有管式加热炉、分馏塔、反应塔等。

(1) 热裂化的主要危险性。热裂化在高温、高压下进行，装置内的油品温度一般超过其自燃点，漏出会立即着火。热裂化过程产生大量的裂化气，如泄漏会形成爆炸性气体混合物，遇加热炉等明火会发生爆炸。

(2) 热裂化反应过程的安全措施

1) 要严格遵守操作规程，严格控制温度和压力。

2) 由于热裂化的管式炉经常在高温下运转，要采用高镍铬合金钢制造。

3) 裂解炉炉体应设有防爆门，备有蒸气吹扫管线和其他灭火管线，以防止炉体爆炸或用于应急灭火。设置紧急放空管和放空罐，以防止因阀门不严或设备漏气而造成事故。

4) 设备系统应有完善的消除静电和避雷措施。高压容器、分离塔等设备均应安装安全阀和事故放空装置。低压系统和高压系统之间应有止逆阀。设备系统应配备固定的氮气装置、蒸气灭火装置。

5) 应备有双路电源和水源，保证高温裂解气直接喷水急冷时的用水和用电，防止烧坏设备。发现停水或气压大于水压时，要紧急放空。

6) 经常检查，及时维修和除焦，避免炉管结焦，以免加热炉效率下降，出现局部过热，甚至烧穿。

2. 催化裂化

催化裂化在高温和催化剂的作用下进行，用于重油生产轻油或裂化气的工艺。催化裂解装置主要由反应再生系统、分馏系统、吸收稳定系统组成。

(1) 催化裂化的主要危险性。催化裂化在 460~520℃ 的高温和 0.1~0.2 MPa 的压力下进行，火灾、爆炸的危险性也较大。操作不当时，再生器内的空气和火焰可进入反应器，引起恶性爆炸事故。裂化过程中会产生易燃的裂化气。

(2) 催化裂化过程的安全措施

1) 保持反应器与再生器压差的稳定，是催化裂化反应中最重要的安全问题之一。

2) 分馏系统要保持塔底油浆经常循环，防止催化剂从油气管线进入分馏塔，造成塔盘堵塞。要防止回流过多或太少造成的憋压和冲塔现象。

3) 再生器应防止稀相层发生二次燃烧而损坏设备。

4）应备有单独的供水系统。降温循环水应充足，同时应注意防止冷却水量突然增大，因急冷而损坏设备。

5）关键设备应备有两路以上的供电。

3. 加氢裂化

加氢裂化是在催化剂及氢气存在的条件下，使重油发生催化裂化反应，同时伴有烃类加氢、异构化等反应，从而将原料转化为质量较好的汽油、煤油和柴油等轻质油的过程。加氢裂化装置类型很多，按反应器中催化剂放置方式的不同，可分为固定床、沸腾床等。

（1）加氢裂化的主要危险性。加氢裂化在高温、高压下进行，且需要大量氢气，一旦油品和氢气泄漏，极易发生火灾或爆炸。加氢裂化是强烈的放热反应。氢气在高压下与钢接触，钢材内的碳分子易与氢气发生反应而生成碳氢化合物，使钢的强度降低，产生氢脆现象。

（2）加氢裂化过程的安全措施

1）要加强对设备的检查，定期更换管道、设备，防止出现氢脆现象而造成事故。

2）加热炉要平稳操作，防止局部过热，防止炉管烧穿。

3）反应器必须通冷氢以控制温度。

七、重氮化工艺

重氮化是使芳伯胺变为重氮盐的反应，通常是把含芳胺的有机化合物在酸性介质中与亚硝酸钠作用，使其中的胺基（$—NH_2$）转变为重氮基（—N＝N—）的化学反应。重氮化广泛应用于染料工业，如偶氮染料和活性染料等70%的产品是通过重氮化反应生产出来的。重氮化是中间体、偶氮染料、偶氮颜料以及某些药物等生产中的一个重要过程。用重氮化反应还可以生产一些医药、农药、炸药等产品。

1. 重氮化反应危险性分析

重氮化反应的主要火灾危险性在于所产生的重氮盐，如重氮盐酸盐（$C_6H_5N_2Cl$）、重氮硫酸盐（$C_6H_5N_2HSO_4$），特别是含有硝基的重氮盐，如重氮二硝基苯酚[$(NO_2)_2N_2C_6H_2OH$]等，它们在温度稍高或光的作用下，极易分解，有的甚至在室温时亦能分解。一般温度每升高10℃，分解速度加快两倍。在干燥状态下，有些重氮盐不稳定，活力大，受热或摩擦、撞击能分解爆炸。含重氮盐的溶液若洒落在地上、蒸汽管道上，干燥后亦能引起着火或爆炸。在酸性介质中，有些金属如铁、铜、锌等能促使重氮化合物激烈地分解，甚至引起爆炸。

作为重氮剂的芳胺类化合物都是可燃的有机物质，在一定条件下也有着火和爆炸的危险。重氮化生产过程所使用的亚硝酸钠是无机氧化剂，于175℃时分解，能与有机物反应发生着火或爆炸。亚硝酸钠并非强氧化剂，所以当遇到比其氧化性强的氧化剂时，又具有还原性。故遇到氯酸钾、高锰酸钾、硝酸铵等强氧化剂时有发生着火或爆炸的可能。

在重氮化的生产过程中，若反应温度过高、亚硝酸钠的投料过快或过量，均会增加亚硝酸的浓度，加速物料的分解，产生大量的氧化氮气体，有引起着火爆炸的危险。

2. 重氮化反应的安全措施

（1）重氮化生产过程的操作应当在水溶液或潮湿状态下进行，反应温度一般控制在0~5℃。

（2）用重氮盐生产染料或其他产品时，在反应过程中要检查半成品中有无残留未转化的重氮盐存在，如有，则反应仍需继续进行，直至重氮盐完全转化为止。

（3）重氮盐干燥时，须严格控制温度。

（4）进行重氮化反应的设备和储存重氮剂的容器，忌用铁、铜、锌等金属制造，宜采用木质或陶质的。另外，重氮化反应器上应有伸向室外高空排放氧化氮气体的放空管，并应经常清理其中的残积物。

（5）重氮化生产过程所使用的芳胺类化合物和亚硝酸钠等原料，要妥善保管，与性质相互抵触的物质隔离存放，且应远离着火源。

八、氧化工艺

狭义上讲，物质与氧化合的过程称为氧化；广义上讲，凡是物质分子内原子间有失去电子的反应都是氧化反应。氧化过程所采用的氧化剂主要有：非金属氧化剂，例如O_2、Cl_2；过氧化物，例如H_2O_2、Na_2O_2；正高价离子及其化合物，例如$KMnO_4$、$KClO_3$、HNO_3等。对于产量大的基本有机化学工业生产而言，具有重要价值的氧化剂是气态氧，包括空气和纯氧。氧化过程具有3个特点：一是强放热反应，尤其是完全氧化反应，释放的热量要比部分氧化反应大8~10倍。二是在热力学上占绝对优势，一般不需要外供热，只要在氧化反应的温度区间就能进行。三是多种途径氧化。在多种情况下，氧往往能以多种形式向烃分子进攻，使其以不同途径氧化，转化为不同的氧化产物。

1. 氧化反应危险性

（1）原材料及产品的危险性分析。参与氧化反应的原料，例如氨、乙烯、萘、丙烯等都是有火灾危险性的物质，与空气、氧气、高锰酸钾等物质接触存在燃烧、爆炸的危险性。有些原料还具有腐蚀性或毒性，例如硝酸、乙腈、氨等。

氧化过程伴随的副反应常会产生一定量的易燃易爆或不稳定性化合物。例如乙醛氧化制乙酸的过程中有过氧乙酸生成，在苯酚丙酮生产过程中有异丙苯过氧化氢生成，

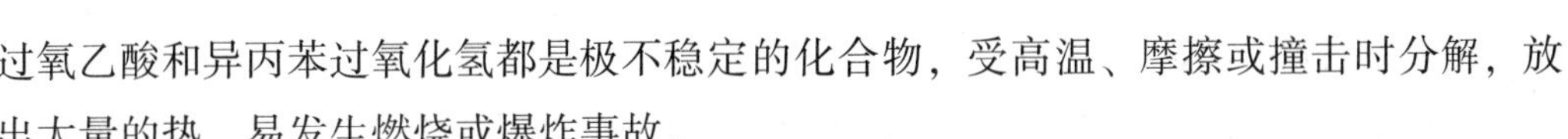

过氧乙酸和异丙苯过氧化氢都是极不稳定的化合物，受高温、摩擦或撞击时分解，放出大量的热，易发生燃烧或爆炸事故。

有些氧化产品具有很大的火灾危险性。例如乙烯氧化生成的环氧乙烷是可燃气体，爆炸极限范围为3%~80%；磺血盐钾与硫酸亚铁氧化生成的铁蓝是易燃固体粉末，其粉尘爆炸下限为10.4 g/m；萘氧化过程中生成的萘焦油，在常温常压下会自燃。

（2）工艺条件危险性分析。氧化反应大都在高温、放热条件下进行，特别是气相催化氧化反应一般都是在250~600℃的高温下进行，完全氧化反应释放的热量比部分氧化反应大得多。为保证反应正常进行，必须及时移走反应热，否则将会使反应温度迅速升高，压力增大，反应加速，造成反应恶性循环，有燃烧爆炸的危险。

有些氧化反应，原料配比在爆炸极限范围之内或接近爆炸极限范围内进行。例如氨、甲醇在空气中的氧化，其原料的配比接近于爆炸下限，氨的爆炸极限范围为15.5%~27%，而正常生产时，要求氨含量在9.5%~12%，此时氨的转化率最高，且无爆炸危险。若配比失调，含量增加，温度控制不当，极易发生爆炸危险。

氧化反应过程中，当运转时间过长而不清理设备及管道中的残余物、附着物，这些物质受热或与空气接触往往会发生自燃，如苯酐生产中产生的萘焦油、苯二甲酸钠、硫化亚铁等，在常温下有自燃的危险。

2. 氧化反应过程的安全措施

（1）氧化过程所使用的原料、产品应按有关危险化学品安全管理规定采取相应的安全措施，例如隔离存放，远离火源、热源、电源，避免高温、日晒，防止摩擦、撞击等。

（2）按照工艺条件严格控制工艺参数。

（3）严格按照操作规程作业。

（4）设置防爆泄压装置。

（5）设置氮气、水蒸气保护及灭火系统。

九、磺化工艺

磺化是在有机化合物分子中引入磺（酸）基（$-SO_3H$）的反应，是有机合成中的一个重要的单元过程。由于磺化所用的原料都是可燃物和氧化剂，而且都是在高温和加压的条件下进行，故火灾危险性很大。

磺化按过程可分为直接磺化和间接磺化两种。直接磺化法在工业上应用较多，常见的主要有苯与硫酸磺化生产苯磺酸；硝基苯与发烟硫酸直接磺化生产间氨基苯磺酸钠等。间接磺化法主要有用有机化合物的活泼卤原子（卤代烷、卤代侧链芳烃）与亚硫酸钠、钾或铵等在高温加压条件下作用生成磺酸盐等，如氯化烷与亚硫酸钠进行间

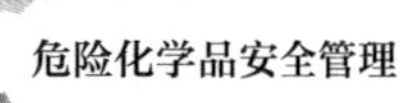

接磺化生成烷基磺酸盐。

磺化反应的危险性及其安全措施在于以下几点：

（1）要保证原料的质量。生产所用的原料和磺化剂都必须是纯净的物质，不允许混入易燃物和水等有害的杂质。

（2）要保证正确的投料顺序和投料速度。磺化反应若投料顺序颠倒、投料速度过快、搅拌不良、冷却效果不佳等，都有可能造成反应温度升高，使磺化反应变为燃烧反应，引起着火或爆炸事故。

（3）严格控制反应温度。

（4）要加强对设备及操作的监控。

（5）应加强对操作人员的技术培训。

十、聚合工艺

聚合反应的类型很多，按聚合物单体元素组成和结构的不同，分为加成聚合和缩合聚合两大类。聚合过程在工业上的应用十分广泛，如聚氯乙烯、聚乙烯、聚丙烯等塑料，以及聚丁二烯、顺丁橡胶、丁腈橡胶以及尼龙纤维等，都是通过小分子单体聚合的方法得到的。

1. 聚合反应的主要危险性

（1）聚合反应中使用的单体、溶剂、引发剂、催化剂等大多是易燃、易爆物质，使用或储存不当时，易造成火灾、爆炸。如聚乙烯的单体乙烯是可燃气体，顺丁橡胶生产中的溶剂苯是易燃液体，引发剂金属钠属遇湿易燃危险品。

（2）许多聚合反应在高压条件下进行，单体在压缩过程中或在高压系统中易泄漏，发生火灾爆炸。如乙烯在 130~300 MPa 的压力下发生聚合反应合成聚乙烯。

（3）聚合反应中加入的引发剂都是化学活性很强的过氧化物，一旦配料比控制不当，容易引起爆聚，反应器压力骤增，易引起爆炸。

（4）聚合物分子量高，黏度大，聚合反应热不易导出，一旦遇到停水、停电、搅拌系统故障时，容易挂壁和堵塞，造成局部过热或反应釜骤然升温，发生爆炸。

2. 聚合反应过程的安全措施

（1）应设置可燃气体检测报警器，一旦发现设备、管道有可燃气体泄漏，将自动停车。

（2）反应釜的搅拌和温度应有检测和联锁装置，发现异常能自动停止进料。

（3）高压分离系统应设置爆破片、导爆管，并有良好的静电接地系统，一旦出现异常能及时泄压。

（4）对催化剂、引发剂等要加强储存、运输、调配、注入等工序的管理。

(5) 注意防止爆聚、黏壁和堵塞的发生。

十一、烷基化工艺

烷基化（亦称烃化）是在有机化合物中的氮、氧、碳等原子上引入烷基 R-的化学反应。引入的烷基有甲基（$—CH_3$）、乙基（$—C_2H_5$）、丙基（$—C_3H_7$）、丁基（$—C_4H_9$）等。

烷基化常用烯烃、卤代烃、醇等能在有机化合物分子中的碳、氧、氮等原子上引入烷基的物质作烷基化剂。

1. 烷基化反应危险性分析

(1) 被烷基化的物质大都具有着火爆炸危险。如苯是甲类液体，闪点-14℃，爆炸极限 1.5%~9.5%；苯胺是丙类液体，闪点 71℃，爆炸极限 1.3%~4.2%。

(2) 烷基化过程所用的催化剂易燃。如三氯化铝是忌湿易燃物品，有强烈腐蚀性，遇水或水蒸气发热分解，放出氯化氢气体，有时能引起爆炸，若接触可燃物，则易着火。

(3) 烷基化反应都是在加热条件下进行，如果原料、催化剂、烷基化剂等加料次序颠倒、速度过快或者搅拌中断停止，就会发生剧烈反应，引起跑料，造成着火或爆炸事故。

(4) 烷基化的产品亦有一定的火灾危险。如异丙苯是乙类液体，闪点 35.5℃，自燃点 434℃，爆炸极限 0.68%~4.2%；二甲基苯胺是丙类液体，闪点 61℃，自燃点 371℃；烷基苯是丙类液体，闪点 127℃。

2. 烷基化生产过程的安全措施

(1) 烷基化生产过程中所用的原料、烷基化剂及其产品，均应按照现行危险化学品安全管理的要求严格管理，储存、装卸、搬运均应符合操作规程，储存、压送的设备、管道、容器均应符合要求。

(2) 烷基化反应器上应有防爆泄压装置和伸向室外的放空管，并应有单独的事故排放管、槽。开车生产前，应用水蒸气或氮气将设备系统吹洗干净。操作时按照原料—催化剂—烷基化剂的次序投料，或者事先按比例混配好再投料；液态的烷基化剂则宜采用滴加法，并保证连续搅拌至反应终止。

第四节 典型化工单元操作安全技术

化工生产过程中具有共同变化特点的基本操作称为化工单元操作。

一、非均相分离

化工生产中多采用机械方法对两相进行分离，常见的有沉降分离、过滤分离、静电分离、湿洗分离、超声波除尘和热除尘等方法。

在进行过滤时，应采取以下安全措施：

（1）若加压过滤时散发易燃、易爆、有害气体，则应采用密闭过滤机，并应用压缩空气或惰性气体保持压力。值得注意的是，取滤渣前应先释放压力。

（2）在存在火灾、爆炸危险的工艺中，不宜采用离心过滤机，宜采用转鼓式或带式等真空过滤机。如必须采用离心过滤机时，应严格控制电动机的安装质量，并安装限速装置，切忌不要选择临界速度操作。

（3）离心过滤机应注意选材和焊接质量，转鼓、外壳、盖子及底座等应用塑性金属制造。

二、加热及传热

1. 加热

装置加热方法一般为水蒸气或热水加热、载热体加热以及电加热等，应采取以下安全措施：

（1）采用水蒸气或热水加热时，应定期检查水蒸气夹套和管道的耐压强度，并装设压力计和安全阀。与水易反应的物料不宜采用水蒸气或热水加热。

（2）采用充油夹套加热时，需将加热炉门与反应设备用砖墙隔绝，或将加热炉设于车间外面。油循环系统应严格密闭，严禁泄漏热油。

（3）采用电感加热时，要防止过负荷，采用防潮、防腐蚀、耐高温的绝缘，增加绝缘层厚度，添加绝缘保护层等措施。电感应线圈应密封，防止与可燃物接触。加热或烘干易燃物质，以及受热能挥发可燃气体或蒸气的物质，应采用封闭式电加热器。

（4）采用直接用火加热时，加热炉门与加热设备间应用砖墙完全隔离。加热锅内的残渣应经常清除，以免局部过热引起锅底破裂。以煤粉为燃料时，料斗应保持一定存量，不许倒空，避免空气进入，以防止煤粉爆炸。以气体、液体为燃料时，点火前应吹扫炉膛，排除积存的爆炸性混合气体，防止点火时发生爆炸。当加热温度接近或超过物料的自燃点时，应采用惰性气体保护。

2. 传热

在化工生产中，传热的主要作用是创造并维持化学反应和单元操作过程所需要的温度条件，以及综合利用和回收热能、隔热与限热。其中，化工生产中的换热通常在两流体之间进行，目的是将工艺流体加热（气化），或是将工艺流体冷却（冷凝）。热量传递有三种基本方式，即：热传导、热对流和热辐射。实际上，传热过程往往不是以某种传热方式单独出现的，而是两种或三种传热方式的组合。

 三、蒸馏

对于均相液体混合物，最常用的分离方法是蒸馏。要实现混合液的高纯度分离，需采用精馏操作。

1. 常压蒸馏

(1) 易燃液体的蒸馏热源不能采用明火，应采用水蒸气或过热水蒸气加热较安全。

(2) 蒸馏腐蚀性液体时，应防止塔壁、塔盘腐蚀，防止易燃液体或蒸气逸出，遇明火或灼热的炉壁而产生燃烧。

(3) 蒸馏自燃点很低的液体时，应注意蒸馏系统的密闭性，防止因高温泄漏遇空气自燃。

(4) 对于高温的蒸馏系统，应防止冷却水突然漏入塔内，这将会使水迅速汽化，导致塔内压力突然增高而将物料冲出或发生爆炸。

(5) 在常压蒸馏过程中，还应注意防止管道、阀门被凝固点较高的物质凝结堵塞，导致塔内压力升高而引起爆炸。在直接用火加热蒸馏高沸点物料（如苯二甲酸酐等）时，应防止产生自燃点很低的树脂油状物因遇空气而自燃。

2. 真空蒸馏

真空蒸馏（或减压蒸馏）是一种比较安全的蒸馏方法。对于沸点较高、在高温下蒸馏时能引起分解、爆炸和聚合的物质，采用真空蒸馏较为合适。如硝基甲苯在高温下分解爆炸，苯乙烯在高温下易聚合，类似这类物质的蒸馏必须采用真空蒸馏的方法以降低流体的沸点，借以降低蒸馏的温度，确保蒸馏过程安全。

 四、气体吸收与解吸

气体吸收按溶质与溶剂是否发生显著的化学反应，可分为物理吸收和化学吸收；按被吸收组分的不同，可分为单组分吸收和多组分吸收；按吸收体系（主要是液相）的温度是否显著变化，可分为等温吸收和非等温吸收。在选择吸收剂时，应注意溶解度、选择性、挥发度、黏度。在化工生产中，吸收塔的类型主要有板式塔、填料塔、湍球塔、喷洒塔和喷射式吸收器等。

解吸又称脱吸，是脱除吸收剂中已被吸收的溶质，使溶质从液相逸出到气相的过程，其目的是获得所需较纯的气体溶质，使溶剂得以再生，返回吸收塔循环使用。工业上常采用的解吸方法有加热解吸、减压解吸、在惰性气体中解吸和精馏。

五、干燥

干燥按其热量供给湿物料的方式不同，可分为传导干燥、对流干燥、辐射干燥和介电加热干燥；按操作压强不同，可分为常压干燥和减压干燥；按操作方式不同，可分为间歇式干燥与连续式干燥。常用的干燥设备有厢式干燥器、转筒干燥器、气流干燥器、沸腾床干燥器和喷雾干燥器。

为预防火灾爆炸及中毒事故，在进行干燥操作时，应采取以下安全措施：

（1）当干燥物料中含有自燃点很低的物质或含有其他有害杂质时，必须在烘干前将其彻底清除，干燥室内也不得放置容易自燃的物质。

（2）干燥室与生产车间应用防火墙隔绝，并安装良好的通风设备。电气设备应防爆或将开关安装在室外。在干燥室或干燥箱内操作时，应防止可燃的干燥物直接接触热源，以免引起燃烧。

（3）干燥易燃、易爆物质时，应采用以蒸气加热的真空干燥箱。当烘干结束后，去除真空时，一定要等到温度降低后才能放进空气；对易燃、易爆物质采用流速较大的热空气干燥时，应采用防爆的排气用设备和电动机；用电烘箱烘烤能蒸发易燃蒸气的物质时，电炉丝应完全封闭，箱上应加防爆门；利用烟道气直接加热可燃物时，在滚筒或干燥器上应安装爆破片，以防止烟道气混入一氧化碳而引起爆炸。

（4）进行间歇式干燥时，物料大部分靠人力输送，热源采用热空气自然循环或鼓风机强制循环，温度较难控制，易造成局部过热，引起物料分解，造成火灾或爆炸。因此，在干燥过程中应严格控制温度。

（5）在采用洞道式、滚筒式干燥器干燥时，应防止机械伤害。在气流干燥、喷雾干燥、沸腾床干燥以及滚筒式干燥中，多以烟道气、热空气为干燥热源。

（6）干燥过程中所产生的易燃气体和粉尘同空气混合易达到爆炸极限。应防止静电集聚、产生火花，应加热均匀，通入氮气保护等措施。干燥设备上应安装防爆片。

六、蒸发

蒸发按其采用的压力不同可分为常压蒸发、加压蒸发和减压蒸发（真空蒸发）；按其蒸发所需热量的利用次数不同，可分为单效蒸发和多效蒸发。

在进行蒸发操作时，要注意以下安全问题：

（1）蒸发器的选择应考虑蒸发溶液的性质，如溶液的黏度、发泡性、腐蚀性、热敏性，以及是否容易结垢、结晶等情况。

（2）在蒸发过程中，管内壁出现结垢现象是不可避免的，尤其当处理易结晶和腐蚀性物料时，会使传热量下降。因而，应定期停车清洗、除垢；还应改进蒸发器的结

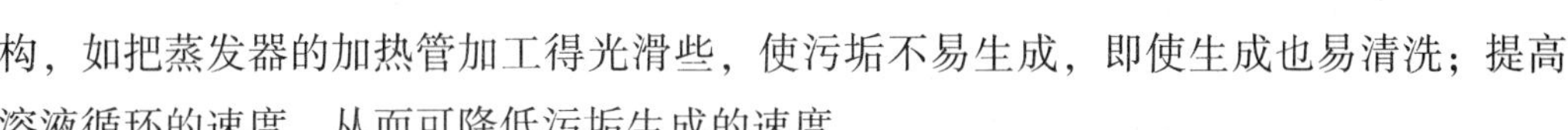

构，如把蒸发器的加热管加工得光滑些，使污垢不易生成，即使生成也易清洗；提高溶液循环的速度，从而可降低污垢生成的速度。

七、结晶

结晶是固体物质以晶体状态从蒸气、溶液或熔融物中析出的过程，主要用于制备产品与中间产品，获得高纯度的纯净固体物料。结晶过程常采用搅拌装置搅动液体，使之发生某种方式的循环流动，从而使物料混合均匀或促使物理、化学过程加速。

结晶过程中使用搅拌器时要注意以下安全问题：

（1）当结晶设备内存在易燃液体蒸气和空气的爆炸性混合物时，要防止产生静电，避免火灾和爆炸事故的发生。

（2）避免搅拌轴的填料函漏油，因为填料函中的油漏入反应器会发生危险。如硝化反应时，反应器内有浓硝酸，如有润滑油漏入，则油在浓硝酸的作用下氧化发热，使反应物料温度升高，可能发生冲料、燃烧和爆炸。当反应器内有强氧化剂存在时，也有类似危险。

（3）对于危险易燃物料不得中途停止搅拌，因为停止搅拌后，物料不能充分混匀，反应不良，且大量积聚；而当恢复搅拌时，则大量未反应的物料迅速混合，反应剧烈，往往造成冲料，有燃烧、爆炸危险。如因故障而导致搅拌停止时，应立即停止加料，迅速冷却；恢复搅拌时，必须待温度平稳、反应正常后方可继续加料，恢复正常操作。

（4）搅拌器应定期维修。严防搅拌器断落而造成物料混合不匀，引起突然反应而发生猛烈冲料，甚至爆炸起火。搅拌器运行应灵活，防止因卡死而使电动机温度升得过高，造成起火。搅拌器应有足够的强度，以防止因变形而与反应器器壁摩擦造成事故。

八、萃取

萃取是指利用化合物在两种互不相溶（或微溶）的溶剂中溶解度或分配系数的不同，使化合物从一种溶剂内转移到另一种溶剂中。萃取时，选择合适的溶剂是萃取操作的关键，萃取剂的性质决定了萃取过程的危险性大小和特点。萃取剂的选择性、物理性质（如密度、界面张力、黏度等）、化学性质（如稳定性、热稳定性和抗氧化稳定性等），以及萃取剂回收的难易程度和萃取的安全问题（毒性、易燃性、易爆性）都是选择萃取剂时需要特别考虑的问题。工业生产中所采用的萃取流程有多种，主要有单级和多级之分。

萃取设备的主要性能是为两液相提供充分混合与充分分离的条件，使两液相之间具有很大的接触面积，这种界面通常是将一种液相分散在另一种液相中所形成的，两相流体在萃取设备内以逆流流动方式运行。萃取设备有填料萃取塔、筛板萃取塔、转盘萃取塔、往复振动筛板塔和脉冲萃取塔等。

九、制冷

冷却与冷凝的主要区别在于被冷却的物料是否发生相的改变，若发生相变则称为冷凝，如无相变只是温度降低则称为冷却。

在进行冷却（凝）操作时，应注意以下危险控制要点：

（1）应根据被冷却物料的温度、压力、理化性质以及所要求冷却的工艺条件，正确选用冷却设备和冷却剂。忌水物料的冷却不宜采用水作为冷却剂，必须用水时应采取特别措施。

（2）应严格注意冷却设备的密闭性，防止物料进入冷却剂中或冷却剂进入物料中。

（3）冷却操作过程中，冷却介质不能中断，否则会造成积热，使反应异常，系统温度、压力升高，引起火灾或爆炸。因此，冷却介质温度的控制最好采用自动调节装置。

在工业生产过程中，蒸气、气体的液化，某些组分的低温分离，以及某些物品的输送、储藏等，常需将物料的温度降到比水或周围空气更低，这种操作称为冷冻或制冷。冷冻操作的实质是利用冷冻剂通过压缩→冷却→蒸发（或节流、膨胀）的循环过程，不断地由被冷冻物体取出热量（一般通过冷载体盐水溶液传递热量），并传给高温物质（水或空气），以使被冷冻物体温度降低。

冷冻过程中，应采取以下安全措施：

（1）对于制冷系统的压缩机、冷凝器、蒸发器以及管路系统，应注意耐压等级和气密性，防止设备、管路产生裂纹、泄漏。此外，应加强压力表、安全阀等的检查和维护。

（2）对于低温部分，应注意其低温材质的选择，防止低温脆裂发生。

（3）当制冷系统发生事故或紧急停车时，应注意被冷冻物料的紧急处置。

（4）对于氨压缩机，应采用不产生火花的电气设备；压缩机应选用低温下不冻结且不与制冷剂发生化学反应的润滑油，油分离器应设于室外。

（5）注意制冷载体盐水系统的防腐蚀。

十、筛分与过滤

1. 筛分

在工业生产中，为满足生产工艺的要求，常需将固体原料、产品进行筛选，以选取符合工艺要求的粒度，这一操作过程称为筛分。筛分分为人工筛分和机械筛分。筛分所用的设备称为筛子，通过筛网孔眼控制物料的粒度。按筛网的形状不同可分为转动式和平板式筛网两类。

在筛分可燃物时，应采取防碰撞打火和消除静电措施，防止因碰撞和静电引起粉尘爆炸和火灾事故。

2. 过滤

过滤是使悬浮液在重力、真空、加压及离心作用下通过细孔物体，将固体悬浮微粒截留进行分离的操作。按操作方法不同，过滤分为间歇过滤和连续过滤两种；按推动力不同，过滤分为重力过滤、加压过滤、真空过滤和离心过滤。过滤采用的设备是过滤机。

十一、物料输送

1. 液态物料的输送

在进行液态物料输送时，应注意以下危险控制要点：

(1) 输送易燃液体宜采用蒸气往复泵。如采用离心泵，则泵的叶轮应用有色金属制造，以防因撞击而产生火花。设备和管道均应有良好的接地，以防因静电而引起火灾。由于采用虹吸和自流的输送方法较为安全，故应优先选择。

(2) 对于易燃液体，不可采用压缩空气压送，因为空气与易燃液体蒸气混合时，可形成爆炸性混合物，且有产生静电的可能。对于闪点很低的可燃液体，应用氮气或二氧化碳等惰性气体压送。对于闪点较高及沸点在130℃以上的可燃液体，如有良好的接地装置，可用空气压送。

(3) 临时输送可燃液体的泵和管道（胶管）连接处必须紧密、牢固，以免输送过程中因管道受压脱落、漏料而引起火灾。

(4) 用各种泵类输送可燃液体时，在管道内的流速不应超过安全速度，且管道应有可靠的接地措施，以防止静电聚集。同时要避免吸入口产生负压，以防止因空气进入系统而导致爆炸或抽瘪设备。

2. 气态物料的输送

气态物料输送过程中，应注意以下危险控制要点：

(1) 输送液化可燃气体宜采用液环泵，因液环泵比较安全。但在抽送或压送可燃气体时，进气口应保持一定余压，以免造成负压吸入空气而形成爆炸性混合物。

(2) 为避免压缩机气缸、储气罐以及输送管路因压力增高而引起爆炸，要求这些部分要有足够的强度。此外，要安装经核验准确可靠的压力表和安全阀（或爆破片）。安全阀泄压时应将危险气体传导至安全的地点。还可安装压力超高报警器、自动调节装置或压力超高自动停车装置。

（3）压缩机在运行中不能中断润滑油和冷却水，并注意冷却水不能进入气缸，以防止发生水锤冲击。

（4）对于压送特殊气体的压缩机，应根据所压送气体物料的化学性质，采取相应的防火措施。如乙炔压缩机上同乙炔接触的部件不允许用铜制造，以防止产生具有爆炸危险的乙炔铜。

（5）可燃气体的管道应经常保持正压，并根据实际需要安装逆止阀、水封和阻火器等安全装置，管内流速不应过高。管道应有良好的接地装置，以防止因静电聚集放电而引起火灾。

（6）对于可燃气体和易燃蒸气的抽送、压缩设备的电动机部分，应为符合防爆等级要求的电气设备，否则应设置穿墙隔离。

第五节　危险化学品事故控制和防护措施

一、中毒、污染事故的防控措施

1. 替代

控制、预防化学品危害最理想的方法是不使用有毒有害和易燃、易爆的化学品，但这很难做到，通常的做法是选用无毒或低毒的化学品替代已有的有毒有害化学品。例如，甲苯替代喷漆和涂漆中用的苯，用脂肪烃替代胶水或黏合剂中的芳烃等。

2. 变更工艺

不能替代的，可通过变更工艺消除或降低化学品危害。如以往从乙炔制乙醛，采用汞做催化剂，现在发展为用乙烯为原料，通过氧化或氧氯化制乙醛，不需用汞做催化剂。通过变更工艺，彻底消除了汞害。

3. 隔离

隔离就是通过封闭、设置屏障、隔离操作等措施，避免作业人员直接暴露于有害环境中。最常用的隔离方法是将生产或使用的设备完全封闭起来，使工人在操作中不接触化学品。

4. 通风

通风是控制作业场所中有害气体、蒸气或粉尘最有效的措施之一。借助于有效的

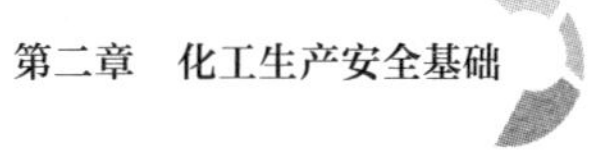

通风，使作业场所空气中有害气体、蒸气或粉尘的浓度低于规定浓度，保证工人的身体健康，防止火灾、爆炸事故的发生。通风分局部排风和全面通风两种。

5. 个体防护

当作业场所中有害化学品的浓度超标时，工人就必须使用合适的个体防护用品。个体防护用品主要有头部防护器具、呼吸防护器具、眼防护器具、躯干防护用品、手足防护用品等。

6. 保持卫生

保持卫生包括保持作业场所清洁和作业人员的个人卫生两个方面。经常清洗作业场所，对废弃物、溢出物加以适当处置，保持作业场所清洁，能有效地预防和控制化学品危害。作业人员应养成良好的卫生习惯，防止有害物附着在皮肤上，防止有害物通过皮肤渗入体内。

二、火灾、爆炸事故的预防

从理论上讲，防止火灾、爆炸事故发生的基本原则主要有以下三点：

1. 防止燃烧、爆炸系统的形成

按照替代、密闭、惰性气体保护、通风置换、安全监测及连锁优先顺序采取措施。

2. 消除点火源

能引发事故的点火源有明火、高温表面、冲击、摩擦、自燃、发热、电气火花、静电火花、化学反应热、光线照射等。具体的做法如下：

（1）控制明火和高温表面。

（2）防止摩擦和撞击产生火花。

（3）火灾爆炸危险场所采用防爆电气设备避免电气火花。

3. 限制火灾、爆炸蔓延扩散

主要措施包括阻火装置、防爆泄压装置及防火防爆分隔等。

三、泄漏控制与销毁处置技术

1. 泄漏处理及火灾控制

（1）泄漏处理。一方面要控制泄漏源；另一方面采用覆盖、收容、稀释、处理等方法及时处理泄漏物。

（2）火灾控制

1）灭火一般注意事项。正确选择灭火剂并充分发挥其效能；注意保护重点部位；防止复燃复爆；防止高温危害；防止毒害危害。

2）几种特殊化学品火灾扑救注意事项

①扑救气体类火灾时，切忌盲目扑灭火焰，在没有采取堵漏措施的情况下，必须保持稳定燃烧。否则，大量可燃气体泄漏出来与空气混合，遇点火源就会发生爆炸，造成严重后果。

②扑救爆炸物品火灾时，切忌用沙土盖压，以免增强爆炸物品的爆炸威力；另外扑救爆炸物品堆垛火灾时，水流应采用吊射，避免强力水流直接冲击堆垛，以免堆垛倒塌引起再次爆炸。

③扑救遇湿易燃物品火灾时，绝对禁止用水、泡沫、酸碱等湿性灭火剂扑救。一般可使用干粉、二氧化碳、卤代烷扑救，但钾、钠、铝、镁等物品用二氧化碳、卤代烷无效。固体遇湿易燃物品应使用水泥、干沙、干粉、硅藻土等覆盖。对镁粉、铝粉等粉尘，切忌喷射有压力的灭火剂，以防止将粉尘吹扬起来，引起粉尘爆炸。

④扑救易燃液体火灾时，比水轻又不溶于水的液体用直流水、雾状水灭火往往无效，可用普通蛋白泡沫或轻泡沫扑救；水溶性液体最好用抗溶性泡沫扑救。

⑤扑救毒害和腐蚀品的火灾时，应尽量使用低压水流或雾状水，避免腐蚀品、毒害品溅出；遇酸类或碱类腐蚀品最好调制相应的中和剂稀释中和。

⑥易燃固体、自燃物品火灾一般可用水和泡沫扑救，只要控制住燃烧范围，逐步扑灭即可。但有少数易燃固体、自燃物品的扑救方法比较特殊。如2，4-二硝基苯甲醚、二硝基萘、萘等是易升华的易燃固体，受热放出易燃蒸气，能与空气形成爆炸性混合物，尤其是在室内，易发生爆炸。在扑救过程中应不时向燃烧区域上空及周围喷射雾状水，并消除周围一切点火源。

2. 废弃物销毁

（1）固体废弃物的处置

1）危险废弃物。使危险废弃物无害化采用的方法是使它们变成高度不溶性的物质，也就是固化/稳定化的方法。目前常用的固化/稳定化方法有水泥固化、石灰固化、塑性材料固化、有机聚合物固化、自凝胶固化、熔融固化和陶瓷固化。

2）工业固体废弃物。工业固体废弃物是指在工业、交通等生产过程中产生的固体废弃物。一般工业废弃物可以直接进入填埋场进行填埋。对于粒度很小的固体废弃物，为了防止填埋过程中引起粉尘污染，可装入编织袋后填埋。

（2）爆炸性物品的销毁。凡确认不能使用的爆炸性物品，必须予以销毁，在销毁以前应报告当地公安部门，选择适当的地点、时间及销毁方法。一般可采用以下4种方法：爆炸法、烧毁法、溶解法、化学分解法。

（3）有机过氧化物废弃物处理。有机过氧化物是一种易燃、易爆品。其废弃物处理方法主要有分解、烧毁、填埋。

四、毒性危险化学品的防护

1. 毒性危险化学品

所谓慢性中毒就是毒性危险化学品长时期、小剂量进入人体所引起的中毒。若在较短时间（一般为3~6个月）有较大剂量毒性危险化学品进入体内所引起的中毒称为亚急性中毒；若毒性危险化学品一次或短时间内大量进入体内所引起的中毒称为急性中毒。

毒性危险化学品在体内的毒性与毒性危险化学品的化学结构、理化性质、生产环境、劳动强度、个体因素以及几种毒性危险化学品的联合作用有关。

（1）毒性危险化学品侵入人体的途径

1）呼吸道。工业生产中毒性危险化学品进入人体的最重要的途径是呼吸道。凡是以气体、蒸气、雾、烟、粉尘形式存在的毒性危险化学品，均可经呼吸道侵入体内。呼吸道吸收程度与其在空气中的浓度密切相关，浓度越高，吸收越快。

2）皮肤。脂溶性毒性危险化学品经表皮吸收后，还需有水溶性，才能进一步扩散和吸收，所以水、脂皆溶的物质（如苯胺）易被皮肤吸收。

3）消化道。一般不易发生，但是也不排除被危险化学品污染的食物进入人体。

（2）毒性危险化学品对人体的危害。包括刺激、过敏、窒息（单纯窒息、血液窒息、细胞内窒息）、麻醉和昏迷、中毒、致癌、致畸、致突变、尘肺等。毒性危险化学品引起的中毒往往是多器官、多系统的损害。

（3）急性中毒的现场抢救

1）救护者现场准备。急性中毒发生时，毒性危险化学品大多是由呼吸系统或皮肤进入体内。因此，救护人员在救护之前应做好自身呼吸系统皮肤的防护。如穿好防护衣，佩戴供氧式防毒面具或氧气呼吸器。否则，不但中毒者不能获救，救护者也会中毒，使中毒事故扩大。

2）切断毒性危险化学品来源。救护人员应迅速将中毒者移至空气新鲜、通风良好的地方。

3）迅速脱去被毒性危险化学品污染的衣服、鞋袜、手套等，并用大量清水或解毒液彻底清洗被毒性危险化学品污染的皮肤。

4）若毒性危险化学品经口引起急性中毒，对于非腐蚀性毒性危险化学品，应迅速用1/5 000的高锰酸钾溶液或1%~2%的碳酸氢钠溶液洗胃，然后用硫酸镁溶液导泻。对于腐蚀性毒性危险化学品，一般不宜洗胃，可用蛋清、牛奶或氢氧化铝凝胶灌服，以保护胃黏膜。

5）令中毒患者呼吸氧气。若患者呼吸停止或心跳骤停，应立即施行复苏术。

在采取现场抢救措施的同时，应准备车辆或担架，以便将中毒者及时送往医院救治。

（4）一些毒性物质污染的处理。清除有毒化学品污染的措施，主要是用有一定压力的水进行喷射冲洗，或用热水冲洗，也可用蒸气熏蒸，或用药物进行中和、氧化或还原，以破坏或减弱其危害性。对黏稠状的污染物，如油漆等不易冲洗时，可用沙搓和铲除。对渗透污染物，如联苯胺、煤焦油等，经洗刷后再用蒸气促其蒸发来清除污染。

2. 腐蚀性危险化学品

腐蚀性物品接触人的皮肤、眼睛或肺部、食道等，会引起表皮细胞组织发生破坏作用而造成灼伤，而且被腐蚀性物品灼伤的伤口不易愈合。内部器官被灼伤时，严重的会引起炎症，如肺炎，甚至会造成死亡。特别是接触氢氟酸时，能发生剧痛，使组织坏死，如不及时治疗，会导致严重后果。

3. 放射性危险化学品的危险特性

具有放射性的危险化学品能从原子核内部，自行不断放出有穿透力、为人们肉眼不可见的射线（α射线、β射线、γ射线和中子流）。放射性危险化学品的主要危险特性在于它的放射性。其放射性强度越大，危险性就越大。人体组织在受到射线照射时，能发生电离，如果人体受到过量射线的照射，就会产生不同程度的损伤。在极高剂量的放射线作用下，能造成3种类型的放射伤害：

（1）对中枢神经和大脑系统的伤害。这种伤害主要表现为虚弱、倦怠、嗜睡、昏迷、震颤、痉挛，可在两天内死亡。

（2）对肠胃的伤害。这种伤害主要表现为恶心、呕吐、腹泻、虚弱和虚脱，症状消失后可出现急性昏迷，通常可在两周内死亡。

（3）对造血系统的伤害。这种伤害主要表现为恶心、呕吐、腹泻，但很快能好转，经过约2~3周无症状之后，出现脱发，经常性流鼻血，再出现腹泻，极度憔悴，通常在2~6周后死亡。

4. 劳动防护用品选用原则

一般来讲，在安全技术措施中，改善劳动条件，排除危害因素是根本性的措施，但在一定条件下，如事故救援和抢修过程中，个人劳动防护用品就成为人身安全的主要手段。从危险化学品对人体的侵入途径着手，防护用品应防止其由呼吸道、暴露部位、消化道等侵入人体。如前所述，因工业生产中毒性危险化学品进入人体的最重要的途径是呼吸道，所以主要介绍呼吸道防毒劳动防护用具的选用原则，见表2—9。

表 2—9　　　　　　　　　　呼吸道防毒面具选用表

<table>
<tr><th colspan="4">品　　类</th><th>使用范围</th></tr>
<tr><td rowspan="6">过滤式</td><td rowspan="3">全面罩式</td><td colspan="2">头罩式面具</td><td rowspan="6">毒性气体的体积浓度低，一般不高于 1%，具体选择按 GB 2890—2009《呼吸防护自吸过滤式防毒面具》进行</td></tr>
<tr><td rowspan="2">面罩式面具</td><td>导管式</td></tr>
<tr><td>直接式</td></tr>
<tr><td rowspan="3">半面罩式</td><td colspan="2">双罐式防毒口罩</td></tr>
<tr><td colspan="2">单罐式防毒口罩</td></tr>
<tr><td colspan="2">简易式防毒口罩</td></tr>
<tr><td rowspan="7">隔离式</td><td rowspan="4">自给式</td><td rowspan="2">供氧（气）式</td><td>氧气呼吸器</td><td rowspan="3">毒性气体浓度高，毒性不明或缺氧的可移动性作业</td></tr>
<tr><td>空气呼吸器</td></tr>
<tr><td rowspan="2">生氧式</td><td>生氧面具</td></tr>
<tr><td>自救器</td><td>上述情况短暂时间事故自救用</td></tr>
<tr><td rowspan="3">隔离式</td><td rowspan="2">送风长管式</td><td>电动式</td><td rowspan="2">毒性气体浓度高、缺氧的固定作业</td></tr>
<tr><td>人工式</td></tr>
<tr><td colspan="2">自吸长管式</td><td>同上，导管限长<10 m，管内径>18 mm</td></tr>
</table>

第三章

危险化学品安全管理要点

《危险化学品安全管理条例》（2002 年 1 月 26 日中华人民共和国国务院令第 344 号公布，2011 年 2 月 16 日国务院第 144 次常务会议修订通过，国务院令第 591 号公布，自 2011 年 12 月 1 日起施行。2013 年 12 月 4 日国务院第 32 次常务会议通过《国务院关于修改部分行政法规的规定》，对该条例个别条款予以修订，以国务院令第 645 号公布施行。）规定了危险化学品生产、储存、使用、经营和运输等环节的基本安全管理要求。本章内容依据《危险化学品安全管理条例》并对其进行重点讲述。

第一节　概　　述

一、《危险化学品安全管理条例》的适用范围

1. 适用范围

（1）危险化学品生产、储存、使用、经营和运输的安全管理，适用该条例。废弃危险化学品的处置，依照有关环境保护的法律、行政法规和国家有关规定执行。

（2）危险化学品的进出口管理，依照有关对外贸易的法律、行政法规、规章的规定执行；进口的危险化学品的储存、使用、经营、运输的安全管理，依照该条例的规定执行。

（3）我国境内一切从事危险化学品生产、储存、使用、经营、运输的自然人、法人和其他组织，包括国有企业事业单位、集体所有制的企业、股份制企业、中外合资经营企业、中外合作经营企业、外资企业、合伙企业、个人独资企业、自然人等，不论其经济性质如何，规模大小还是自然人，只要从事生产、储存、使用、经营、运输危险化学品的活动，都必须遵守该条例的各项规定。

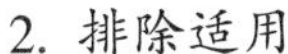

2. 排除适用

（1）监控化学品、属于危险化学品的药品和农药的安全管理，依照《危险化学品安全管理条例》的规定执行；法律、行政法规另有规定的，依照其规定。

（2）民用爆炸物品、烟花爆竹、放射性物品、核能物质以及用于国防科研生产的危险化学品的安全管理，不适用《危险化学品安全管理条例》。

法律、行政法规对燃气的安全管理另有规定的，依照其规定。

（3）危险化学品容器属于特种设备的，其安全管理依照有关特种设备安全的法律、行政法规的规定执行。

3. 危险化学品目录

危险化学品目录由国务院安全生产监督管理部门会同国务院工业和信息化、公安、环境保护、卫生、质量监督检验检疫、交通运输、铁路、民用航空、农业主管部门，根据化学品危险特性的鉴别和分类标准确定、公布，并适时调整。

二、危险化学品单位的主体安全责任

生产、储存、使用、经营、运输危险化学品的单位统称为危险化学品单位。

危险化学品安全管理，应当坚持安全第一、预防为主、综合治理的方针，强化和落实危险化学品单位的主体责任。

（1）危险化学品单位的主要负责人对本单位的危险化学品安全管理工作全面负责。

（2）危险化学品单位应当具备法律、行政法规规定和国家标准、行业标准要求的安全条件，建立、健全安全管理规章制度和岗位安全责任制度，对从业人员进行安全教育、法制教育和岗位技术培训。从业人员应当接受教育和培训，考核合格后上岗作业；对有资格要求的岗位，应当配备依法取得相应资格的人员。

任何单位和个人不得生产、经营、使用国家禁止生产、经营、使用的危险化学品。国家对危险化学品的使用有限制性规定的，任何单位和个人不得违反限制性规定使用危险化学品。

三、安全监督管理部门的职责

对危险化学品的生产、储存、使用、经营、运输实施安全监督管理的有关部门（以下统称负有危险化学品安全监督管理职责的部门），依照下列规定履行职责：

1. 安全生产监督管理部门

（1）负责危险化学品安全监督管理综合工作。

（2）组织确定、公布、调整危险化学品目录。

（3）对新建、改建、扩建生产、储存危险化学品（包括使用长输管道输送危险化学品，下同）的建设项目进行安全条件审查。

（4）核发危险化学品安全生产许可证、危险化学品安全使用许可证和危险化学品经营许可证。

（5）负责危险化学品登记工作。

2. 公安机关

（1）负责危险化学品的公共安全管理。

（2）核发剧毒化学品购买许可证、剧毒化学品道路运输通行证。

（3）负责危险化学品运输车辆的道路交通安全管理。

3. 质量监督检验检疫部门

（1）负责核发危险化学品及其包装物、容器（不包括储存危险化学品的固定式大型储罐）生产企业的工业产品生产许可证，并依法对其产品质量实施监督。

（2）负责对进出口危险化学品及其包装实施检验。

4. 环境保护主管部门

（1）负责废弃危险化学品处置的监督管理。

（2）组织危险化学品的环境危害性鉴定和环境风险程度评估。

（3）确定实施重点环境管理的危险化学品。

（4）负责危险化学品环境管理登记和新化学物质环境管理登记。

（5）依照职责分工调查相关危险化学品环境污染事故和生态破坏事件。

（6）负责危险化学品事故现场的应急环境监测。

5. 交通运输主管部门

（1）负责危险化学品道路运输、水路运输的许可以及运输工具的安全管理。

（2）对危险化学品水路运输安全实施监督。

（3）负责危险化学品道路运输企业与水路运输企业驾驶员、船员、装卸管理人员、押运人员、申报人员、集装箱装箱现场检查员的资格认定。

6. 铁路监管部门

负责危险化学品铁路运输及其运输工具的安全管理。

7. 民用航空主管部门

负责危险化学品航空运输以及航空运输企业及其运输工具的安全管理。

8. 卫生主管部门

（1）负责危险化学品毒性鉴定的管理。

（2）负责组织、协调危险化学品事故受伤人员的医疗卫生救援工作。

9. 工商行政管理部门

（1）依据有关部门的许可证件，核发危险化学品生产、储存、经营、运输企业营业执照。

（2）查处危险化学品经营企业违法采购危险化学品的行为。

10. 邮政管理部门

负责依法查处寄递危险化学品的行为。

四、监督管理部门的监督检查权

负有危险化学品安全监督管理职责的部门依法进行监督检查，可以采取下列5项措施：

（1）检查调查权：进入危险化学品作业场所实施现场检查，向有关单位和人员了解情况，查阅、复制有关文件、资料。

（2）责令整改隐患权：发现危险化学品事故隐患，责令立即消除或者限期消除。

（3）责令停用权：对不符合法律、行政法规、规章规定，或者国家标准和行业标准要求的设施、设备、装置、器材、运输工具，责令立即停止使用。

（4）查封权：经本部门主要负责人批准，查封违法生产、储存、使用、经营危险化学品的场所，扣押违法生产、储存、使用、经营、运输的危险化学品，以及用于违法生产、使用、运输危险化学品的原材料、设备、运输工具。

（5）制止违法权：发现影响危险化学品安全的违法行为，当场予以纠正或者责令限期改正。

五、危险化学品安全监管的协调机制

县级以上人民政府应当建立危险化学品安全监督管理工作协调机制，支持、督促负有危险化学品安全监督管理职责的部门依法履行职责，协调、解决危险化学品安全监督管理工作中的重大问题。

负有危险化学品安全监督管理职责的部门应当相互配合、密切协作，依法加强对危险化学品的安全监督管理。

国家安全监管总局、工信部、公安部、环境保护部、交通运输部、农业部、国家卫生计生委、质检总局、工商总局、民政部、商务部、海关总署、铁路局、民航局等多次联合发文，要求加强危险化学品安全监管工作。

六、对违反危险化学品安全管理行为的举报

任何单位和个人对违反《危险化学品安全管理条例》规定的行为，有权向负有危险化学品安全监督管理职责的部门举报。负有危险化学品安全监督管理职责的部门接到举报，应当及时依法处理；对不属于本部门职责的，应当及时移送有关部门处理。

国家安全监管总局、环境保护部等部委官网都设置了事故举报、网上举报窗口，方便人民群众对违法行为及时举报。

七、国家鼓励采取新技术、新工艺、新设备

国家鼓励危险化学品生产企业和使用危险化学品从事生产的企业采用有利于提高安全保障水平的先进技术、工艺、设备以及自动控制系统，鼓励对危险化学品实行专门储存、统一配送、集中销售。

为加快淘汰落后的安全技术装备，提升企业安全生产保障水平，增强防范和遏制重特大事故能力，国家安全监管总局下发《关于印发淘汰落后安全技术装备目录（2015 年第一批）的通知》（安监总科技〔2015〕75 号），其中淘汰危险化学品领域和烟花爆竹行业 14 项工艺技术，见表 3—1。

表 3—1　　淘汰落后安全技术装备目录（2015 年第一批）

序号	淘汰的落后技术装备名称	淘汰原因	建议淘汰类型	建议限制范围	代替的技术装备名称
危险化学品领域和烟花爆竹行业（14 项）					
1	合成氨半水煤气氨水液相脱硫工艺	没有配套硫黄回收装置，工艺过程控制复杂，危险有害因素及不可预见性危险多，自动化控制程度低，安全性差，易发生泄漏、中毒、爆炸、火灾等安全生产事故	禁止		配套有硫黄回收装置的栲胶湿式脱硫工艺
2	合成氨固定层间歇式煤气化装置	没有配套建设吹风气余热回收、造气炉渣综合利用装置，自动化控制程度低，安全性差，易发生泄漏、中毒、爆炸、火灾等安全生产事故	禁止		配套有吹风气余热回收、造气炉渣综合利用装置的煤气化装置
3	焦油加工工艺中的硫酸分解工艺	分解过程中硫酸对设备及管道的腐蚀性强，造成泵、管道、分解器等设备损坏率升高，安全性差	禁止		二氧化碳或二氧化碳和硫酸法复合分解工艺
4	合成氨一氧化碳常压变换及全中温变换（高温变换）工艺	自动化控制程度低，安全性差，易发生泄漏、中毒、爆炸、火灾等安全生产事故	禁止		中、中低低变换工艺
5	合成氨 L 型 HN 气压缩机	静动密封点多，易泄漏，从二段以后的各段分离设备均为小体积压力容器，检测难度大，安全隐患多且排查治理难度大。润滑点多，润滑油脂易带入后工序的气体内，使介质受到污染而影响工艺生产的稳定，进而影响安全生产。单机能力低，自动化控制程度低，安全性差，操作人员的劳动强度大	禁止		M 型或 MH 型 HN 气压缩机
6	硫酸间接法生产仲丁醇	生产过程中产生大量低浓度废硫酸，对设备腐蚀严重，安全性差	禁止		丁烯直接水合法生产仲丁醇
7	液氯釜式气化工艺	釜式气化器中三氯化氮易积累，到一定程度后会产生自爆	禁止		液氯全气化工艺，套管式、列管式加热液氯气化工艺

续表

序号	淘汰的落后技术装备名称	淘汰原因	建议淘汰类型	建议限制范围	代替的技术装备名称
危险化学品领域和烟花爆竹行业（14项）					
8	液氯压料包装工艺	液氯储槽加压时，整个储液氯的设备承受压力，一旦操作失误或设备承压能力受限设备失效时，整罐的液氯有失控的危险；如果空气含有水分，则对相关设备造成较大腐蚀；釜式气化使三氯化氮积累有爆炸危险	禁止		液下泵充装工艺
9	5-氯-2-甲基苯胺铁粉还原工艺设备	生产环境较差，容易导致工人中毒等职业病危害	禁止		5-氯-2-甲基苯胺加氢还原工艺设备
10	釜式夹套加热液氯气化工艺	釜式夹套加热技术流速低，三氯化氮容易积累，易有爆炸危险	禁止		套管式、列管式加热液氯气化工艺
11	液氯钢瓶手动充装设备	手动充装易误操作导致泄漏或钢瓶爆炸	禁止		液氯钢瓶自动安全充装控制系统成套设备
12	三足式离心机	开放式操作设备，易产生震动、挤压、物料喷溅等危险，安全系数较低	禁止		压滤机或全自动离心机
13	爆竹生产的带药插引	人与药物直接接触，现场存药量大，极易发生燃烧和爆炸，造成人员伤亡	禁止		无药插引
14	爆竹生产的手工混装药	人与药物直接接触，现场存药量大，极易发生燃烧和爆炸，造成人员伤亡	禁止		机械化混装药

第二节　生产、储存安全

一、统筹规划、合理布局

国家对危险化学品的生产、储存实行统筹规划、合理布局。

国务院工业和信息化主管部门以及国务院其他有关部门依据各自职责，负责危险化学品生产、储存的行业规划和布局。

地方人民政府组织编制城乡规划，根据本地区的实际情况，按照确保安全的原则，规划适当区域专门用于危险化学品的生产、储存。

二、安全条件审查

新建、改建、扩建生产与储存危险化学品的建设项目（以下简称建设项目），由安全生产监督管理部门进行安全条件审查。

建设单位应当对建设项目进行安全条件论证，委托具备国家规定的资质条件的机构对建设项目进行安全评价，并将安全条件论证和安全评价的情况报告报建设项目所在地设区的市级以上人民政府安全生产监督管理部门；安全生产监督管理部门应当自收到报告之日起45日内作出审查决定，并书面通知建设单位。

新建、改建、扩建储存、装卸危险化学品的港口建设项目，由港口行政管理部门按照国务院交通运输主管部门的规定进行安全条件审查。

三、管道安全

生产、储存危险化学品的单位，应当对其铺设的危险化学品管道设置明显标志，并对危险化学品管道定期检查、检测。

进行可能危及危险化学品管道安全的施工作业，施工单位应当在开工的7日前书面通知管道所属单位，并与管道所属单位共同制定应急预案，采取相应的安全防护措施。管道所属单位应当指派专门人员到现场进行管道安全保护指导。

四、安全生产许可证

危险化学品生产企业进行生产前，应当依照《安全生产许可证条例》的规定，取得危险化学品安全生产许可证。

生产列入国家实行生产许可证制度的工业产品目录的危险化学品企业，应当依照《中华人民共和国工业产品生产许可证管理条例》的规定，取得工业产品生产许可证。

负责颁发危险化学品安全生产许可证、工业产品生产许可证的部门，应当将其颁发许可证的情况及时向同级工业和信息化主管部门、环境保护主管部门和公安机关通报。

五、安全技术说明书和化学品安全标签

危险化学品生产企业应当提供与其生产的危险化学品相符的化学品安全技术说明书，并在危险化学品包装（包括外包装件）上粘贴或者拴挂与包装内危险化学品相符的化学品安全标签。化学品安全技术说明书和化学品安全标签所载明的内容应当符合国家标准的要求。

危险化学品生产企业发现其生产的危险化学品有新的危险特性的，应当立即公告，并及时修订其化学品安全技术说明书和化学品安全标签。

六、环境风险控制

生产实施重点环境管理的危险化学品企业，应当按照国务院环境保护主管部门的

规定，将该危险化学品向环境中释放等相关信息向环境保护主管部门报告。环境保护主管部门可以根据情况采取相应的环境风险控制措施。

 七、包装

（1）危险化学品的包装应当符合法律、行政法规、规章的规定以及国家标准、行业标准的要求。

危险化学品包装物、容器的材质以及危险化学品包装的型式、规格、方法和单件质量（重量），应当与所包装的危险化学品的性质和用途相适应。

（2）生产列入国家实行生产许可证制度的工业产品目录的危险化学品包装物、容器的企业，应当依照《中华人民共和国工业产品生产许可证管理条例》的规定，取得工业产品生产许可证；其生产的危险化学品包装物、容器经国务院质量监督检验检疫部门认定的检验机构检验合格，方可出厂销售。

（3）运输危险化学品的船舶及其配载的容器，应当按照国家船舶检验规范进行生产，并经海事管理机构认定的船舶检验机构检验合格，方可投入使用。

（4）对重复使用的危险化学品包装物、容器，使用单位在重复使用前应当进行检查；发现存在安全隐患的，应当维修或者更换。使用单位应当对检查情况作出记录，记录的保存期限不得少于两年。

 八、安全距离

危险化学品生产装置或者储存数量构成重大危险源的危险化学品储存设施（运输工具加油站、加气站除外），与下列场所、设施、区域的距离应当符合国家有关规定：

（1）居住区以及商业中心、公园等人员密集场所。

（2）学校、医院、影剧院、体育场（馆）等公共设施。

（3）饮用水源、水厂以及水源保护区。

（4）车站、码头（依法经许可从事危险化学品装卸作业的除外）、机场，以及通信干线、通信枢纽、铁路线路、道路交通干线、水路交通干线、地铁风亭、地铁站出入口。

（5）基本农田保护区、基本草原、畜禽遗传资源保护区、畜禽规模化养殖场（养殖小区）、渔业水域，以及种子、种畜禽、水产苗种生产基地。

（6）河流、湖泊、风景名胜区、自然保护区。

（7）军事禁区、军事管理区。

（8）法律、行政法规规定的其他场所、设施、区域。

已建的危险化学品生产装置或者储存数量构成重大危险源的危险化学品储存设施

不符合规定的，由所在地设区的市级人民政府安全生产监督管理部门会同有关部门监督其所属单位在规定期限内进行整改；需要转产、停产、搬迁、关闭的，由本级人民政府决定并组织实施。

储存数量构成重大危险源的危险化学品储存设施的选址，应当避开地震活动断层和容易发生洪灾、地质灾害的区域。重大危险源，是指生产、储存、使用或者搬运危险化学品，且危险化学品的数量等于或者超过临界量的单元（包括场所和设施）。

九、安全设施

（1）生产、储存危险化学品的单位，应当根据其生产、储存的危险化学品的种类和危险特性，在作业场所设置相应的监测、监控、通风、防晒、调温、防火、灭火、防爆、泄压、防毒、中和、防潮、防雷、防静电、防腐、防泄漏以及防护围堤或者隔离操作等安全设施、设备，并按照国家标准、行业标准或者国家有关规定，对安全设施、设备进行经常性维护、保养，保证安全设施、设备的正常使用。

生产、储存危险化学品的单位，应当在其作业场所和安全设施、设备上设置明显的安全警示标志。

（2）生产、储存危险化学品的单位，应当在其作业场所设置通信、报警装置，并保证处于适用状态。

十、安全评价

生产、储存危险化学品的企业，应当委托具备国家规定的资质条件的机构，对本企业的安全生产条件每 3 年进行一次安全评价，提出安全评价报告。安全评价报告内容应当包括对安全生产条件存在问题进行整改的方案。

生产、储存危险化学品的企业，应当将安全评价报告以及整改方案的落实情况报所在地县级人民政府安全生产监督管理部门备案。在港区内储存危险化学品的企业，应当将安全评价报告以及整改方案的落实情况报港口行政管理部门备案。

十一、剧毒化学品和易制爆危险化学品

生产、储存剧毒化学品或者国务院公安部门规定的可用于制造爆炸物品的危险化学品（简称易制爆危险化学品）的单位，应当如实记录其生产与储存的剧毒化学品和易制爆危险化学品的数量、流向，并采取必要的安全防范措施，防止剧毒化学品、易制爆危险化学品丢失或者被盗；发现剧毒化学品、易制爆危险化学品丢失或者被盗的，应当立即向当地公安机关报告。

生产与储存剧毒化学品和易制爆危险化学品的单位，应当设置治安保卫机构，配

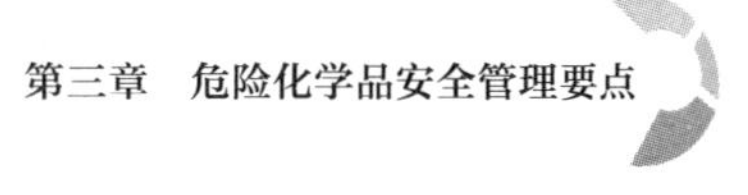

备专职治安保卫人员。

十二、储存

（1）危险化学品应当储存在专用仓库、专用场地或者专用储存室（以下统称专用仓库）内，并由专人负责管理；剧毒化学品以及储存数量构成重大危险源的其他危险化学品，应当在专用仓库内单独存放，并实行双人收发、双人保管制度。

危险化学品的储存方式、方法以及储存数量应当符合国家标准或者国家有关规定。

（2）储存危险化学品的单位应当建立危险化学品出入库核查、登记制度。

（3）对剧毒化学品以及储存数量构成重大危险源的其他危险化学品，储存单位应当将其储存数量、储存地点以及管理人员的情况，报所在地县级人民政府安全生产监督管理部门（在港区内储存的，报港口行政管理部门）和公安机关备案。

（4）危险化学品专用仓库应当符合国家标准、行业标准的要求，并设置明显的标志。储存剧毒化学品、易制爆危险化学品的专用仓库，应当按照国家有关规定设置相应的技术防范设施。

储存危险化学品的单位应当对其危险化学品专用仓库的安全设施、设备定期进行检测与检验。

十三、转产、停产、停业或者解散的安全管理

生产、储存危险化学品的单位转产、停产、停业或者解散的，应当采取有效措施，及时、妥善处置其危险化学品生产装置、储存设施以及库存的危险化学品，不得丢弃危险化学品；处置方案应当报所在地县级人民政府安全生产监督管理部门、工业和信息化主管部门、环境保护主管部门和公安机关备案。安全生产监督管理部门应当会同环境保护主管部门和公安机关对处置情况进行监督检查，发现未依照规定处置的，应当责令其立即处置。

第三节　使用安全

一、使用条件

使用危险化学品的单位，其使用条件（包括工艺）应当符合法律及行政法规的规定和国家标准、行业标准的要求，并根据所使用的危险化学品的种类、危险特性以及使用量和使用方式，建立、健全使用危险化学品的安全管理规章制度和安全操作规程，

保证危险化学品的安全使用。

二、使用许可证

使用危险化学品从事生产并且使用量达到规定数量的化工企业（属于危险化学品生产企业的除外），应当依照规定取得危险化学品安全使用许可证。

上述危险化学品使用量的数量标准，由国务院安全生产监督管理部门会同国务院公安部门、农业主管部门确定并公布。

三、申请使用许可证条件

申请危险化学品安全使用许可证的化工企业，除应当符合《危险化学品安全管理条例》的规定外，还应当具备下列条件：

（1）有与所使用的危险化学品相适应的专业技术人员。

（2）有安全管理机构和专职安全管理人员。

（3）有符合国家规定的危险化学品事故应急预案和必要的应急救援器材、设备。

（4）依法进行了安全评价。

四、提出申请

申请危险化学品安全使用许可证的化工企业，应当向所在地设区的市级人民政府安全生产监督管理部门提出申请，并提交其符合规定条件的证明材料。设区的市级人民政府安全生产监督管理部门应当依法进行审查，自收到证明材料之日起 45 日内作出批准或者不予批准的决定。予以批准的，颁发危险化学品安全使用许可证；不予批准的，书面通知申请人并说明理由。

安全生产监督管理部门应当将其颁发危险化学品安全使用许可证的情况及时向同级环境保护主管部门和公安机关通报。

第四节　经营安全

一、经营许可

国家对危险化学品经营（包括仓储经营）实行许可制度。未经许可，任何单位和个人不得经营危险化学品。

依法设立的危险化学品生产企业在其厂区范围内销售本企业生产的危险化学品，不需要取得危险化学品经营许可。

依照《中华人民共和国港口法》的规定取得港口经营许可证的港口经营人，在港区内从事危险化学品仓储经营，不需要取得危险化学品经营许可。

二、经营条件

从事危险化学品经营的企业应当具备下列条件：

（1）有符合国家标准、行业标准的经营场所，储存危险化学品的，还应当有符合国家标准、行业标准的储存设施。

（2）从业人员经过专业技术培训并经考核合格。

（3）有健全的安全管理规章制度。

（4）有专职安全管理人员。

（5）有符合国家规定的危险化学品事故应急预案和必要的应急救援器材、设备。

（6）法律、法规规定的其他条件。

三、剧毒化学品、易制爆危险化学品经营

从事剧毒化学品、易制爆危险化学品经营的企业，应当向所在地设区的市级人民政府安全生产监督管理部门提出申请，从事其他危险化学品经营的企业，应当向所在地县级人民政府安全生产监督管理部门提出申请（有储存设施的，应当向所在地设区的市级人民政府安全生产监督管理部门提出申请）。申请人应当提交其符合规定条件的证明材料。设区的市级人民政府安全生产监督管理部门或者县级人民政府安全生产监督管理部门应当依法进行审查，并对申请人的经营场所、储存设施进行现场核查，自收到证明材料之日起30日内作出批准或者不予批准的决定。予以批准的，颁发危险化学品经营许可证；不予批准的，书面通知申请人并说明理由。

设区的市级人民政府安全生产监督管理部门和县级人民政府安全生产监督管理部门应当将其颁发危险化学品经营许可证的情况及时向同级环境保护主管部门和公安机关通报。

申请人持危险化学品经营许可证向工商行政管理部门办理登记手续后，方可从事危险化学品经营活动。法律、行政法规或者国务院规定经营危险化学品还需要经其他有关部门许可的，申请人向工商行政管理部门办理登记手续时还应当持相应的许可证件。

四、经营企业储存危险化学品的安全规定

危险化学品经营企业储存危险化学品的，应当遵守关于储存危险化学品的规定。

危险化学品商店内只能存放民用小包装的危险化学品。

五、采购

危险化学品经营企业不得向未经许可从事危险化学品生产、经营活动的企业采购危险化学品，不得经营没有化学品安全技术说明书或者化学品安全标签的危险化学品。

依法取得危险化学品安全生产许可证、危险化学品安全使用许可证、危险化学品经营许可证的企业，凭相应的许可证件购买剧毒化学品、易制爆危险化学品。民用爆炸物品生产企业凭民用爆炸物品生产许可证购买易制爆危险化学品。

上述规定以外的单位购买剧毒化学品的，应当向所在地县级人民政府公安机关申请取得剧毒化学品购买许可证；购买易制爆危险化学品的，应当持本单位出具的合法用途说明。

个人不得购买剧毒化学品（属于剧毒化学品的农药除外）和易制爆危险化学品。

申请取得剧毒化学品购买许可证，申请人应当向所在地县级人民政府公安机关提交下列材料：

（1）营业执照或者法人证书（登记证书）的复印件。

（2）拟购买的剧毒化学品品种、数量的说明。

（3）购买剧毒化学品用途的说明。

（4）经办人的身份证明。

县级人民政府公安机关应当自收到规定的材料之日起 3 日内，作出批准或者不予批准的决定。予以批准的，颁发剧毒化学品购买许可证；不予批准的，书面通知申请人并说明理由。

六、销售剧毒化学品、易制爆危险化学品的安全规定

（1）危险化学品生产企业和经营企业销售剧毒化学品、易制爆危险化学品，应当查验规定的相关许可证件或者证明文件，不得向不具有相关许可证件或者证明文件的单位销售剧毒化学品、易制爆危险化学品。对持剧毒化学品购买许可证购买剧毒化学品的，应当按照许可证载明的品种、数量销售。

禁止向个人销售剧毒化学品（属于剧毒化学品的农药除外）和易制爆危险化学品。

（2）危险化学品生产企业、经营企业销售剧毒化学品、易制爆危险化学品，应当如实记录购买单位的名称、地址，经办人的姓名、身份证号码，以及所购买的剧毒化学品和易制爆危险化学品的品种、数量、用途。销售记录以及经办人的身份证明复印件、相关许可证件复印件或者证明文件的保存期限不得少于 1 年。

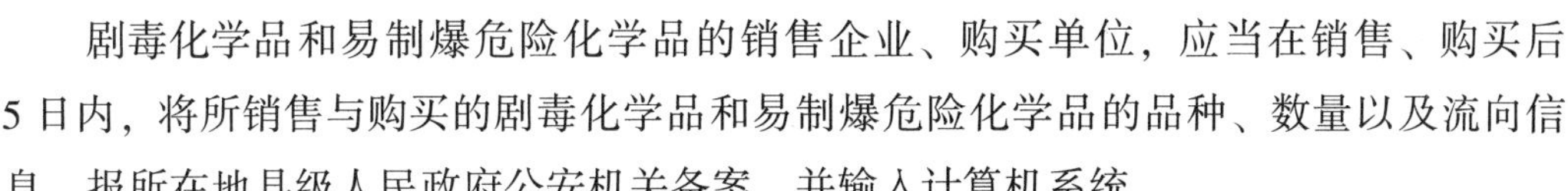

剧毒化学品和易制爆危险化学品的销售企业、购买单位，应当在销售、购买后5日内，将所销售与购买的剧毒化学品和易制爆危险化学品的品种、数量以及流向信息，报所在地县级人民政府公安机关备案，并输入计算机系统。

七、剧毒化学品、易制爆危险化学品出借、转让规定

使用剧毒化学品、易制爆危险化学品的单位不得出借与转让其购买的剧毒化学品和易制爆危险化学品；因转产、停产、搬迁、关闭等确需转让的，应当向具有规定的相关许可证件或者证明文件的单位转让，并在转让后将有关情况及时向所在地县级人民政府公安机关报告。

第五节 运输安全

一、运输许可

从事危险化学品道路运输、水路运输的，应当分别依照有关道路运输、水路运输的法律和行政法规的规定，取得危险货物道路运输许可、危险货物水路运输许可，并向工商行政管理部门办理登记手续。

危险化学品道路运输企业、水路运输企业应当配备专职安全管理人员。

二、从业资格

危险化学品道路运输企业和水路运输企业的驾驶人员、船员、装卸管理人员、押运人员、申报人员、集装箱装箱现场检查员，应当经交通运输主管部门考核合格，取得从业资格。

危险化学品的装卸作业应当遵守安全作业标准、规程和制度，并在装卸管理人员的现场指挥或者监控下进行。水路运输危险化学品的集装箱装箱作业应当在集装箱装箱现场检查员的指挥或者监控下进行，并符合积载、隔离的规范和要求；装箱作业完毕后，集装箱装箱现场检查员应当签署装箱证明书。

三、安全防护措施

运输危险化学品，应当根据危险化学品的危险特性采取相应的安全防护措施，并配备必要的防护用品和应急救援器材。

用于运输危险化学品的槽罐以及其他容器应当封口严密，能够防止危险化学品在运输过程中因温度、湿度或者压力的变化发生渗漏与洒漏；槽罐以及其他容器的溢流和泄压装置应当设置准确、起闭灵活。

运输危险化学品的驾驶人员、船员、装卸管理人员、押运人员、申报人员、集装箱装箱现场检查员，应当了解所运输的危险化学品的危险特性及其包装物、容器的使用要求和出现危险情况时的应急处置方法。

四、道路运输安全规定

（1）通过道路运输危险化学品的，托运人应当委托依法取得危险货物道路运输许可的企业承运。

（2）通过道路运输危险化学品的，应当按照运输车辆的核定载质量装载危险化学品，不得超载。

危险化学品运输车辆应当符合国家标准要求的安全技术条件，并按照国家有关规定定期进行安全技术检验。

危险化学品运输车辆应当悬挂或者喷涂符合国家标准要求的警示标志。

（3）通过道路运输危险化学品的，应当配备押运人员，并保证所运输的危险化学品处于押运人员的监控之下。

运输危险化学品途中因住宿或者发生影响正常运输的情况，需要较长时间停车的，驾驶人员、押运人员应当采取相应的安全防范措施；运输剧毒化学品或者易制爆危险化学品的，还应当向当地公安机关报告。

（4）未经公安机关批准，运输危险化学品的车辆不得进入危险化学品运输车辆限制通行的区域。危险化学品运输车辆限制通行的区域由县级人民政府公安机关划定，并设置明显的标志。

2014 年 3 月 1 日 14 点 50 分，山西省晋城市境内的晋济高速岩后隧道内两辆甲醇车追尾，司机违规处理引发甲醇燃烧，导致隧道内 42 辆汽车、1 500 多吨煤炭燃烧，并引发液态天然气车辆爆炸。事故共造成 31 人死亡，9 人失踪。

2014 年 7 月 7 日，国家安全监管总局、工信部、公安部、交通运输部、国家质检总局联合下发《关于在用液体危险货物罐车加装紧急切断装置有关事项的通知》（安监总管三〔2014〕74 号），要求液体危险货物罐车生产企业、改装企业和使用单位立即加装紧急切断装置，否则是不合格产品。在销售合同或技术确认书中没有明确为运输液体危险货物，但实际用于运输液体危险货物，没有安装紧急切断装置的液体危险货物罐车，或者罐车生产企业已经倒闭的，以及 2006 年 11 月 1 日以前出厂仍在使用的、没有安装紧急切断装置的液体危险货物罐车，罐车使用单位要出资委托符合条件的罐车生产企业或改装企业，认定可以运输液体危险货物并加装紧急切断装置。自2015年1月1日起，对未按规定安装的，不得出具安全技术检验合格证明。

2014年12月20日，国家安全监管总局、工信部、公安部、交通运输部、国家质检总局联合下发《关于明确在用液体危险货物罐车加装紧急切断装置液体介质范围的通知》（安监总管三〔2014〕135号），明确了加装紧急切断装置的液体介质范围名单（共17种，见表3—2）。

表3—2　加装紧急切断装置的液体介质范围名单

GB 12268编号	介质名称说明	危险程度分类	罐体设计代码
1090	丙酮	易燃	LGBF
1114	苯	易燃、中度危害	LGBF
1120	丁醇	易燃	LGBF
1123	乙酸丁酯	易燃	LGBF
1160	二甲胺水溶液	易燃、中度危害	L4BH
1170	乙醇或乙醇溶液	易燃	LGBF
1173	乙酸乙酯	易燃	LGBF
1198	甲醛溶液	腐蚀、易燃、高度危害	L4BN
1202	柴油	易燃	LGBF
1203	车用汽油或汽油	易燃	LGBF
1212	异丁醇	易燃	LGBF
1219	异丙醇	易燃	LGBF
1223	煤油	易燃	LGBF
1230	甲醇	易燃、中度危害	L4BH
1294	甲苯	易燃	LGBF
1307	二甲苯	易燃	LGBF
2055	单体苯乙烯，稳定的	易燃、中度危害	LGBF

五、道路运输剧毒化学品安全规定

（1）通过道路运输剧毒化学品的，托运人应当向运输始发地或者目的地县级人民政府公安机关申请剧毒化学品道路运输通行证。

申请剧毒化学品道路运输通行证，托运人应当向县级人民政府公安机关提交下列材料：

1）拟运输的剧毒化学品品种、数量的说明。

2）运输始发地、目的地、运输时间和运输路线的说明。

3）承运人取得危险货物道路运输许可、运输车辆取得营运证，以及驾驶人员、押运人员取得上岗资格的证明文件。

4）购买剧毒化学品的相关许可证件，或者海关出具的进出口证明文件。

县级人民政府公安机关应当自收到前款规定的材料之日起 7 日内，作出批准或者不予批准的决定。予以批准的，颁发剧毒化学品道路运输通行证；不予批准的，书面通知申请人并说明理由。

（2）剧毒化学品、易制爆危险化学品在道路运输途中丢失、被盗、被抢，或者出现流散、泄漏等情况的，驾驶人员、押运人员应当立即采取相应的警示措施和安全措施，并向当地公安机关报告。公安机关接到报告后，应当根据实际情况立即向安全生产监督管理部门、环境保护主管部门、卫生主管部门通报。有关部门应当采取必要的应急处置措施。

六、水路运输危险化学品安全规定

（1）通过水路运输危险化学品的，应当遵守法律、行政法规以及国务院交通运输主管部门关于危险货物水路运输安全的规定。

（2）海事管理机构应当根据危险化学品的种类和危险特性，确定船舶运输危险化学品的相关安全运输条件。

拟交付船舶运输化学品的相关安全运输条件不明确的，货物所有人或者代理人应当委托相关技术机构进行评估，明确相关安全运输条件并经海事管理机构确认后，方可交付船舶运输。

（3）禁止通过内河封闭水域运输剧毒化学品以及国家规定禁止通过内河运输的其他危险化学品。

内河水域，禁止运输国家规定禁止通过内河运输的剧毒化学品以及其他危险化学品。禁止通过内河运输的剧毒化学品以及其他危险化学品的范围，由国务院交通运输主管部门会同国务院环境保护主管部门、工业和信息化主管部门、安全生产监督管理部门，根据危险化学品的危险特性、危险化学品对人体和水环境的危害程度以及消除危害后果的难易程度等因素规定并公布。《内河禁运危险化学品目录》（2015 版）（试行）包括 308 种危险化学品。

1）国务院交通运输主管部门应当根据危险化学品的危险特性，对通过内河运输规定以外的危险化学品（以下简称通过内河运输危险化学品）实行分类管理，对各类危险化学品的运输方式、包装规范和安全防护措施等分别作出规定并监督实施。

2）通过内河运输危险化学品，应当由依法取得危险货物水路运输许可的水路运输企业承运，其他单位和个人不得承运。托运人应当委托依法取得危险货物水路运输许可的水路运输企业承运，不得委托其他单位和个人承运。

3）通过内河运输危险化学品，应当使用依法取得危险货物适装证书的运输船舶。水路运输企业应当针对所运输的危险化学品的危险特性，制定运输船舶危险化学品事故应急救援预案，并为运输船舶配备充足、有效的应急救援器材和设备。

通过内河运输危险化学品的船舶，其所有人或者经营人应当取得船舶污染损害责任保险证书或者财务担保证明，船舶污染损害责任保险证书或者财务担保证明的副本应当随船携带。

4）通过内河运输危险化学品，危险化学品包装物的材质、型式、强度以及包装方法应当符合水路运输危险化学品包装规范的要求。国务院交通运输主管部门对单船运输的危险化学品数量有限制性规定的，承运人应当按照规定安排运输数量。

5）用于危险化学品运输作业的内河码头、泊位应当符合国家有关安全规范，与饮用水取水口保持国家规定的距离。有关管理单位应当制定码头、泊位危险化学品事故应急预案，并为码头和泊位配备充足、有效的应急救援器材和设备。

用于危险化学品运输作业的内河码头、泊位，经交通运输主管部门按照国家有关规定验收合格后方可投入使用。

6）船舶载运危险化学品进出内河港口，应当将危险化学品的名称、危险特性、包装以及进出港时间等事项，事先报告海事管理机构。海事管理机构接到报告后，应当在国务院交通运输主管部门规定的时间内作出是否同意的决定，通知报告人，同时通报港口行政管理部门。定船舶、定航线、定货种的船舶可以定期报告。

在内河港口内进行危险化学品的装卸、过驳作业，应当将危险化学品的名称、危险特性、包装和作业的时间与地点等事项报告港口行政管理部门。港口行政管理部门接到报告后，应当在国务院交通运输主管部门规定的时间内作出是否同意的决定，通知报告人，同时通报海事管理机构。

载运危险化学品的船舶在内河航行，通过过船建筑物的，应当提前向交通运输主管部门申报，并接受交通运输主管部门的管理。

7）载运危险化学品的船舶在内河航行、装卸或者停泊，应当悬挂专用的警示标志，按照规定显示专用信号。

载运危险化学品的船舶在内河航行，按照国务院交通运输主管部门的规定需要引航的，应当申请引航。

8）载运危险化学品的船舶在内河航行，应当遵守法律、行政法规和国家其他有关饮用水水源保护的规定。内河航道发展规划应当与依法经批准的饮用水水源保护区划定方案相协调。

七、安全告知

（1）托运危险化学品的，托运人应当向承运人说明所托运的危险化学品的种类、数量、危险特性以及发生危险情况的应急处置措施，并按照国家有关规定对所托运的危险化学品妥善包装，在外包装上设置相应的标志。

运输危险化学品需要添加抑制剂或者稳定剂的，托运人应当添加，并将有关情况告知承运人。

（2）托运人不得在托运的普通货物中夹带危险化学品，不得将危险化学品匿报或者谎报为普通货物托运。

任何单位和个人不得交寄危险化学品或者在邮件、快件内夹带危险化学品，不得将危险化学品匿报或者谎报为普通物品交寄。邮政企业、快递企业不得收寄危险化学品。

对涉嫌违反规定的，交通运输主管部门、邮政管理部门可以依法开拆查验。

八、铁路、航空运输

通过铁路、航空运输危险化学品的安全管理，依照有关铁路和航空运输的法律、行政法规、规章的规定执行。

第六节　危险化学品登记与事故应急救援

一、登记制度

（1）国家实行危险化学品登记制度，为危险化学品安全管理以及危险化学品事故预防和应急救援提供技术、信息支持。

（2）危险化学品生产企业、进口企业，应当向国务院安全生产监督管理部门负责危险化学品登记的机构（以下简称危险化学品登记机构）办理危险化学品登记。

二、登记内容

危险化学品登记包括下列内容：

（1）分类和标签信息。

（2）物理、化学性质。

（3）主要用途。

（4）危险特性。

（5）储存、使用、运输的安全要求。

（6）出现危险情况的应急处置措施。

对同一企业生产、进口的同一品种的危险化学品，不进行重复登记。危险化学品生产企业、进口企业发现其生产与进口的危险化学品有新的危险特性的，应当及时向危险化学品登记机构办理登记内容变更手续。

三、信息共享

危险化学品登记机构应当定期向工业和信息化、环境保护、公安、卫生、交通运输、铁路、质量监督检验检疫等部门提供危险化学品登记的有关信息和资料。

四、应急预案

（1）县级以上地方人民政府安全生产监督管理部门应当会同工业和信息化、环境保护、公安、卫生、交通运输、铁路、质量监督检验检疫等部门，根据本地区实际情况，制定危险化学品事故应急预案，报本级人民政府批准。

（2）危险化学品单位应当制定本单位危险化学品事故应急预案，配备应急救援人员和必要的应急救援器材、设备，并定期组织应急救援演练。

危险化学品单位应当将其危险化学品事故应急预案报所在地设区的市级人民政府安全生产监督管理部门备案。

五、事故报告

发生危险化学品事故，事故单位主要负责人应当立即按照本单位危险化学品应急预案组织救援，并向当地安全生产监督管理部门和环境保护、公安、卫生主管部门报告；道路运输、水路运输过程中发生危险化学品事故的，驾驶人员、船员或者押运人员还应当向事故发生地交通运输主管部门报告。

六、实施救援

（1）发生危险化学品事故，有关地方人民政府应当立即组织安全生产监督管理、环境保护、公安、卫生、交通运输等有关部门，按照本地区危险化学品事故应急预案组织实施救援，不得拖延、推诿。

有关地方人民政府及其有关部门应当按照下列规定，采取必要的应急处置措施，减少事故损失，防止事故蔓延、扩大：

1）立即组织营救和救治受害人员，疏散、撤离或者采取其他措施保护危害区域内的其他人员。

2）迅速控制危害源，测定危险化学品的性质、事故的危害区域及危害程度。

3）针对事故对人体、动植物、土壤、水源、大气造成的现实危害和可能产生的危害，迅速采取封闭、隔离、洗消等措施。

4）对危险化学品事故造成的环境污染和生态破坏状况进行监测、评估，并采取相应的环境污染治理和生态修复措施。

（2）有关危险化学品单位应当为危险化学品事故应急救援提供技术指导和必要的协助。

（3）危险化学品事故造成环境污染的，由设区的市级以上人民政府环境保护主管部门统一发布有关信息。

第七节　法律责任

一、生产、经营、使用国家禁用危险化学品的

生产、经营、使用国家禁止生产、经营、使用的危险化学品的，由安全生产监督管理部门责令停止生产、经营、使用活动，处20万元以上50万元以下的罚款，有违法所得的，没收违法所得；构成犯罪的，依法追究刑事责任。

有上述规定行为的，安全生产监督管理部门还应当责令其对所生产、经营、使用的危险化学品进行无害化处理。违反国家关于危险化学品使用的限制性规定使用危险化学品的，依照规定处理。

二、未批先建的

未经安全条件审查，新建、改建、扩建生产与储存危险化学品建设项目的，由安全生产监督管理部门责令停止建设，限期改正；逾期不改正的，处50万元以上100万元以下的罚款；构成犯罪的，依法追究刑事责任。未经安全条件审查，新建、改建、扩建储存与装卸危险化学品港口建设项目的，由港口行政管理部门依照规定予以处罚。

三、未取得安全生产许可证的

未依法取得危险化学品安全生产许可证从事危险化学品生产，或者未依法取得工

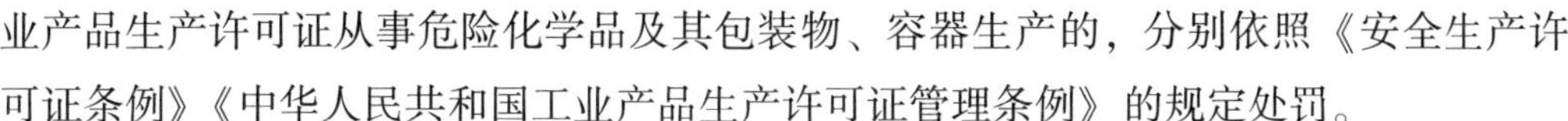

业产品生产许可证从事危险化学品及其包装物、容器生产的，分别依照《安全生产许可证条例》《中华人民共和国工业产品生产许可证管理条例》的规定处罚。

化工企业违反规定未取得危险化学品安全使用许可证，使用危险化学品从事生产的，由安全生产监督管理部门责令限期改正，处 10 万元以上 20 万元以下的罚款；逾期不改正的，责令停产整顿。

未取得危险化学品经营许可证从事危险化学品经营的，由安全生产监督管理部门责令停止经营活动，没收违法经营的危险化学品以及违法所得，并处 10 万元以上 20 万元以下的罚款；构成犯罪的，依法追究刑事责任。

四、违反安全技术规定的

有下列情形之一的，由安全生产监督管理部门责令改正，可以处 5 万元以下的罚款；拒不改正的，处 5 万元以上 10 万元以下的罚款；情节严重的，责令停产停业整顿：

(1) 生产、储存危险化学品的单位未对其铺设的危险化学品管道设置明显的标志，或者未对危险化学品管道定期检查、检测的。

(2) 进行可能危及危险化学品管道安全的施工作业，施工单位未按照规定书面通知管道所属单位，或者未与管道所属单位共同制定应急预案、采取相应的安全防护措施，或者管道所属单位未指派专门人员到现场进行管道安全保护指导的。

(3) 危险化学品生产企业未提供化学品安全技术说明书，或者未在包装（包括外包装件）上粘贴、拴挂化学品安全标签的。

(4) 危险化学品生产企业提供的化学品安全技术说明书与其生产的危险化学品不相符，或者在包装（包括外包装件）粘贴、拴挂的化学品安全标签与包装内危险化学品不相符，或者化学品安全技术说明书、化学品安全标签所载明的内容不符合国家标准要求的。

(5) 危险化学品生产企业发现其生产的危险化学品有新的危险特性不立即公告，或者不及时修订其化学品安全技术说明书和化学品安全标签的。

(6) 危险化学品经营企业经营没有化学品安全技术说明书和化学品安全标签的危险化学品的。

(7) 危险化学品包装物和容器的材质以及包装的型式、规格、方法和单件质量（重量）与所包装的危险化学品的性质和用途不相适应的。

(8) 生产、储存危险化学品的单位未在作业场所和安全设施、设备上设置明显的安全警示标志，或者未在作业场所设置通信、报警装置的。

(9) 危险化学品专用仓库未设专人负责管理，或者对储存的剧毒化学品以及储存数量构成重大危险源的其他危险化学品未实行双人收发、双人保管制度的。

（10）储存危险化学品的单位未建立危险化学品出入库核查、登记制度的。

（11）危险化学品专用仓库未设置明显标志的。

（12）危险化学品生产企业、进口企业不办理危险化学品登记，或者发现其生产、进口的危险化学品有新的危险特性不办理危险化学品登记内容变更手续的。

从事危险化学品仓储经营的港口经营人有上述规定情形的，由港口行政管理部门依照规定予以处罚。储存剧毒化学品、易制爆危险化学品的专用仓库未按照国家有关规定设置相应的技术防范设施的，由公安机关依照规定予以处罚。

生产、储存剧毒化学品和易制爆危险化学品的单位，未设置治安保卫机构、配备专职治安保卫人员的，依照《企业事业单位内部治安保卫条例》的规定处罚。

五、非法包装物

危险化学品包装物、容器生产企业销售未经检验或者经检验不合格的危险化学品包装物、容器的，由质量监督检验检疫部门责令改正，处 10 万元以上 20 万元以下的罚款，有违法所得的，没收违法所得；拒不改正的，责令停产停业整顿；构成犯罪的，依法追究刑事责任。

将未经检验合格的运输危险化学品的船舶及其配载的容器投入使用的，由海事管理机构依照规定予以处罚。

六、违反安全管理规定的

生产、储存、使用危险化学品的单位有下列情形之一的，由安全生产监督管理部门责令改正，处 5 万元以上 10 万元以下的罚款；拒不改正的，责令停产停业整顿直至由原发证机关吊销其相关许可证件，并由工商行政管理部门责令其办理经营范围变更登记或者吊销其营业执照；有关责任人员构成犯罪的，依法追究刑事责任：

（1）对重复使用的危险化学品包装物、容器，在重复使用前不进行检查的。

（2）未根据其生产、储存的危险化学品的种类和危险特性，在作业场所设置相关安全设施、设备，或者未按照国家标准和行业标准或者国家有关规定对安全设施、设备进行经常性维护与保养的。

（3）未依照规定对其安全生产条件定期进行安全评价的。

（4）未将危险化学品储存在专用仓库内，或者未将剧毒化学品以及储存数量构成重大危险源的其他危险化学品在专用仓库内单独存放的。

（5）危险化学品的储存方式、方法或者储存数量不符合国家标准或者国家有关规定的。

（6）危险化学品专用仓库不符合国家标准、行业标准要求的。

（7）未对危险化学品专用仓库的安全设施和设备定期进行检测、检验的。

从事危险化学品仓储经营的港口经营人有上述规定情形的，由港口行政管理部门依照规定予以处罚。

七、不如实登记报告的

有下列情形之一的，由公安机关责令改正，可以处 1 万元以下的罚款；拒不改正的，处 1 万元以上 5 万元以下的罚款：

（1）生产、储存、使用剧毒化学品和易制爆危险化学品的单位，不如实记录生产、储存、使用的剧毒化学品和易制爆危险化学品的数量、流向的。

（2）生产、储存、使用剧毒化学品和易制爆危险化学品的单位发现剧毒化学品和易制爆危险化学品丢失或者被盗，不立即向公安机关报告的。

（3）储存剧毒化学品的单位未将剧毒化学品的储存数量、储存地点以及管理人员的情况报所在地县级人民政府公安机关备案的。

（4）危险化学品生产企业和经营企业不如实记录剧毒化学品和易制爆危险化学品购买单位的名称、地址、经办人的姓名、身份证号码，以及所购买的剧毒化学品和易制爆危险化学品的品种、数量、用途，或者保存销售记录和相关材料的时间少于 1 年的。

（5）剧毒化学品、易制爆危险化学品的销售企业和购买单位，未在规定的时限内将所销售与购买的剧毒化学品和易制爆危险化学品的品种、数量以及流向信息报所在地县级人民政府公安机关备案的。

（6）使用剧毒化学品与易制爆危险化学品的单位依照规定转让其购买的剧毒化学品、易制爆危险化学品，未将有关情况向所在地县级人民政府公安机关报告的。

生产、储存危险化学品的企业或者使用危险化学品从事生产的企业，未按照规定将安全评价报告以及整改方案的落实情况报安全生产监督管理部门或者港口行政管理部门备案，或者储存危险化学品的单位未将其剧毒化学品以及储存数量构成重大危险源的其他危险化学品的储存数量、储存地点以及管理人员的情况，报安全生产监督管理部门或者港口行政管理部门备案的，分别由安全生产监督管理部门或者港口行政管理部门依照规定予以处罚。

生产实施重点环境管理的危险化学品的企业或者使用实施重点环境管理的危险化学品从事生产的企业，未按照规定将相关信息向环境保护主管部门报告的，由环境保护主管部门依照规定予以处罚。

八、不执行转产、停产、停业或者解散安全规定的

生产、储存、使用危险化学品的单位，转产、停产、停业或者解散，未采取有效措施及时、妥善处置其危险化学品生产装置和储存设施以及库存的危险化学品，或者丢弃危险化学品的，由安全生产监督管理部门责令改正，处5万元以上10万元以下的罚款；构成犯罪的，依法追究刑事责任。

生产、储存、使用危险化学品的单位，转产、停产、停业或者解散，未依照《危险化学品安全管理条例》规定将其危险化学品生产装置、储存设施以及库存危险化学品的处置方案报有关部门备案的，分别由有关部门责令改正，可以处1万元以下的罚款；拒不改正的，处1万元以上5万元以下的罚款。

九、违法采购的

危险化学品经营企业向未经许可违法从事危险化学品生产、经营活动的企业采购危险化学品的，由工商行政管理部门责令改正，处10万元以上20万元以下的罚款；拒不改正的，责令停业整顿直至由原发证机关吊销其危险化学品经营许可证，并由工商行政管理部门责令其办理经营范围变更登记或者吊销其营业执照。

十、违反销售剧毒化学品、易制爆危险化学品规定的

危险化学品生产企业、经营企业有下列情形之一的，由安全生产监督管理部门责令改正，没收违法所得，并处10万元以上20万元以下的罚款；拒不改正的，责令停产停业整顿直至吊销其危险化学品安全生产许可证、危险化学品经营许可证，并由工商行政管理部门责令其办理经营范围变更登记或者吊销其营业执照：

（1）向不具有相关许可证件或者证明文件的单位销售剧毒化学品、易制爆危险化学品的。

（2）不按照剧毒化学品购买许可证载明的品种、数量销售剧毒化学品的。

（3）向个人销售剧毒化学品（属于剧毒化学品的农药除外）、易制爆危险化学品的。

不具有规定的相关许可证件或者证明文件的单位购买剧毒化学品、易制爆危险化学品，或者个人购买剧毒化学品（属于剧毒化学品的农药除外）、易制爆危险化学品的，由公安机关没收所购买的剧毒化学品、易制爆危险化学品，可以并处5 000元以下的罚款。

使用剧毒化学品、易制爆危险化学品的单位出借，或者向不具有规定的相关许可证件的单位转让其购买的剧毒化学品、易制爆危险化学品，或者向个人转让其购买的

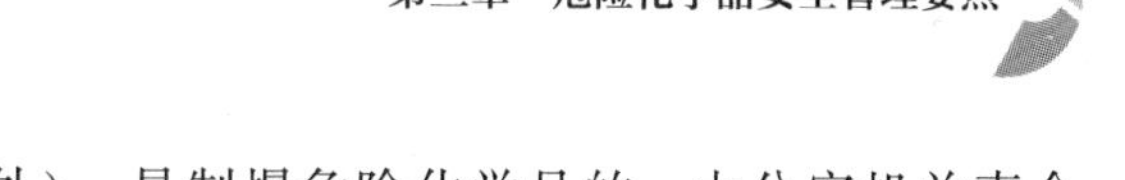

剧毒化学品（属于剧毒化学品的农药除外）、易制爆危险化学品的，由公安机关责令改正，处10万元以上20万元以下的罚款；拒不改正的，责令停产停业整顿。

十一、违法运输的

（1）未依法取得危险货物道路运输许可、危险货物水路运输许可，从事危险化学品道路运输、水路运输的，分别依照有关道路运输和水路运输的法律、行政法规的规定处罚。

（2）有下列情形之一的，由交通运输主管部门责令改正，处5万元以上10万元以下的罚款；拒不改正的，责令停产停业整顿；构成犯罪的，依法追究刑事责任：

1）危险化学品道路运输企业和水路运输企业的驾驶人员、船员、装卸管理人员、押运人员、申报人员、集装箱装箱现场检查员未取得从业资格上岗作业的。

2）运输危险化学品，未根据危险化学品的危险特性采取相应的安全防护措施，或者未配备必要的防护用品和应急救援器材的。

3）使用未依法取得危险货物适装证书的船舶，通过内河运输危险化学品的。

4）通过内河运输危险化学品的承运人违反国务院交通运输主管部门对单船运输的危险化学品数量的限制性规定运输危险化学品的。

5）用于危险化学品运输作业的内河码头、泊位不符合国家有关安全规范，或者未与饮用水取水口保持国家规定的安全距离，或者未经交通运输主管部门验收合格投入使用的。

6）托运人不向承运人说明所托运的危险化学品的种类、数量、危险特性以及发生危险情况的应急处置措施，或者未按照国家有关规定对所托运的危险化学品妥善包装并在外包装上设置相应标志的。

7）运输危险化学品需要添加抑制剂或者稳定剂，托运人未添加或者未将有关情况告知承运人的。

（3）有下列情形之一的，由交通运输主管部门责令改正，处10万元以上20万元以下的罚款，有违法所得的，没收违法所得；拒不改正的，责令停产停业整顿；构成犯罪的，依法追究刑事责任：

1）委托未依法取得危险货物道路运输许可、危险货物水路运输许可的企业承运危险化学品的。

2）通过内河封闭水域运输剧毒化学品以及国家规定禁止通过内河运输的其他危险化学品的。

3）通过内河运输国家规定禁止通过内河运输的剧毒化学品以及其他危险化学品的。

4）在托运的普通货物中夹带危险化学品，或者将危险化学品谎报或者匿报为普通货物托运的。

在邮件、快件内夹带危险化学品，或者将危险化学品谎报为普通物品交寄的，依法给予治安管理处罚；构成犯罪的，依法追究刑事责任。

邮政企业、快递企业收寄危险化学品的，依照《中华人民共和国邮政法》的规定处罚。

（4）有下列情形之一的，由公安机关责令改正，处5万元以上10万元以下的罚款；构成违反治安管理行为的，依法给予治安管理处罚；构成犯罪的，依法追究刑事责任：

1）超过运输车辆的核定载质量装载危险化学品的。

2）使用安全技术条件不符合国家标准要求的车辆运输危险化学品的。

3）运输危险化学品的车辆未经公安机关批准进入危险化学品运输车辆限制通行的区域的。

4）未取得剧毒化学品道路运输通行证，通过道路运输剧毒化学品的。

（5）有下列情形之一的，由公安机关责令改正，处1万元以上5万元以下的罚款；构成违反治安管理行为的，依法给予治安管理处罚：

1）危险化学品运输车辆未悬挂或者喷涂警示标志，或者悬挂或者喷涂的警示标志不符合国家标准要求的。

2）通过道路运输危险化学品，不配备押运人员的。

3）运输剧毒化学品或者易制爆危险化学品途中需要较长时间停车，驾驶人员、押运人员不向当地公安机关报告的。

4）剧毒化学品和易制爆危险化学品在道路运输途中丢失、被盗、被抢，或者发生流散、泄漏等情况，驾驶人员、押运人员不采取必要的警示措施和安全措施，或者不向当地公安机关报告的。

（6）对发生交通事故负有全部责任或者主要责任的危险化学品道路运输企业，由公安机关责令消除安全隐患，未消除安全隐患的危险化学品运输车辆，禁止上道路行驶。

（7）有下列情形之一的，由交通运输主管部门责令改正，可以处1万元以下的罚款；拒不改正的，处1万元以上5万元以下的罚款：

1）危险化学品道路运输企业、水路运输企业未配备专职安全管理人员的。

2）用于危险化学品运输作业的内河码头和泊位的管理单位未制定码头、泊位危险化学品事故应急救援预案，或者未为码头、泊位配备充足与有效的应急救援器材和设备的。

（8）有下列情形之一的，依照《中华人民共和国内河交通安全管理条例》的规定

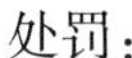

处罚：

1）通过内河运输危险化学品的水路运输企业未制定运输船舶危险化学品事故应急救援预案，或者未为运输船舶配备充足、有效的应急救援器材和设备的。

2）通过内河运输危险化学品的船舶的所有人或者经营人未取得船舶污染损害责任保险证书或者财务担保证明的。

3）船舶载运危险化学品进出内河港口，未将有关事项事先报告海事管理机构并经其同意的。

4）载运危险化学品的船舶在内河航行、装卸或者停泊，未悬挂专用的警示标志，或者未按照规定显示专用信号，或者未按照规定申请引航的。

未向港口行政管理部门报告并经其同意，在港口内进行危险化学品的装卸、过驳作业的，依照《中华人民共和国港口法》的规定处罚。

十二、违法使用许可证的

伪造与变造或者出租、出借、转让危险化学品安全生产许可证和工业产品生产许可证，或者使用伪造与变造的危险化学品安全生产许可证、工业产品生产许可证的，分别依照《安全生产许可证条例》《中华人民共和国工业产品生产许可证管理条例》的规定处罚。

伪造、变造或者出租、出借、转让本条例规定的其他许可证，或者使用伪造、变造的其他许可证的，分别由相关许可证的颁发管理机关处10万元以上20万元以下的罚款，有违法所得的，没收违法所得；构成违反治安管理行为的，依法给予治安管理处罚；构成犯罪的，依法追究刑事责任。

十三、不立即组织救援或者不立即向有关部门报告的

危险化学品单位发生危险化学品事故，其主要负责人不立即组织救援或者不立即向有关部门报告的，依照《生产安全事故报告和调查处理条例》的规定处罚。

危险化学品单位发生危险化学品事故，造成他人人身伤害或者财产损失的，依法承担赔偿责任。

十四、有关地方人民政府及其有关部门不立即组织实施救援的

（1）发生危险化学品事故，有关地方人民政府及其有关部门不立即组织实施救援，或者不采取必要的应急处置措施减少事故损失，防止事故蔓延、扩大的，对直接负责的主管人员和其他直接责任人员依法给予处分；构成犯罪的，依法追究刑事责任。

（2）负有危险化学品安全监督管理职责部门的工作人员，在危险化学品安全监督管理工作中滥用职权、玩忽职守、徇私舞弊，构成犯罪的，依法追究刑事责任；尚不构成犯罪的，依法给予处分。

第八节 “两重点一重大”安全监管规定

“两重点一重大”是“重点监管危险化工工艺、重点监管危险化学品和危险化学品重大危险源”的简称。涉及“两重点一重大”的大型建设项目是安全监管的重点对象，监管要求更加严格。

一、国务院安全生产委员会指导意见

《国务院安委会办公室关于进一步加强危险化学品安全生产工作的指导意见》（安委办〔2008〕26号）对“两重点一重大”的安全监管有明确要求，主要内容如下：

（1）要把涉及硝化、氧化、黄化、氯化、氟化或重氮化反应等危险工艺（以下统称危险工艺）的生产装置实现自动控制，纳入换（发）安全生产许可证的条件。

（2）要从严审批剧毒化学品、易燃易爆化学品、合成氨和涉及危险工艺的建设项目，严格限制涉及光气的建设项目。安全监管部门组织建设项目安全设施设计审查时，要严格审查高温、高压、易燃、易爆和使用危险工艺的新建化工装置是否设计装备集散控制系统，大型和高度危险的化工装置是否设计装备紧急停车系统；进行建设项目试生产（使用）方案备案时，要认真了解试生产装置生产准备和应急措施等情况，必要时组织有关专家对试生产方案进行审查；组织建设项目安全设施验收时，要同时验收安全设施投入使用情况与装置自动控制系统安装投入使用情况。

（3）改造提升现有企业，逐步提高安全技术水平。重点企业要积极采用新技术改造提升现有装置以满足安全生产的需要。工艺技术自动控制水平低的重点企业要制订技术改造计划，加大安全生产投入，完成自动化控制技术改造，通过装备集散控制和紧急停车系统，提高生产装置自动化控制水平。新开发的危险化学品生产工艺必须在小试、中试、工业化试验的基础上逐步放大到工业化生产。

（4）新建的涉及危险工艺的化工装置必须装备自动化控制系统，选用安全可靠的仪表、联锁控制系统，配备必要的有毒有害、易燃易爆气体泄漏检测报警系统和火灾报警系统，提高装置安全可靠性。

（5）在危险化学品槽车充装环节，推广使用万向充装管道系统代替充装软管，禁止使用软管充装液氯、液氨、液化石油气、液化天然气等液化危险化学品。

指导有关中央企业开展风险评估，提高事故风险控制管理水平；组织有条件的中央企业应用危险与可操作性分析技术（HAZOP），提高化工生产装置潜在风险辨识能力。

(6) 加强重大危险源安全监控。危险化学品生产、经营单位要定期开展危险源识别、检查、评估工作，建立重大危险源档案，加强对重大危险源的监控，按照有关规定或要求做好重大危险源备案工作。重大危险源涉及的压力、温度、液位、泄漏报警等要有远传和连续记录，液化气体、剧毒液体等重点储罐要设置紧急切断装置。要建立并严格执行重大危险源安全监控责任制，定期检查重大危险源压力容器及附件、应急预案修订及演练、应急器材准备等情况。

二、重点监管的危险化学品安全措施和应急处置原则

国家安全生产监督管理总局颁布的《重点监管的危险化学品安全措施和应急处置原则》包括重点监管的危险化学品的特别警示、理化特性、危害信息、安全措施、应急处置原则五方面内容，供各级安全监管部门和危险化学品企业在危险化学品安全监管和安全生产管理工作中参考使用。同时提出以下监管要求：

(1) 涉及重点监管的危险化学品的生产、储存装置，原则上须由具有甲级资质的化工行业设计单位进行设计。

(2) 地方各级安全监管部门应当将生产、储存、使用、经营重点监管的危险化学品的企业实施重点监管。

(3) 生产、储存重点监管的危险化学品企业，应根据本企业工艺特点，装备功能完善的自动化控制系统，严格工艺、设备管理。对使用重点监管的危险化学品数量构成重大危险源企业的生产储存装置，应装备自动化控制系统，实现对温度、压力、液位等重要参数的实时监测。生产、储存、使用重点监管的危险化学品的企业，应当积极开展涉及重点监管危险化学品的生产、储存设施自动化监控系统改造提升工作，高度危险和大型装置要依法装备安全仪表系统（紧急停车或安全联锁）。

(4) 生产重点监管的危险化学品企业，应针对产品特性，按照有关规定编制完善的、可操作性强的危险化学品事故应急预案，配备必要的应急救援器材、设备，加强应急演练，提高应急处置能力。

(5) 各省级安全监管部门可根据本辖区危险化学品安全生产状况，补充和确定本辖区内实施重点监管的危险化学品类项及具体品种。地方各级安全监管部门在做好危险化学品重点监管工作的同时，应全面推进本地区危险化学品安全生产工作，督促企业落实安全生产主体责任，切实提高企业本质安全水平，有效防范和坚决遏制危险化学品重特大事故发生。

三、重点监管的危险化工工艺目录及其部分典型工艺

（1）化工企业要按照《重点监管的危险化工工艺目录》《重点监管的危险化工工艺安全控制要求、重点监控参数及推荐的控制方案》要求，对照本企业采用的危险化工工艺及其特点，确定重点监控的工艺参数，装备和完善自动控制系统，大型和高度危险化工装置要按照推荐的控制方案装备安全仪表系统（紧急停车或安全联锁）。今后，采用危险化工工艺的新建生产装置原则上要由甲级资质化工设计单位进行设计。

（2）各地安全监管部门要对本辖区化工企业采用危险化工工艺的生产装置自动化改造工作，要制订计划、落实措施、加快推进，努力完成所有采用危险化工工艺的生产装置自动化改造工作，促进化工企业安全生产条件的进一步改善。

（3）各地安全监管部门也可根据当地化工产业和安全生产的特点，补充和确定本辖区重点监管的危险化工工艺目录。

四、打造危险化学品领域本质安全化

1. 加快涉及“两重点一重大”企业的自动化控制系统改造工作

（1）全面开展危险化工工艺自动化控制系统改造。涉及重点监管危险化工工艺的化工装置，要全面完成自动化控制系统改造。将原料和产品中均含有爆炸品的化工生产工艺纳入重点监管危险化工工艺范围，涉及上述工艺的化工装置要完成自动化控制系统改造工作。新建化工生产装置必须装备自动化控制系统，高度危险和大型生产装置要装备紧急停车系统。

（2）开展涉及重点监管危险化学品的生产储存装置自动化控制系统改造完善工作。涉及重点监管危险化学品的生产储存装置应装备自动化控制系统，将受热、遇明火、摩擦、震动、撞击时可发生爆炸的化学品全部纳入重点监管危险化学品范围。

（3）开展危险化学品重大危险源自动化监控系统改造工作。要按照《危险化学品重大危险源监督管理暂行规定》的要求，改造危险化学品重大危险源的自动化监测监控系统，完善监控措施，全面实现危险化学品重大危险源温度、压力、液位、流量、可燃有毒气体泄漏等重要参数自动监测监控、自动报警和连续记录。

2. 加强危险化学品生产储存装置设计安全管理

（1）开展在役装置安全设计诊断，完成所有未经正规设计的在役装置安全设计诊断工作。危险化学品企业要聘请有相应设计资质的设计单位，对未经过正规设计的在役装置进行安全设计诊断，对装置布局、工艺技术及流程、主要设备和管道、自动控制、公用工程等进行设计复核，全面查找并整改装置设计存在的问题，消除安全隐患。

（2）加强对新建项目的设计安全管理。危险化学品建设项目必须由具备相应资质

和相关设计经验的设计单位负责设计，设计单位要加强安全设计审查工作，建设项目设计要以保证安全生产为前提，合理布局，选择成熟、可靠的工艺路线和设备设施，配备完善的自动化控制系统。对涉及“两重点一重大”的装置，要按照 AQ/T 3033—2010《化工建设项目安全设计管理导则》的要求，在装置设计阶段进行危险与可操作性分析（HAZOP），消除设计缺陷，提高装置的本质安全水平。

3. 推动城镇人口密集区域危险化学品企业的搬迁

对城镇人口密集区域内非民用的涉及“两重点一重大”的危险化学品生产储存企业，要限期搬迁、转产或关闭，对于一时难以搬迁的企业，要制定切实可行的措施，进一步提高本质安全水平，确保安全生产。要督促指导相关危险化学品企业制订计划和保障措施，平稳、有序地实施搬迁工作，防止引发事故和遗留安全隐患。各地区要结合实际，研究制定项目核准、搬迁用地等方面的鼓励支持政策，综合运用城镇规划、行政许可、环境治理、安全风险防控等措施，有计划地将城镇危险化学品生产储存企业搬迁至合规设立的化工园区。

4. 提高从业人员准入条件和专业素质

涉及“两重点一重大”装置的专业管理人员必须具有大专以上学历，操作人员必须具有高中以上文化程度。要进一步加强从业人员的安全知识和技能培训，强化危险化学品特种作业人员培训和考核取证工作，提高从业人员操作技能和安全意识。

五、发展示范城市建设需要

《国家安全发展示范城市建设基本规范》提出要打造安全发展型行业。就危险化学品领域而言，要深入开展提升危险化学品领域本质安全水平专项行动，淘汰不具备安全生产条件、工艺落后的危险化学品和化工企业，所有危险化学品和化工企业都开展安全生产标准化建设，强化“两重点一重大”的安全监管，构建危险化学品事故风险防控体系，逐步形成“生产企业入园区、经营企业进市场、储存企业抓监控、运输环节搞联动、使用环节管重点”的安全发展格局。

六、危险化学品安全生产规划相关内容

2016 年，国家安全生产监督管理总局印发《危险化学品安全生产“十三五”规划》，规划涉及“两重点一重大”的重点工程有：

1. 危险化学品安全生产专项整治工程

持续开展危险化学品领域“两重点一重大”、重点地区攻坚、储存场所、罐区、特殊作业等专项整治。全面实施危险化学品安全综合治理，理顺危险化学品安全监管体制机制，落实企业主体责任，夯实危险化学品安全生产基础。建设国家油气输送管道地理信息系统平台。

2. 危险化学品重大危险源监控预警建设工程

建设危险化学品重大危险源在线监控预警系统，建立重大危险源基础数据库，制定重大危险源监控数据标准，实现国家、省、市、县和企业的重大危险源监控报警远程可视化管理，实施区域危险化学品重大事故预警和信息发布。

3. 化工和危险化学品企业安全人才培养工程

推动《关于加强化工安全人才培养工作的指导意见》的有效实施，建设一批化工安全培训、专业实训和实践教育基地，通过定向培养、校企合作等方式，培养高素质化工安全人才，涉及“两重点一重大”危险化学品生产装置、储存设施的操作人员达到化工专业中等职业教育以上水平。

4. 实施风险分级管控

摸清重大危险源的底数、分布和安全状况，绘制省、市、县三级以及企业的危险化学品重大危险源分布电子图，建立国家危险化学品重大危险源动态监管“一张图”，建立完善重大危险源安全风险数据库，实施动态监控预警。推动在役和新建危险化学品企业开展定量风险评估，加强危险化学品“两重点一重大”及液氯、液氨、液态烃、轻质油等高风险类危险化学品安全管控，强化危险化学品火灾、爆炸、中毒事故的防范。制定硝酸铵、硝化棉等易燃易爆化学品安全监管办法和管理措施，对危险化学品实施风险分级管控。推动化工园区和危险化学品集中区域开展定量风险评估和风险综合防控规划，辨识分析区域脆弱性防护目标和危险源，绘制区域安全风险电子地图。加快推动化工园区安全管理一体化建设，不断加强危险化学品应急能力建设。

七、危险化学品重大危险源分级

1. 分级指标

采用单元内各种危险化学品实际存在（在线）量与其在 GB 18218—2009《危险化学品重大危险源辨识》中规定的临界量比值，经校正系数校正后的比值之和 R 作为分级指标，R 的计算方法如下：

$$R=\alpha\left(\beta_1\frac{q_1}{Q_1}+\beta_2\frac{q_2}{Q_2}+\cdots+\beta_n\frac{q_n}{Q_n}\right)$$

式中 q_1，q_2，…，q_n——每种危险化学品实际存在（在线）量，t；

Q_1，Q_2，…，Q_n——与各危险化学品相对应的临界量，t；

β_1，β_2，…，β_n——与各危险化学品相对应的校正系数；

α——该危险化学品重大危险源厂区外暴露人员的校正系数。

2. 校正系数 β 的取值

根据单元内危险化学品的类别不同，设定校正系数 β 值，见表 3—3 和表 3—4。

表 3—3　　校正系数 β 值取值表

危险化学品类别	毒性气体	爆炸品	易燃气体	其他类危险化学品
β	见表 3—4	2	1.5	1

注：危险化学品类别依据《危险货物品名表》中分类标准确定。

表 3—4　　常见毒性气体校正系数 β 值取值表

毒性气体名称	一氧化碳	二氧化硫	氨	环氧乙烷	氯化氢	溴甲烷	氯
β	2	2	2	2	3	3	4
毒性气体名称	硫化氢	氟化氢	二氧化氮	氰化氢	碳酰氯	磷化氢	异氰酸甲酯
β	5	5	10	10	20	20	20

注：未在表中列出的有毒气体可按 $\beta=2$ 取值，剧毒气体可按 $\beta=4$ 取值。

3. 校正系数 α 的取值

根据重大危险源的厂区边界向外扩展 500 m 范围内常住人口数量，设定厂外暴露人员校正系数 α 值，见表 3—5。

表 3—5　　校正系数 α 值取值表

厂外可能暴露人员数量	α
100 人以上	2.0
50~99 人	1.5
30~49 人	1.2
1~29 人	1.0
0 人	0.5

4. 分级标准

根据计算出来的 R 值，按表 3—6 确定危险化学品重大危险源的级别。

表 3—6　　危险化学品重大危险源级别和 R 值的对应关系

危险化学品重大危险源级别	R 值
一级	$R\geqslant100$
二级	$100>R\geqslant50$
三级	$50>R\geqslant10$
四级	$R<10$

第四章

安全规划、安全审查和安全许可制度

第一节　危险化学品生产、储存建设项目的安全规划和安全审查

一、建设项目安全规划

国内外发生的许多重特大危险化学品事故表明，缺乏安全规划是导致这些事故造成重大后果的重要原因。我国城镇化、工业化快速发展进程中，逐渐显示出安全规划的重要性：一方面部分城市中原有化工设施和厂房选址不符合安全距离要求；另一方面，仍存在一些新建、改建、扩建的化工工程项目如果安全规划不够周密，就会导致化工设施选址、布局不合理，周边人口集中、建筑物密集、安全距离不足等严重事故隐患。

1993 年 6 月第 80 届国际劳工大会通过的《预防重大工业事故公约》要求各国政府“主管当局须制定综合的选址政策，规定计划建造重大危险设施同工作区和居民区以及公共设施之间要适当分离开，并规定对现有设施要采取适当措施”。

1996 年欧盟颁布的《塞韦索指令二》（96/82/EC）第 12 章“土地使用规划”要求：各成员国应通过制定土地使用政策和（或）其他相关政策，确保实现预防重大事故以及限制事故后果的目标。各成员国应从长远角度，确保其土地使用和（或）相关政策以及实施程序满足需要，确保指令规定的重大危险设施与居民区、公共活动区和特殊敏感或重要区域保持适当的安全距离。

我国的《危险化学品安全管理条例》明确规定：国家对危险化学品的生产、储存实行统筹规划、合理布局。国务院工业和信息化主管部门以及国务院其他有关部门依据各自职责，负责危险化学品生产、储存的行业规划和布局。地方人民政府组织编制

城乡规划，应当根据本地区的实际情况，按照确保安全的原则，规划适当区域专门用于危险化学品的生产、储存。危险化学品生产装置或者储存数量构成重大危险源的危险化学品储存设施（运输工具加油站、加气站除外），与敏感或脆弱性场所、设施、区域的距离应当符合国家有关规定。

近年来我国已经出台了很多相关规定，严格要求进行危险化学品建设项目安全规划，例如：

（1）2008 年国务院安委会办公室下发《关于进一步加强危险化学品安全生产工作的指导意见》，明确提出要“科学制定发展规划，严格安全许可条件”：

1）合理规划产业安全发展布局。县级以上地方人民政府要制定化工行业安全发展规划，按照“产业集聚”与“集约用地”的原则，确定化工集中区域或化工园区，明确产业定位，完善水电气风、污水处理等公用工程配套和安全保障设施。完成化工行业安全发展规划编制工作，确定危险化学品生产、储存的专门区域。危险化学品生产、储存建设项目必须在依法规划的专门区域内建设，负责固定资产投资管理部门和安全监管部门不再受理没有划定危险化学品生产、储存专门区域的地区提出的立项申请和安全审查申请。要通过财政、税收、差别水电价等经济手段，引导和推动企业结构调整、产业升级和技术进步。新的化工建设项目必须进入产业集中区或化工园区，逐步推动现有化工企业进区入园。

2）严格危险化学品安全生产、经营许可。危险化学品安全生产、经营许可证发证机关要严格按照有关规定，认真审核危险化学品企业安全生产、经营条件。对首次申请安全生产许可证或申请经营许可证且带有储存设施的企业，许可证发证机关要组织专家进行现场审核，符合条件的，方可颁发许可证。申请延期换发安全生产许可证的一级或二级安全生产标准化企业，许可证发证机关可直接为其办理延期换证手续，并提出该企业下次换证时的安全生产条件。要把涉及硝化、氧化、磺化、氯化、氟化或重氮化反应等危险工艺的生产装置实现自动控制，纳入换（发）安全生产许可证的条件。地方各级安全监管部门要结合本地区实际，制订工作计划，指导和督促企业开展涉及危险工艺的生产装置自动化改造工作，否则一律不予换（发）安全生产许可证。

3）严格建设项目安全许可。地方各级人民政府投资管理部门要把危险化学品建设项目设立安全审查纳入建设项目立项审批程序，建立由投资管理部门牵头、安全监管等部门参加的危险化学品建设项目会审制度。危险化学品建设项目未经安全监管部门安全审查通过的，投资管理部门不予批准。

要从严审批剧毒化学品、易燃易爆化学品、合成氨和涉及危险工艺的建设项目，严格限制涉及光气的建设项目。安全监管部门组织建设项目安全设施设计审查时，要严格审查高温、高压、易燃、易爆和使用危险工艺的新建化工装置是否设计装备集散控制系统，大型和高度危险的化工装置是否设计装备紧急停车系统；进行建设项目试生产（使用）方案备案时，要认真了解试生产装置生产准备和应急措施等情况，必要时组织有关专家对试生产方案进行审查；组织建设项目安全设施验收时，要同时验收安全设施投入使用情况与装置自动控制系统安装投入使用情况。

4）继续关闭工艺落后、设备设施简陋、不符合安全生产条件的危险化学品生产企业。安全监管部门检查发现不符合安全生产条件的危险化学品企业，要责令其限期整改；整改不合格或在规定期限内未进行整改的，应依法吊销许可证并提请企业所在地人民政府依法予以关闭。对使用淘汰工艺和设备、不符合安全生产条件的危险化学品生产企业，企业所在地设区的市级安全监管部门要提请同级或县级人民政府依法予以关闭，有关人民政府要组织限期予以关闭。

（2）2010 年国家安全生产监督管理总局发文规定："新的化工建设项目必须进入化工园区。"2012 年更进一步要求："推动城镇人口密集区高安全风险危险化学品生产储存企业搬迁、转产或关闭。"

（3）2011 年环境保护部发文规定："自发文日起停止审批工业园区外新建、改建、扩建危险化学品生产、储存项目的各类生产。"

（4）2012 年工业和信息化部印发《危险化学品"十二五"发展布局规划》，"对危险化学品行业进行集中布局，以后所有新建和搬迁企业都必须进入专业化工园区，并将严格园区的准入条件"。

（5）2016 年下发的《中共中央国务院关于推进安全生产领域改革发展的意见》明确提出，要进一步明确和落实危险化学品建设项目立项、规划等环节的法定安全监管责任。

（6）2016 年国务院办公厅下发《关于印发危险化学品安全综合治理方案的通知》，提出要加强规划布局和准入条件等源头管控：

1）统筹规划编制。督促各地区在编制地方国民经济和社会发展规划、城市总体规划、土地利用总体规划时，统筹安排危险化学品产业布局。督促各试点地区在推进"多规合一"工作中，充分考虑危险化学品产业布局及安全规划等内容，加强规划实施过程监管。

2）规范产业布局。督促各地区认真落实国家有关危险化学品产业发展布局规划等，加强城市建设与危险化学品产业发展的规划衔接，严格执行危险化学品企业安全生产和环境保护所需的防护距离要求。

3）严格安全准入。建立完善涉及公众利益、影响公共安全的危险化学品重大建设项目公众参与机制。在危险化学品建设项目立项阶段，对涉及"两重点一重大"的危险化学品建设项目，实施住房城乡建设、发展改革、国土资源、工业和信息化、公安消防、环境保护、海洋、卫生、安全监管、交通运输等相关部门联合审批。督促地方严格落实禁止在化工园区外新建、扩建危险化学品生产项目的要求。鼓励各地区根据实际制定本地区危险化学品“禁限控”目录。

4）加强危险化学品建设工程设计、施工质量的管理。严格落实《建设工程勘察设计管理条例》《建设工程质量管理条例》等法规要求，强化从事危险化学品建设工程设计、施工、监理等单位的资质管理，落实危险化学品生产装置及储存设施设计、施工、监理单位的质量责任，依法严肃追究因设计、施工质量而导致生产安全事故的设计、施工、监理单位的责任。

二、建设项目的安全审查

建设项目安全审查是指建设项目安全条件审查、安全设施的设计审查。

1. 建设项目安全监督管理

国家对新建、改建、扩建危险化学品生产、储存的建设项目以及伴有危险化学品产生的化工建设项目进行监督管理，具体内容如下：

（1）新建、改建、扩建危险化学品生产、储存的建设项目以及伴有危险化学品产生的化工建设项目（包括危险化学品长输管道建设项目），都要依法进行安全监督管理。

危险化学品的勘探、开采及其辅助的储存，原油和天然气勘探、开采及其辅助的储存、海上输送，城镇燃气的输送及储存等建设项目，将依照国家相关管理部门的规定进行安全监督管理。

（2）建设项目的安全审查由建设单位申请，安全生产监督管理部门分级负责实施。建设项目安全设施竣工验收由建设单位负责依法组织实施。建设项目未经安全审查和安全设施竣工验收的，不得开工建设或者投入生产（使用）。

（3）分级审查制度

1）国家级安全审查。国家安全生产监督管理总局指导、监督全国建设项目安全审查和建设项目安全设施竣工验收的实施工作，并负责实施国务院审批（核准、备案）的，跨省、自治区、直辖市的建设项目的安全审查。

省、自治区、直辖市人民政府安全生产监督管理部门指导、监督本行政区域内建设项目安全审查和建设项目安全设施竣工验收的监督管理工作，确定并公布本部门和本行政区域内由设区的市级人民政府安全生产监督管理部门实施的国家安全生产监督管理总局直接监督管理以外的建设项目范围，并报国家安全生产监督管理总局备案。

2）省级安全审查。建设项目有下列情形之一的，应当由省级安全生产监督管理部门负责安全审查：国务院投资主管部门审批（核准、备案）的；生产剧毒化学品的；省级安全生产监督管理部门确定的其他建设项目。

3）委托实施安全审查。负责实施建设项目安全审查的安全生产监督管理部门根据工作需要，可以将其负责实施的建设项目安全审查工作，委托下一级安全生产监督管理部门实施。委托实施安全审查的，审查结果由委托的安全生产监督管理部门负责。跨省、自治区、直辖市的建设项目和生产剧毒化学品的建设项目，不得委托实施安全审查。

建设项目有下列情形之一的，不得委托县级人民政府安全生产监督管理部门实施安全审查：涉及国家安全生产监督管理总局公布的重点监管危险化工工艺的；涉及国家安全生产监督管理总局公布的重点监管危险化学品中的有毒气体、液化气体、易燃液体、爆炸品，且构成重大危险源的。

接受委托的安全生产监督管理部门不得将其受托的建设项目安全审查工作再委托其他单位实施。

（4）设计、施工、监理单位和安全评价机构的责任

建设项目的设计、施工、监理单位和安全评价机构应当具备相应的资质，并对其工作成果负责。

涉及重点监管危险化工工艺、重点监管危险化学品或者危险化学品重大危险源的建设项目，应当由具有石油化工医药行业相应资质的设计单位设计。

2. 建设项目安全设计管理

危险化学品建设项目应进一步加强安全设计管理，切实提升危险化学品企业本质安全水平，从设计源头遏制生产安全事故发生。

（1）严格建设项目设计单位资质要求

1）建设项目的设计单位必须取得原建设部《工程设计资质标准》规定的化工石化医药、石油天然气（海洋石油）等相关工程设计资质。

2）涉及“两重点一重大”的大型建设项目，其设计单位资质应为工程设计综合资质或相应工程设计化工石化医药、石油天然气（海洋石油）行业、专业资质甲级。

（2）切实落实建设项目安全管理职责

1）建设单位应委托具备国家规定资质等级的设计单位承担建设项目工程设计，依法申请建设项目的安全审查并办理相关手续。对实行工程监理的建设项目，应将安全施工质量一并委托监理。

建设单位在建设项目设计合同中应主动要求设计单位对设计进行危险与可操作性（HAZOP）审查，并派遣有生产操作经验的人员参加审查，对HAZOP审查报告进行审核。涉及“两重点一重大”和首次工业化设计的建设项目，必须在基础设计阶段开展HAZOP分析。

2）设计单位法定代表人对建设项目安全设计全面负责。设计单位应建立安全设计责任制，制定安全设计管理规定，明确各级管理岗位及设计岗位的安全设计职责，对建设项目的安全设计终身负责。应严格按照《危险化学品建设项目安全设施设计专篇

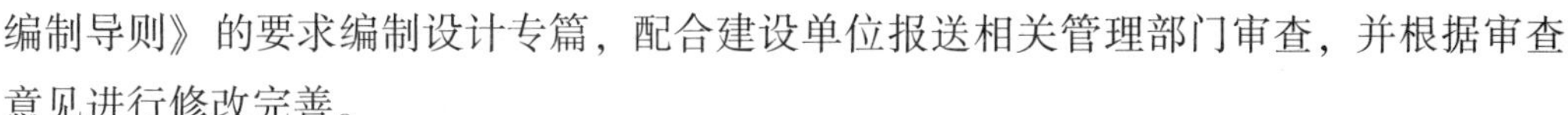

编制导则》的要求编制设计专篇，配合建设单位报送相关管理部门审查，并根据审查意见进行修改完善。

3）施工单位必须按照审查批准的安全设施设计施工，并对安全设施的工程质量负责。

4）安全监督管理部门应按照国家相关法规要求，对建设项目安全条件、安全设施设计及竣工验收等进行安全审查。参加审查的专家应具有建设项目的工程设计、生产运行或安全管理的相关经验，并具有相关专业高级技术职称。

（3）强化安全设计过程管理

1）在建设项目前期论证或可行性研究阶段，设计单位应开展初步的危险源辨识，认真分析拟建项目存在的工艺危险有害因素、当地自然地理条件、自然灾害和周边设施对拟建项目的影响，以及拟建项目一旦发生泄漏、火灾、爆炸等事故时对周边安全可能产生的影响。涉及“两重点一重大”建设项目的工艺包设计文件，应当包括工艺危险性分析报告。

2）在总体设计和基础工程设计阶段，设计单位应根据建设项目的特点，重点开展下列设计文件的安全评审：总平面布置图；装置设备布置图；爆炸危险区域划分图；工艺管道和仪表流程图（PID）；安全联锁、紧急停车系统及安全仪表系统；可燃及有毒物料泄漏检测系统；火炬和安全泄放系统；应急系统和设施。

3）设计单位应加强对建设项目的安全风险分析，积极应用 HAZOP 分析等方法进行内部安全设计审查。

4）加强设计变更的管理。在详细设计和施工安装阶段，设计发生重大变更的，设计单位应按管理程序重新报批。在采购和施工过程中的设计变更不应影响工程安全质量。设计单位在施工完成后应及时整理编制设计竣工图，涉及危险化学品介质的地下管道、阀门和设备等地下隐蔽工程必须提供完整的竣工资料。

5）在投料试车阶段，设计单位应参加试车前的安全审查，提供相关技术资料和数据，为安全试车提供技术支持。

6）建立和落实设计回访制度。在所承担设计的建设项目竣工投产后两年以内，设计单位应对建设项目进行回访，了解装置开车及生产运行中暴露出的安全问题和现场对原设计的修改情况，不断提高设计质量。

7）设计单位应结合国内建设项目实际情况，积极采用国外先进的安全技术和风险管理方法，努力提高本质安全设计水平。

（4）安全设计实施要点。《危险化学品安全管理条例》规定：生产、储存危险化学品的单位，应当对其铺设的危险化学品管道设置明显标志，并对危险化学品管道定期检查、检测。进行可能危及危险化学品管道安全的施工作业，施工单位应当在开工的 7 日前书面通知管道所属单位，并与管道所属单位共同制定应急预案，采取相应的安全防护措施。管道所属单位应当指派专门人员到现场进行管道安全保护指导。

根据有关建设项目设计管理规定，应重点做好以下几个方面的工作：

1）设计单位应根据建设项目危险源特点和标准规范的适用范围，确定本项目采用的标准规范。对涉及“两重点一重大”的建设项目，应至少满足下列现行标准规范的要求，并以最严格的安全条款为准：《工业企业总平面设计规范》（GB 50187）；《化工企业总图运输设计规范》（GB 50489）；《石油化工企业设计防火规范》（GB 50160）；《石油天然气工程设计防火规范》（GB 50183）；《建筑设计防火规范》（GB 50016）；《石油库设计规范》（GB 50074）；《石油化工可燃气体和有毒气体检测报警设计规范》（GB 50493）；《化工建设项目安全设计管理导则》（AQ/T 3033）。

2）具有爆炸危险性的建设项目，其防火间距应至少满足《石油化工企业设计防火规范》的要求。当国家标准规范没有明确要求时，可根据相关标准采用定量风险分析计算并确定装置或设施之间的安全距离。

3）液化烃罐组或可燃液体罐组不应毗邻布置在高于工艺装置、全厂性重要设施或人员集中场所的位置；可燃液体罐组不应阶梯布置。当受条件限制或有工艺要求时，应采取防止可燃液体流入低处设施或场所的措施。

4）建设项目可燃液体储罐均应单独设置防火堤或防火隔堤。防火堤内的有效容积不应小于罐组内 1 个最大储罐的容积，当浮顶罐组不能满足此要求时，应设置事故存液池储存剩余部分，但罐组防火堤内的有效容积不应小于罐组内 1 个最大储罐容积的 50%。

5）承重钢结构的设计应按照国家标准《工程结构可靠性设计统一标准》（GB 50153）和《钢结构设计规范》（GB 50017）等相关规范要求，根据结构破坏可能产生后果的严重性（人员伤亡、经济损失、对社会或环境产生影响等），确定采用的安全等级。对可能产生严重后果的结构，其设计安全等级不得低于二级。

6）新建化工装置必须设计装备自动化控制系统。应根据工艺过程危险和风险分析结果，确定是否需要装备安全仪表系统。涉及重点监管危险化工工艺的大、中型新建项目要按照国家标准《过程工业领域安全仪表系统的功能安全》（GB/T 21109.1～GB/T 21109.3）和《石油化工安全仪表系统设计规范》（GB/T 50770）等相关标准开展安全仪表系统设计。

7）液化石油气、液化天然气、液氯和液氨等易燃易爆有毒有害液化气体的充装应设计万向节管道充装系统，充装设备管道的静电接地、装卸软管及仪表和安全附件应配备齐全。

8）危险化学品长输管道应设置防泄漏、实时检测系统（SCADA 数据采集与监控系统）及紧急切断设施。

9）有毒物料储罐、低温储罐及压力球罐进出物料管道应设置自动或手动遥控的紧

急切断设施。

10）装置区内控制室和机柜间面向有火灾、爆炸危险性设备侧的外墙，应为无门窗洞口、耐火极限不低于3小时的不燃烧材料实体墙。

第二节　安全生产许可制度

根据《安全生产许可证条例》和《危险化学品安全管理条例》的有关规定，国家对危险化学品企业实行安全生产许可制度，企业未取得安全生产许可证的，不得从事生产活动。危险化学品的生产、使用、经营、运输等环节，需取得生产许可证、使用许可证、经营许可证、剧毒化学品购买许可证、道路危险货物运输许可证、剧毒化学品道路运输通行证等许可证。

一、危险化学品安全生产许可证

根据《危险化学品生产企业安全生产许可证实施办法》，危险化学品生产企业是指依法设立且取得工商营业执照或者工商核准文件从事生产最终产品或者中间产品列入《危险化学品目录》的企业。企业应当依照规定取得危险化学品安全生产许可证。

安全生产许可证的颁发管理工作实行企业申请、两级发证、属地监管的原则。国家安全生产监督管理总局指导、监督全国安全生产许可证的颁发管理工作。省、自治区、直辖市安全生产监督管理部门负责本行政区域内中央企业及其直接控股涉及危险化学品生产的企业（总部）以外的企业安全生产许可证的颁发管理。

省级安全生产监督管理部门可以将其负责的安全生产许可证颁发工作，委托企业所在地设区的市级或者县级安全生产监督管理部门实施。涉及剧毒化学品生产的企业安全生产许可证颁发工作，不得委托实施。国家安全生产监督管理总局公布的涉及危险化工工艺和重点监管危险化学品的企业安全生产许可证颁发工作，不得委托县级安全生产监督管理部门实施。受委托的设区的市级或者县级安全生产监督管理部门在受委托的范围内，以省级安全生产监督管理部门的名义实施许可，但不得再委托其他组织和个人实施。国家安全生产监督管理总局、省级安全生产监督管理部门和受委托的设区的市级或者县级安全生产监督管理部门统称实施机关。

省级安全生产监督管理部门将受委托的设区的市级或者县级安全生产监督管理部门以及委托事项予以公告，指导、监督受委托的设区的市级或者县级安全生产监督管理部门颁发安全生产许可证，并对其法律后果负责。

1. 申请安全生产许可证的条件

（1）选址规划。企业选址布局和规划设计以及与重要场所、设施、区域的距离应当符合下列要求：

1）国家产业政策；当地县级以上（含县级）人民政府的规划和布局；新设立企业建在地方人民政府规划的专门用于危险化学品生产、储存的区域内。

2）危险化学品生产装置或者储存危险化学品数量构成重大危险源的储存设施，与《危险化学品安全管理条例》规定的八类场所、设施、区域的距离，符合有关法律、法规、规章和国家标准或者行业标准的规定。

3）总体布局符合国家标准《化工企业总图运输设计规范》（GB 50489）、《工业企业总平面设计规范》（GB 50187）、《建筑设计防火规范》（GB 50016）等标准的要求。石油化工企业还应当符合国家标准《石油化工企业设计防火规范》（GB 50160）的要求。

（2）厂房、工艺等安全。企业的厂房、作业场所、储存设施和安全设施、设备、工艺应当符合下列要求：

1）新建、改建、扩建建设项目，经具备国家规定资质的单位设计、制造和施工建设；涉及危险化工工艺、重点监管危险化学品的装置，由具有综合甲级资质或者化工石化专业甲级设计资质的化工石化设计单位设计。

2）不得采用国家明令淘汰、禁止使用和危及安全生产的工艺和设备；新开发的危险化学品生产工艺必须在小试、中试、工业化试验的基础上逐步放大到工业化生产；国内首次使用的化工工艺，必须经过省级人民政府有关部门组织的安全可靠性论证。

3）涉及危险化工工艺、重点监管危险化学品的装置装设自动化控制系统；涉及危险化工工艺的大型化工装置装设紧急停车系统；涉及易燃易爆、有毒有害气体化学品的场所装设易燃易爆与有毒有害介质泄漏报警等安全设施。

4）生产区与非生产区分开设置，并符合国家标准或者行业标准规定的距离。

5）危险化学品生产装置和储存设施之间及其与建（构）筑物之间的距离符合有关标准规范的规定。同一厂区内的设备、设施及建（构）筑物的布置必须适用同一标准的规定。

（3）职业危害防护设施。企业应当有相应的职业危害防护设施，并为从业人员配备符合国家标准或者行业标准的劳动防护用品。

（4）重大危险源。企业应当依据《危险化学品重大危险源辨识》（GB 18218），对本企业的生产、储存和使用装置及设施或者场所，进行重大危险源辨识。对已确定为重大危险源的生产和储存设施，应当执行《危险化学品重大危险源监督管理暂行规定》。

（5）安全管理机构人员。企业应当依法设置安全生产管理机构，配备专职安全生产管理人员。配备的专职安全生产管理人员必须能够满足安全生产的需要。

（6）安全生产责任制。企业应当建立全员安全生产责任制，保证每位从业人员的安全生产责任与职务、岗位相匹配。

（7）安全生产规章制度。企业应当根据化工工艺、装置、设施等实际情况，制定完善下列主要安全生产规章制度：

1）安全生产例会等安全生产会议制度。

2）安全投入保障制度。

3）安全生产奖惩制度。

4）安全培训教育制度。

5）领导干部轮流现场带班制度。

6）特种作业人员管理制度。

7）安全检查和隐患排查治理制度。

8）重大危险源评估和安全管理制度。

9）变更管理制度。

10）应急管理制度。

11）生产安全事故或者重大事件管理制度。

12）防火、防爆、防中毒、防泄漏管理制度。

13）工艺、设备、电气仪表、公用工程安全管理制度。

14）动火、进入受限空间、吊装、高处、盲板抽堵、动土、断路、设备检维修等作业安全管理制度。

15）危险化学品安全管理制度。

16）职业健康相关管理制度。

17）劳动防护用品使用维护管理制度。

18）承包商管理制度。

19）安全管理制度及操作规程定期修订制度。

（8）操作安全规程。企业应当根据危险化学品的生产工艺、技术、设备特点，以及原辅料、产品的危险性编制岗位操作安全规程。

（9）安全资格证书。企业主要负责人、分管安全负责人和安全生产管理人员必须具备与其从事的生产经营活动相适应的安全生产知识和管理能力，依法参加安全生产培训，并经考核合格，取得安全资格证书。企业分管安全负责人、分管生产负责人、分管技术负责人应当具有一定的化工专业知识或者相应的专业学历，专职安全生产管理人员应当具备国民教育化工化学类（或安全工程）中等职业教育以上学历或者化工化学类中级以上专业技术职称。企业应当有危险物品安全类注册安全工程师从事安全生产管理工作。特种作业人员应当依照《特种作业人员安全技术培训考核管理规定》，经专门的安全技术培训并考核合格，取得特种作业操作证书。

（10）安全投入。企业应当按照国家规定提取与安全生产有关的费用，并保证安全生产所必需的资金投入。企业应当依法参加工伤保险，为从业人员缴纳保险费。

（11）安全评价。企业应当依法委托具备国家规定资质的安全评价机构进行安全评价，并按照安全评价报告的意见对存在的安全生产问题进行整改。

（12）危险化学品登记。企业应当依法进行危险化学品登记，为用户提供化学品安全技术说明书，并在危险化学品包装（包括外包装件）上粘贴或者拴挂与包装内危险化学品相符的化学品安全标签。

（13）应急管理。企业应当符合下列应急管理要求：

1）按照国家有关规定编制危险化学品事故应急预案并报有关部门备案。

2）建立应急救援组织，规模较小的企业可以不建立应急救援组织，但应指定兼职的应急救援人员。

3）配备必要的应急救援器材、设备和物资，并进行经常性维护、保养，保证正常运转。生产、储存和使用氯气、氨气、光气、硫化氢等吸入性有毒有害气体的企业，还应当配备至少两套以上全封闭防化服；构成重大危险源的，还应当设立气体防护站（组）。

2. 安全生产许可证的申请

（1）中央企业申请。中央企业及其直接控股涉及危险化学品生产的企业（总部）以外的企业，向所在地省级安全生产监督管理部门或其委托的安全生产监督管理部门申请安全生产许可证。

（2）新建企业申请。新建企业安全生产许可证的申请，应当在危险化学品生产建设项目安全设施竣工验收通过后10个工作日内提出。

（3）申请提交资料。企业申请安全生产许可证时，应当提交下列文件、资料，并对其内容的真实性负责：

1）申请安全生产许可证的文件及申请书。

2）安全生产责任制文件，安全生产规章制度、岗位操作安全规程清单。

3）设置安全生产管理机构，配备专职安全生产管理人员的文件复制件。

4）主要负责人、分管安全负责人、安全生产管理人员和特种作业人员的安全资格证或者特种作业操作证复制件。

5）与安全生产有关的费用提取和使用情况报告，新建企业提交有关安全生产费用提取和使用规定的文件。

6）为从业人员缴纳工伤保险费的证明材料。

7）危险化学品事故应急救援预案的备案证明文件。

8）危险化学品登记证复制件。

9）工商营业执照副本或者工商核准文件复制件。

10）具备资质的中介机构出具的安全评价报告。

11）新建企业的竣工验收报告。

12）应急救援组织或者应急救援人员，以及应急救援器材、设备设施清单。

13）有危险化学品重大危险源的企业，除提交上述规定的文件、资料外，还应当提供重大危险源及其应急预案的备案证明文件、资料。

3. 安全生产许可证的颁发

（1）受理。实施机关收到企业申请文件、资料后，按照下列情况分别作出处理：

1）申请事项依法不需要取得安全生产许可证的，即时告知企业不予受理。

2）申请事项依法不属于本实施机关职责范围的，及时作出不予受理的决定，并告知企业向相应的实施机关申请。

3）申请材料存在可以当场更正错误的，允许企业当场更正，并受理其申请。

4）申请材料不齐全或者不符合法定形式的，当场告知或者在5个工作日内出具补正告知书，一次告知企业需要补正的全部内容；逾期不告知的，自收到申请材料之日起即为受理。

5）企业申请材料齐全、符合法定形式，或者按照实施机关要求提交全部补正材料的，立即受理其申请。

实施机关受理或者不予受理行政许可申请，应当出具加盖本机关专用印章和注明日期的书面凭证。

（2）资料审查。安全生产许可证申请受理后，实施机关应当组织对企业提交的申请文件、资料进行审查。对企业提交的文件、资料实质内容存在疑问，需要到现场核查的，应当指派工作人员就有关内容进行现场核查。工作人员应当如实提出现场核查意见。

（3）期限。实施机关应当在受理之日起45个工作日内作出是否准予许可的决定，审查过程中的现场核查所需时间不计算在规定的期限内。

（4）颁发安全生产许可证。实施机关作出准予许可决定的，自决定之日起10个工作日内颁发安全生产许可证。实施机关作出不予许可决定的，应当在10个工作日内书面告知企业并说明理由。

（5）变更申请。企业在安全生产许可证有效期内变更主要负责人、企业名称或者注册地址的，应当自工商营业执照或者隶属关系变更之日起10个工作日内向实施机关提出变更申请，并提交下列文件、资料：

1）变更后的工商营业执照副本复制件。

2）变更主要负责人的，还应当提供主要负责人经安全生产监督管理部门考核合格后颁发的安全资格证复制件。

3）变更注册地址的，还应当提供相关证明材料。

对已经受理的变更申请，实施机关应当在对企业提交的文件、资料审查无误后，方可办理安全生产许可证变更手续。

企业在安全生产许可证有效期内变更隶属关系的，仅需提交隶属关系变更证明材料报实施机关备案。

（6）改变工艺等其他变更申请。企业在安全生产许可证有效期内，当原生产装置新增产品或者改变工艺技术对企业的安全生产产生重大影响时，应当对该生产装置或者工艺技术进行专项安全评价，并对安全评价报告中提出的问题进行整改；在整改完成后，向原实施机关提出变更申请，提交安全评价报告，实施机关按照相关规定办理变更手续。

（7）新建、改建、扩建项目。企业在安全生产许可证有效期内，有危险化学品新建、改建、扩建建设项目的，在建设项目安全设施竣工验收合格之日起 10 个工作日内向原实施机关提出变更申请，并提交建设项目安全设施竣工验收报告等相关文件、资料，实施机关按照规定办理变更手续。

（8）有效期。安全生产许可证有效期为 3 年。企业安全生产许可证有效期届满后继续生产危险化学品的，在安全生产许可证有效期届满前 3 个月提出延期申请，并提交延期申请书和规定的申请文件、资料，实施机关按照规定进行审查，并作出是否准予延期的决定。

（9）延期。企业在安全生产许可证有效期内，符合下列条件的，其安全生产许可证届满时，经原实施机关同意，可不提交文件、资料，直接办理延期手续：

1）严格遵守有关安全生产的法律、法规和有关文件规定的。

2）取得安全生产许可证后，加强日常安全生产管理，未降低安全生产条件，并达到安全生产标准化等级二级以上的。

3）未发生死亡事故的。

（10）正、副本。安全生产许可证分为正、副本，正本为悬挂式，副本为折页式，正、副本具有同等法律效力。实施机关应当分别在安全生产许可证正、副本上载明编号、企业名称、主要负责人、注册地址、经济类型、许可范围、有效期、发证机关、发证日期等内容。其中，正本上的“许可范围”应当注明“危险化学品生产”，副本上的“许可范围”应当载明生产场所地址和对应的具体品种、生产能力。

安全生产许可证有效期的起始日为实施机关作出许可决定之日，截止日为起始日至 3 年后同一日期的前一日。有效期内有变更事项的，起始日和截止日不变，载明变更日期。企业不得出租、出借、买卖或者以其他形式转让其取得的安全生产许可证，或者冒用他人取得的安全生产许可证、使用伪造的安全生产许可证。

4. 监督管理

（1）档案管理。实施机关应当加强对安全生产许可证的监督管理，建立、健全安全生产许可证档案管理制度。

（2）撤销许可证。有下列情形之一的，实施机关应当撤销已经颁发的安全生产许

可证：

1）超越职权颁发安全生产许可证的。

2）违反管理规定的程序颁发安全生产许可证的。

3）以欺骗、贿赂等不正当手段取得安全生产许可证的。

（3）注销许可证。企业取得安全生产许可证后有下列情形之一的，实施机关应当注销其安全生产许可证：

1）安全生产许可证有效期届满未被批准延续的。

2）终止危险化学品生产活动的。

3）安全生产许可证被依法撤销的。

4）安全生产许可证被依法吊销的。

安全生产许可证注销后，实施机关应当在当地主要新闻媒体或者本机关网站上发布公告，并通报企业所在地人民政府和县级以上安全生产监督管理部门。

（4）统计上报公布。省级安全生产监督管理部门在每年1月15日前，将本行政区域内上年度安全生产许可证的颁发和管理情况报国家安全生产监督管理总局。国家安全生产监督管理总局、省级安全生产监督管理部门定期向社会公布企业取得安全生产许可的情况，接受社会监督。

二、危险化学品使用许可证

为了严格使用危险化学品从事生产的化工企业安全生产条件，规范危险化学品安全使用许可证的颁发和管理工作，国家安全生产监督管理总局发布了《危险化学品安全使用许可证实施办法》，列入危险化学品安全使用许可适用行业目录、使用危险化学品从事生产并且达到危险化学品使用量数量标准的化工企业（危险化学品生产企业、使用危险化学品作为燃料的企业除外）需要按照规定取得危险化学品安全使用许可证。

安全使用许可证的颁发管理工作实行企业申请、市级发证、属地监管的原则。国家安全生产监督管理总局负责指导、监督全国安全使用许可证的颁发管理工作，省、自治区、直辖市人民政府安全生产监督管理部门负责指导、监督本行政区域内安全使用许可证的颁发管理工作，设区的市级人民政府安全生产监督管理部门负责本行政区域内安全使用许可证的审批、颁发和管理，不得再委托其他单位、组织或者个人实施。

1. 申请安全使用许可证的条件

（1）安全距离和总体布局。企业与重要场所、设施、区域的距离和总体布局应当符合下列要求，并确保安全：

1）储存危险化学品数量构成重大危险源的储存设施，与《危险化学品安全管理条例》规定的八类场所、设施、区域的距离，符合国家有关法律、法规、规章和国家标准或者行业标准的规定。

2）总体布局符合《工业企业总平面设计规范》（GB 50187）、《化工企业总图运输设计规范》（GB 50489）、《建筑设计防火规范》（GB 50016）等相关标准的要求；石油化工企业还应当符合《石油化工企业设计防火规范》（GB 50160）的要求。

3）新建企业符合国家产业政策、当地县级以上（含县级）人民政府的规划和布局。

（2）厂房、工艺等安全与申请安全生产许可证的要求相同。

（3）安全管理机构人员与申请安全生产许可证的要求相同。

（4）安全资格证书与申请安全生产许可证的基本要求相同。

（5）安全生产责任制。企业应当建立全员安全生产责任制，保证每位从业人员的安全生产责任与职务、岗位相匹配。

（6）安全生产规章制度与申请安全生产许可证的要求相同。

（7）安全操作规程。企业应当根据工艺、技术、设备特点和原辅料的危险性等情况编制岗位安全操作规程。

（8）安全评价。企业应当依法委托具备国家规定资质条件的安全评价机构进行安全评价，并按照安全评价报告的意见对存在的安全生产问题进行整改。

（9）职业病危害防护设施。企业应当有相应的职业病危害防护设施，并为从业人员配备符合国家标准或者行业标准的劳动防护用品。

（10）重大危险源。企业应当依据《危险化学品重大危险源辨识》（GB 18218），对本企业的生产、储存和使用装置、设施或者场所进行重大危险源辨识。对于已经确定为重大危险源的，应当按照《危险化学品重大危险源监督管理暂行规定》进行安全管理。

（11）应急管理。企业应当符合下列应急管理要求：

1）按照国家有关规定编制危险化学品事故应急预案，并报送有关部门备案。

2）建立应急救援组织，明确应急救援人员，配备必要的应急救援器材、设备设施，并按照规定定期进行应急预案演练。

储存和使用氯气、氨气等对皮肤有强烈刺激的吸入性有毒有害气体的企业，还应当配备至少两套以上全封闭防化服；构成重大危险源的，还应当设立气体防护站（组）。

2. 安全使用许可证的申请

（1）提交申请。企业向发证机关申请安全使用许可证时，应当提交下列文件、资料，并对其内容的真实性负责：

1）申请安全使用许可证的文件及申请书。

2）新建企业的选址布局符合国家产业政策、当地县级以上人民政府的规划和布局的证明材料复制件。

3）安全生产责任制文件，安全生产规章制度、岗位安全操作规程清单。

4）设置安全生产管理机构，配备专职安全生产管理人员的文件复制件。

5）主要负责人、分管安全负责人、安全生产管理人员安全资格证和特种作业人员操作证复制件。

6）危险化学品事故应急救援预案的备案证明文件。

7）由供货单位提供的所使用危险化学品的安全技术说明书和安全标签。

8）工商营业执照副本或者工商核准文件复制件。

9）安全评价报告及其整改结果的报告。

10）新建企业的建设项目安全设施竣工验收报告。

11）应急救援组织、应急救援人员，以及应急救援器材、设备设施清单。

有危险化学品重大危险源的企业，除应当提交上述规定的文件、资料外，还应当提交重大危险源的备案证明文件。

（2）新建企业申请。新建企业安全使用许可证的申请，应当在建设项目安全设施竣工验收通过之日起 10 个工作日内提出。

3. 安全使用许可证的颁发

（1）受理。发证机关收到企业申请文件、资料后，按照下列情况分别作出处理：

1）申请事项依法不需要取得安全使用许可证的，当场告知企业不予受理。

2）申请材料存在可以当场更正错误的，允许企业当场更正。

3）申请材料不齐全或者不符合法定形式的，当场或者在 5 个工作日内一次告知企业需要补正的全部内容，并出具补正告知书；逾期不告知的，自收到申请材料之日起即为受理。

4）企业申请材料齐全、符合法定形式，或者按照发证机关要求提交全部补正申请材料的，立即受理其申请。

发证机关受理或者不予受理行政许可申请，应当出具加盖本机关专用印章和注明日期的书面凭证。

（2）资料审查。安全使用许可证申请受理后，发证机关应当组织人员对企业提交的申请文件、资料进行审查。对企业提交的文件、资料内容存在疑问，需要到现场核查的，应当指派工作人员对有关内容进行现场核查，如实提出书面核查意见。

（3）期限。发证机关应当在受理之日起 45 日内作出是否准予许可的决定。发证机关现场核查和企业整改有关问题所需时间不计算在规定的期限内。

发证机关作出准予许可决定的，自决定之日起 10 个工作日内颁发安全使用许可证。发证机关作出不予许可决定的，在 10 个工作日内书面告知企业并说明理由。

（4）变更申请。企业在安全使用许可证有效期内变更主要负责人、企业名称或者注册地址的，应当自工商营业执照变更之日起 10 个工作日内提出变更申请，并提交下列文件、资料：

1）变更申请书。

2）变更后的工商营业执照副本复制件。

3）变更主要负责人的，还应当提供主要负责人经安全生产监督管理部门考核合格后颁发的安全资格证复制件。

4）变更注册地址的，还应当提供相关证明材料。

对已经受理的变更申请，发证机关对企业提交的文件、资料审查无误后，方可办理安全使用许可证变更手续。企业在安全使用许可证有效期内变更隶属关系的，应当在隶属关系变更之日起 10 日内向发证机关提交证明材料。

企业在安全使用许可证有效期内，有下列情形之一的，发证机关按照规定办理变更手续：

1）增加使用的危险化学品品种，且达到危险化学品使用量的数量标准规定，在增加前提出变更申请的。

2）涉及危险化学品安全使用许可范围的新建、改建、扩建建设项目，在建设项目安全设施竣工验收合格之日起 10 个工作日内向原发证机关提出变更申请，并提交建设项目安全设施竣工验收报告等相关文件、资料的。

3）改变工艺技术对企业的安全生产条件产生重大影响，进行专项安全验收评价，并对安全评价报告中提出的问题进行整改，在整改完成后，向原发证机关提出变更申请并提交安全验收评价报告的。

（5）有效期。安全使用许可证有效期为 3 年。企业安全使用许可证有效期届满后需要继续使用危险化学品从事生产并且达到危险化学品使用量的数量标准规定的，应当在安全使用许可证有效期届满前 3 个月提出延期申请，并提交规定的文件、资料。发证机关按照规定进行审查，并作出是否准予延期的决定。

（6）延期申请。企业取得安全使用许可证后，符合下列条件的，其安全使用许可证届满办理延期手续时，经原发证机关同意，可以不提交文件、资料，直接办理延期手续：

1）严格遵守有关法律、法规和相关规定的。

2）取得安全使用许可证后，加强日常安全管理，未降低安全使用条件，并达到安全生产标准化等级二级以上的。

3）未发生造成人员死亡的生产安全责任事故的。

（7）正本、副本。安全使用许可证分为正本、副本，正本为悬挂式，副本为折页式，正、副本具有同等法律效力。发证机关应当分别在安全使用许可证正、副本上注明编号、企业名称、主要负责人、注册地址、经济类型、许可范围、有效期、发证机关、发证日期等内容。其中，“许可范围”正本上注明“危险化学

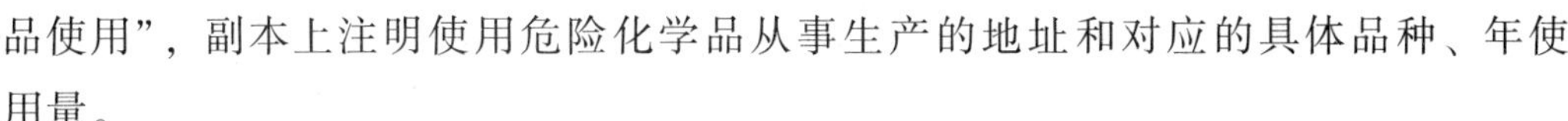

品使用”，副本上注明使用危险化学品从事生产的地址和对应的具体品种、年使用量。

企业不得伪造、变造安全使用许可证，或者出租、出借、转让其取得的安全使用许可证，或者使用伪造、变造的安全使用许可证。

4. 监督管理

（1）撤销许可证。发证机关应当加强对安全使用许可证的监督管理，建立、健全安全使用许可证档案管理制度。有下列情形之一的，发证机关应当撤销已经颁发的安全使用许可证：

1）滥用职权、玩忽职守颁发安全使用许可证的。

2）超越职权颁发安全使用许可证的。

3）违反规定的程序颁发安全使用许可证的。

4）对不具备申请资格或者不符合法定条件的企业颁发安全使用许可证的。

5）以欺骗、贿赂等不正当手段取得安全使用许可证的。

（2）注销许可证。企业取得安全使用许可证后有下列情形之一的，发证机关应当注销其安全使用许可证：

1）安全使用许可证有效期届满未被批准延期的。

2）终止使用危险化学品从事生产的。

3）继续使用危险化学品从事生产，但使用量降低后未达到危险化学品使用量的数量标准规定的。

4）安全使用许可证被依法撤销的。

5）安全使用许可证被依法吊销的。

安全使用许可证注销后，发证机关应当在当地主要新闻媒体或者本机关网站上予以公告，并向省级和企业所在地县级安全生产监督管理部门通报。

（3）统计上报公布。发证机关将其颁发安全使用许可证的情况及时向同级环境保护主管部门和公安机关通报，于每年 1 月 10 日前，将本行政区域内上年度安全使用许可证的颁发和管理情况报省级安全生产监督管理部门，并定期向社会公布企业取得安全使用许可证的情况，接受社会监督。省级安全生产监督管理部门于每年 1 月 15 日前，将本行政区域内上年度安全使用许可证的颁发和管理情况报国家安全生产监督管理总局。

三、危险化学品经营许可证

为了严格危险化学品经营安全条件，规范危险化学品经营活动，保障人民群众生命、财产安全，根据《危险化学品经营许可证管理办法》，国家对从事列入《危险化学品目录》的危险化学品的经营（包括仓储经营）活动（不包括民用爆炸物品、放射性物品、核能物质和城镇燃气的经营活动），实行许可制度。经营危险化学品的企业，应当依法取得危险化学品经营许可证（以下简称经营许可证）。依法取得危险化学品安全生产许可证的危险化学品生产企业在其厂区范围内销售本企业生产的危险化学品的，依法取得港口经营许可证的港口经营人在港区内从事危险化学品仓储经营的，不需要取得经营许可证。

1. 监督管理

应当取得但是未取得经营许可证，任何单位和个人不得经营危险化学品。

经营许可证的颁发管理工作实行企业申请、两级发证、属地监管的原则。国家安全生产监督管理总局指导、监督全国经营许可证的颁发和管理工作，省、自治区、直辖市人民政府安全生产监督管理部门指导、监督本行政区域内经营许可证的颁发和管理工作，设区的市级人民政府安全生产监督管理部门负责下列企业的经营许可证审批、颁发：

（1）经营剧毒化学品的企业。

（2）经营易制爆危险化学品的企业。

（3）经营汽油加油站的企业。

（4）专门从事危险化学品仓储经营的企业。

（5）从事危险化学品经营活动的中央企业所属省级、设区的市级公司（分公司）。

（6）带有储存设施经营除剧毒化学品、易制爆危险化学品以外的其他危险化学品的企业。

县级人民政府安全生产监督管理部门负责本行政区域内、规定以外企业的经营许可证审批、颁发，没有设立县级发证机关的，其经营许可证由市级发证机关审批、颁发。

2. 申请经营许可证的条件

（1）经营基本条件。从事危险化学品经营的单位（申请人）应当依法登记注册为企业，并具备下列基本条件：

1）经营和储存场所、设施、建筑物符合《建筑设计防火规范》（GB 50016）、《石油化工企业设计防火规范》（GB 50160）、《汽车加油加气站设计与施工规范》（GB 50156）、《石油库设计规范》（GB 50074）等相关国家标准、行业标准的规定。

2）企业主要负责人和安全生产管理人员具备与本企业危险化学品经营活动相适应的安全生产知识和管理能力，经专门的安全生产培训和安全生产监督管理部门考核合格，取得相应安全资格证书；特种作业人员经专门的安全作业培训，取得特种作业操作证书；其他从业人员依照有关规定经安全生产教育和专业技术培

训合格。

3）有健全的安全生产规章制度和岗位操作规程。安全生产规章制度，是指全员安全生产责任制度、危险化学品购销管理制度、危险化学品安全管理制度（包括防火、防爆、防中毒、防泄漏管理等内容）、安全投入保障制度、安全生产奖惩制度、安全生产教育培训制度、隐患排查治理制度、安全风险管理制度、应急管理制度、事故管理制度、职业卫生管理制度等。

4）有符合国家规定的危险化学品事故应急预案，并配备必要的应急救援器材、设备。

5）法律、法规和国家标准或者行业标准规定的其他安全生产条件。

（2）剧毒化学品“五双管理”。申请人经营剧毒化学品的，除符合上述条件外，还应当建立剧毒化学品双人验收、双人保管、双人发货、双把锁、双本账等管理制度（“五双管理”制度）。

（3）带有储存设施经营的。申请人带有储存设施经营危险化学品的，除符合上述通用规定的条件外，还应当具备下列条件：

1）新设立的专门从事危险化学品仓储经营的，其储存设施建立在地方人民政府规划的用于危险化学品储存的专门区域内。

2）储存设施与相关场所、设施、区域的距离符合有关法律、法规、规章和标准的规定。

3）依照有关规定进行安全评价，安全评价报告符合《危险化学品经营企业安全评价细则》的要求。

4）专职安全生产管理人员具备国民教育化工化学类或者安全工程类中等职业教育以上学历，或者化工化学类中级以上专业技术职称，或者危险物品安全类注册安全工程师资格。

5）符合《危险化学品安全管理条例》《危险化学品重大危险源监督管理暂行规定》《常用危险化学品贮存通则》（GB 15603）的相关规定。

6）申请人储存易燃、易爆、有毒、易扩散危险化学品的，除符合前述规定的条件外，还应当符合《石油化工可燃气体和有毒气体检测报警设计规范》（GB 50493）的规定。

3. 经营许可证的申请与颁发

（1）申请提交材料。申请人申请经营许可证，应当依照规定向所在地市级或者县级发证机关提出申请，提交下列文件、资料，并对其真实性负责：

1）申请经营许可证的文件及申请书。

2）安全生产规章制度和岗位操作规程的目录清单。

3）企业主要负责人、安全生产管理人员、特种作业人员的相关资格证书（复制件）和其他从业人员培训合格的证明材料。

4）经营场所产权证明文件或者租赁证明文件（复制件）。

5）工商行政管理部门颁发的企业性质营业执照或者企业名称预先核准文件（复制件）。

6）危险化学品事故应急预案备案登记表（复制件）。

带有储存设施经营危险化学品的，申请人还应当提交下列文件、资料：

1）储存设施相关证明文件（复制件）；租赁储存设施的，需要提交租赁证明文件（复制件）；储存设施新建、改建、扩建的，需要提交危险化学品建设项目安全设施竣工验收报告。

2）重大危险源备案证明材料、专职安全生产管理人员的学历证书、技术职称证书或者危险物品安全类注册安全工程师资格证书（复制件）。

3）安全评价报告。

（2）受理。发证机关收到申请人提交的文件、资料后，按照下列情况分别作出处理：

1）申请事项不需要取得经营许可证的，当场告知申请人不予受理。

2）申请事项不属于本发证机关职责范围的，当场作出不予受理的决定，告知申请人向相应的发证机关申请，并退回申请文件、资料。

3）申请文件、资料存在可以当场更正错误的，允许申请人当场更正，并受理其申请。

4）申请文件、资料不齐全或者不符合要求的，当场告知或者在5个工作日内出具补正告知书，一次告知申请人需要补正的全部内容；逾期不告知的，自收到申请文件、资料之日起即为受理。

5）申请文件、资料齐全，符合要求，或者申请人按照发证机关要求提交全部补正材料的，立即受理其申请。

发证机关受理或者不予受理经营许可证申请，应当出具加盖本机关印章和注明日期的书面凭证。

（3）资料审查。发证机关受理经营许可证申请后，组织对申请人提交的文件、资料进行审查，指派两名以上工作人员对申请人的经营场所、储存设施进行现场核查，并自受理之日起30日内作出是否准予许可的决定。发证机关现场核查以及申请人整改现场核查发现的有关问题和修改有关申请文件、资料所需时间，不计算在规定的期限内。

（4）颁发经营许可证。发证机关作出准予许可决定的，自决定之日起10个工作日内颁发经营许可证；发证机关作出不予许可决定的，在10个工作日内书面告知申请人并说明理由，告知书应当加盖本机关印章。

（5）正本、副本。经营许可证分为正本、副本，正本为悬挂式，副本为折页式。正本、副本具有同等法律效力。经营许可证正本、副本应当分别载明下列事项：企业名称；企业住所（注册地址、经营场所、储存场所）；企业法定代表人姓名；经营方式；许可范围；发证日期和有效期限；证书编号；发证机关；有效期延续情况。

（6）变更申请。已经取得经营许可证的企业变更企业名称、主要负责人、注册地址或者危险化学品储存设施及其监控措施的，应当自变更之日起20个工作日内，向规定的发证机关提出书面变更申请，并提交下列文件、资料：

1）经营许可证变更申请书。

2）变更后的工商营业执照副本（复制件）。

3）变更后的主要负责人安全资格证书（复制件）。

4）变更注册地址的相关证明材料。

5）变更后的危险化学品储存设施及其监控措施的专项安全评价报告。

发证机关受理变更申请后，组织对企业提交的文件、资料进行审查，并自收到申请文件、资料之日起10个工作日内作出是否准予变更的决定。发证机关作出准予变更决定的，重新颁发经营许可证，并收回原经营许可证；不予变更的，应当说明理由并书面通知企业。经营许可证变更的，经营许可证有效期的起始日和截止日不变，但应当载明变更日期。

已经取得经营许可证的企业有新建、改建、扩建危险化学品储存设施建设项目的，应当自建设项目安全设施竣工验收合格之日起20个工作日内，向规定的发证机关提出变更申请，并提交危险化学品建设项目安全设施竣工验收报告等相关文件、资料。发证机关按照规定进行审查，办理变更手续。

（7）重新申请。已经取得经营许可证的企业，有下列情形之一的，应当重新申请办理经营许可证，并提交相关文件、资料：

1）不带有储存设施的经营企业变更其经营场所的。

2）带有储存设施的经营企业变更其储存场所的。

3）仓储经营的企业异地重建的。

4）经营方式发生变化的。

5）许可范围发生变化的。

（8）有效期。经营许可证的有效期为3年。有效期满后，企业需要继续从事危险化学品经营活动的，应当在经营许可证有效期满3个月前，向规定的发证机关提出经营许可证的延期申请，并提交延期申请书及申请文件、资料。

企业提出经营许可证延期申请时，可以同时提出变更申请，并向发证机关提交相关文件、资料。符合下列条件的企业，申请经营许可证延期时，经发证机关同意，可以不提交规定的文件、资料：

1）严格遵守有关法律、法规规定。

2）取得经营许可证后，加强日常安全生产管理，未降低安全生产条件。

3）未发生死亡事故或者对社会造成较大影响的生产安全事故。

带有储存设施经营危险化学品的企业，除符合上述条件外，还需要取得并提交危险化学品企业安全生产标准化二级达标证书（复制件）。

发证机关受理延期申请后，依照规定对延期申请进行审查，并在经营许可证有效期满前作出是否准予延期的决定；发证机关逾期未作出决定的，视为准予延期。发证机关作出准予延期决定的，经营许可证有效期顺延 3 年。

任何单位和个人不得伪造、变造经营许可证，或者出租、出借、转让其取得的经营许可证，或者使用伪造、变造的经营许可证。

4. 经营许可证的监督管理

（1）监督管理。发证机关负有对经营许可证的监督管理的法律责任，建立、健全经营许可证审批、颁发档案管理制度，向同级公安机关、环境保护部门通报经营许可证的发放情况，并定期向社会公布企业取得经营许可证的情况，接受社会监督。

（2）对违法行为依法处理。安全生产监督管理部门在监督检查中，发现已经取得经营许可证的企业不再具备法律、法规、规章、国家标准、行业标准规定的安全生产条件，或者存在违反法律、法规、规章规定的行为，依法作出处理，并及时告知原发证机关。

1）撤销经营许可证。发证机关发现企业以欺骗、贿赂等不正当手段取得经营许可证的，撤销已经颁发的经营许可证。

2）注销经营许可证。已经取得经营许可证的企业有下列情形之一的，发证机关应当注销其经营许可证：经营许可证有效期届满未被批准延期的；终止危险化学品经营活动的；经营许可证被依法撤销的；经营许可证被依法吊销的。

发证机关注销经营许可证后，在当地主要新闻媒体或者本机关网站上发布公告，并通报企业所在地人民政府和县级以上安全生产监督管理部门。

（3）统计上报公布。县级发证机关将本行政区域内上一年度经营许可证的审批、颁发和监督管理情况报告市级发证机关；市级发证机关将本行政区域内上一年度经营许可证的审批、颁发和监督管理情况报告省、自治区、直辖市人民政府安全生产监督管理部门；省、自治区、直辖市人民政府安全生产监督管理部门按照有关统计规定，将本行政区域内上一年度经营许可证的审批、颁发和监督管理情况报告国家安全生产监督管理总局。

四、剧毒化学品购买和公路运输许可证

为加强对剧毒化学品购买和公路运输的监督管理，保障国家财产和公民生命财产安全，《剧毒化学品购买和公路运输许可证件管理办法》规定：除个人购买农药、灭鼠药、灭虫药以外，在我国境内购买和通过公路运输剧毒化学品的行为实行许可管理制度。剧毒化学品种类，按照国务院安全生产监督管理部门会同国务院公安、环保、卫生、质检、交通部门确定并公布的剧毒化学品目录执行。

（1）许可管理。购买和通过公路运输剧毒化学品，应当依照规定申请取得《剧毒化学品购买凭证》《剧毒化学品准购证》和《剧毒化学品公路运输通行证》。未取得上述许可证件，任何单位和个人不得购买、通过公路运输剧毒化学品。

任何单位或者个人不得伪造、变造、买卖、出借或者以其他方式转让《剧毒化学品购买凭证》《剧毒化学品准购证》和《剧毒化学品公路运输通行证》，不得使用作废的上述许可证件。

（2）监督管理。公安机关依照规定审查核发剧毒化学品购买和公路运输许可证件，建立、健全审查核发许可证件的管理档案，公开办理许可证件的公安机关主管部门的通信地址、联系电话、传真号码和电子信箱，并监督指导从业单位严格执行剧毒化学品购买和公路运输许可管理规定。

省级公安机关对核发的剧毒化学品购买凭证、准购证和公路运输通行证建立计算机数据库，包括证件编号、购买企业、运输企业、运输车辆、驾驶人、押运人员、剧毒化学品品名和数量、目的地、始发地、行驶路线等内容，数据库的项目和数据的格式全国统一。治安管理、交通管理部门建立信息共享或者通报制度。

（3）申请。经常需要购买、使用剧毒化学品的，应当持销售单位生产或者经营剧毒化学品资质证明复印件，向购买单位所在地设区的市级人民政府公安机关治安管理部门提出申请。符合要求的，由设区的市级人民政府公安机关负责人审批后，将盖有公安机关印章的《剧毒化学品购买凭证》成册发给购买或者使用单位保管、填写。

1）生产危险化学品的企业申领《剧毒化学品购买凭证》时，应当如实填写《剧毒化学品购买凭证申请表》，并提交危险化学品生产企业安全生产许可证或者批准书的复印件。

2）经营剧毒化学品的企业申领《剧毒化学品购买凭证》时，应当如实填写《剧毒化学品购买凭证申请表》，并提交危险化学品经营许可证（甲种）的复印件。

3）其他生产、科研、医疗等经常需要使用剧毒化学品的单位申领《剧毒化学品购买凭证》时，应当如实填写《剧毒化学品购买凭证申请表》，并提交使用、接触剧毒化学品从业人员的上岗资格证复印件。使用剧毒化学品从事生产的单位还应当提交危险化学品使用许可证、批准书或者其他相应的从业许可证明。

（4）临时购买。临时需要购买、使用剧毒化学品的，应当持销售单位生产或者经营剧毒化学品资质证明复印件，向购买单位所在地设区的市级人民政府公安机关治安管理部门提出申请。符合要求的，由设区的市级人民政府公安机关负责人审批签发《剧毒化学品准购证》。申领《剧毒化学品准购证》时，应当如实填写《剧毒化学品准购证申请表》，并提交注明品名、数量、用途的单位证明。

（5）通报目的地交管部门。对需要通过公路运输剧毒化学品的，以及单车运输气态、液态剧毒化学品超过5吨的，由签发《剧毒化学品购买凭证》《剧毒化学品准购证》的公安机关治安管理部门将证件编号、发证机关、剧毒化学品品名、数量等有关信息，向运输目的地县级人民政府公安机关交通管理部门通报并录入剧毒化学品公路运输安全管理数据库。

（6）申领运输通行证。需要通过公路运输剧毒化学品的，应当向运输目的地县级人民政府公安机关交通管理部门申领《剧毒化学品公路运输通行证》。申领时，托运人应当如实填写《剧毒化学品公路运输通行证申请表》，同时提交下列证明文件和资料，并接受公安机关交通管理部门对运输车辆和驾驶人、押运人员的查验、审核：

1）《剧毒化学品购买凭证》或者《剧毒化学品准购证》。运输进口或者出口剧毒化学品的，应当提交危险化学品进口或者出口登记证。

2）承运单位从事危险货物道路运输的经营（运输）许可证（复印件）、机动车行驶证、运输车辆从事危险货物道路运输的道路运输证。运输剧毒化学品的车辆必须设置安装剧毒化学品道路运输专用标识和安全标示牌。安全标示牌应当标明剧毒化学品品名、种类、罐体容积、载质量、施救方法、运输企业联系电话。

3）驾驶人的机动车驾驶证，驾驶人、押运人员的身份证件以及从事危险货物道路运输的上岗资格证。

4）随《剧毒化学品公路运输通行证申请表》附运输企业对每辆运输车辆制作的运输路线图和运行时间表，每辆车拟运输的载质量。

承运单位不在目的地的，可以向运输目的地县级人民政府公安机关交通管理部门提出申请，委托运输始发地县级人民政府公安机关交通管理部门受理核发《剧毒化学品公路运输通行证》，但不得跨省（自治区、直辖市）委托。

（7）审核和查验。公安机关交通管理部门受理申请后，审核和查验以下事项：

1）审核证明文件的真实性，并与省级人民政府公安机关建立的剧毒化学品公路运输安全管理数据库进行比对，审核证明文件与运输单位、运输车辆、驾驶人和押运人员的同一性。

2）审核驾驶人在一个记分周期内是否有交通违法记分满 12 分，或者有两次以上驾驶剧毒化学品运输车辆超载、超速记录。

3）审核申请的通行路线和时间是否可能对公共安全构成威胁。

4）查验运输车辆是否设置安装了剧毒化学品道路运输专用标识和安全标示牌，是否配备了主管部门规定的应急处理器材和防护用品，是否有非法改装行为，轮胎花纹深度是否符合国家标准，车辆定期检验周期的时间是否在有效期内。

5）审核单车运输的数量是否超过行驶证核定载质量。

（8）签发《剧毒化学品公路运输通行证》。公安机关交通管理部门经过审核和查验后，按照下列情况分别处理：

1）对证明文件真实有效，运输单位、运输车辆、驾驶人和押运人员符合规定，通行路线和时间对公共安全不构成威胁的，报本级公安机关负责人批准签发《剧毒化学品公路运输通行证》，每次运输一车一证，有效期不超过 15 天。

2）对其他申请条件符合要求，但通行路线和时间有可能对公共安全构成威胁的，由公安机关交通管理部门变更通行路线和时间后，再予批准签发《剧毒化学品公路运输通行证》。

3）对车辆定期检验合格标志已超过有效期或者在运输过程中将超过有效期的，没有设置专用标识、安全标示牌的，或者没有配备应急处理器材和防护用品，应当经过检验合格，补充有关设置，配齐有关器材和用品后，重新受理申请。

4）对证明文件过期或者失效的，证明文件与计算机数据库记录比对结果不一致或者没有记录的，承运单位不具备运输危险化学品资质的，驾驶人、押运人员不具备上岗资格的，驾驶人交通违法记录不符合要求的，或者车辆有非法改装行为或者安全状况不符合国家安全技术标准的，不予批准。

行驶路线跨越本县（市、区、旗）的，应当由县级人民政府公安机关交通管理部门报送上一级公安机关交通管理部门核准；行驶路线跨越本地（市、州、盟）或者跨省（自治区、直辖市）的，逐级上报到省级人民政府公安机关交通管理部门核准。由县级人民政府公安机关交通管理部门按照核准后的路线指定。对跨省（自治区、直辖市）行驶路线的指定，由所在地省级人民政府公安机关交通管理部门征得途经地省级人民政府公安机关交通管理部门同意。

（9）发证信息上传。签发通行证后，发证的公安机关交通管理部门将发证信息发送到省级人民政府公安机关建立的剧毒化学品公路运输安全管理数据库，并通过书面或者信息系统通报沿线公安机关交通管理部门。跨县（市、区、旗）运输的，由设区的市级人民政府公安机关交通管理部门通报，跨地（市、州、盟）和跨省（自治区、直辖市）运输的，由省级人民政府公安机关交通管理部门通报。

对气态、液态剧毒化学品单车运输超过 5 吨的，签发通行证的公安机关交通管理部门应当报上一级公安机关交通管理部门备案。

（10）运输监管。目的地、始发地和途经地公安机关交通管理部门通过信息系统或者采取其他方式及时了解剧毒化学品运输信息，加强对剧毒化学品运输车辆、驾驶人遵守道路交通安全法律规定情况的监督检查。

（11）申请方式。申领《剧毒化学品购买凭证》《剧毒化学品准购证》的申请人或者申请人委托的代理人可以直接到公安机关提出书面申请，也可以通过信函、传真、电子邮件等形式提出申请。公安机关对申领单位提交的申请材料，按照下列规定分别处理：

1）对符合申领条件的，当场受理并出具书面凭证。

2）对申请材料不齐全或者不符合法定形式的，当场一次性告知需要补正的全部内容；申请材料存在的错误，可以当场更正的，允许申请人当场更正。

3）对不属于本机关职权范围或者本办法所规定的许可事项的，即时作出不予受理的决定并出具书面凭证。

（12）批准。对已经受理的申请，由公安机关进行审查，并在 3 个工作日内作出批准或者不予批准的决定；对申请跨省（自治区、直辖市）运输需要勘察核定行驶线路的，在 10 个工作日内作出批准或者不予批准的决定。对批准的，应当即时填发剧毒化学品购买和公路运输许可证件，并于当日送达或者通知申请人领取；对不予批准的，应当告知申请人不予批准的理由，并出具不予批准的书面凭证。

（13）《剧毒化学品购买凭证》的合法使用。《剧毒化学品购买凭证》由发证公安机关成册核发给购买或者使用单位的，由该单位负责人按照制度规定审核签批使用。持证单位用完后应当及时将购买凭证的存根交回原发证公安机关核查存档。已经领取《剧毒化学品购买凭证》的单位，应当建立规范的购买凭证保管、填写、审核、签批、使用制度，严格管理。因故不再需要使用时，应当及时将尚未使用的购买凭证连同已经使用的购买凭证的存根交回原发证公安机关核查存档。

销售单位销售剧毒化学品时，应当收验《剧毒化学品购买凭证》或者《剧毒化学品准购证》，按照购买凭证或者准购证许可的品名、数量销售，并如实填写《剧毒化学品购买凭证》或者《剧毒化学品准购证》回执第一联和回执第二联，由购买经办人签字确认。

回执第一联由购买单位带回，并在保管人员签注接收情况后的 7 日内交原发证公安机关核查存档；回执第二联由销售单位在销售后的 7 日内交所在地县级人民政府公安机关治安管理部门核查存档。

（14）运输安全管理。通过公路运输剧毒化学品的，应当遵守《中华人民共和国道路交通安全法》《危险化学品安全管理条例》等法律、法规对剧毒化学品运输安全的管理规定，悬挂警示标志，采取必要的安全措施，并按照《剧毒化学品公路运输通

行证》载明的运输车辆、驾驶人、押运人员、装载数量、有效期限、指定的路线、时间和速度运输，禁止超载、超速行驶；押运人员应当随车携带《剧毒化学品公路运输通行证》，以备查验。

运输车辆行驶速度在不超过限速标志的前提下，在高速公路上不低于每小时 70 km、不高于每小时 90 km，在其他道路上不超过每小时 60 km。

剧毒化学品运达目的地后，收货单位应当在《剧毒化学品公路运输通行证》上签注接收情况，并在收到货物后的 7 日内将《剧毒化学品公路运输通行证》送目的地县级人民政府公安机关治安管理部门备案存查。

第五章

储罐区安全管理

第一节 储罐区概述

化学品储罐区化学品数量大、种类多，大多易燃易爆、有毒有害，一旦发生事故，极易给人民生命财产安全等造成严重危害或威胁。

一、储罐的分类及选型

1. 分类

储罐区的主体设备是储罐。随着石油化工行业的发展，储罐经历了由小到大再到特大的过程。20 世纪 60 年代，日本建造了 10 000 m^3油罐，70 年代建造了 160 000 m^3油罐，80 年代建造了 180 000 m^3油罐。目前油罐越来越大型化，例如美国建造了 230 000 m^3特大型油罐。我国 20 世纪 80 年代建成 150 000 m^3外浮顶油罐，在役的内浮顶油罐达 30 000 m^3。

储罐区由多个储罐组成，每个储罐区一般储存一种油品或其他危险化学品。储罐有多种分类方法：

（1）按位置分类。可分为地上储罐、地下储罐、半地下储罐、海上储罐、海底储罐等。

（2）按油品分类。可分为原油储罐、燃油储罐、润滑油罐、食用油罐、消防水罐等。

（3）按用途分类。可分为生产油罐、存储油罐等。

（4）按形式分类。可分为立式储罐、卧式储罐等。

（5）按结构分类。可分为固定顶储罐、浮顶储罐、球形储罐等。

2. 常见储罐

目前我国使用范围最广泛、制作安装技术最成熟的是拱顶式储罐、浮顶式储罐、内浮顶式储罐和卧式储罐。

（1）拱顶式储罐。拱顶式储罐是指罐顶为球冠状、罐体为圆柱形的一种钢制容器。拱顶式储罐制造简单、造价低廉，所以在国内外许多行业应用最为广泛，最常用的容积为 1 000~10 000 m^3，国内拱顶式储罐的最大容积已经达到 30 000 m^3。

1）罐底。罐底由钢板拼装而成，罐底中部的钢板为中幅板，周边的钢板为边缘板。边缘板可采用条形板，也可采用弓形板。一般情况下，储罐内径<16.5 m 时，宜采用条形边缘板，储罐内径≥16.5 m 时，宜采用弓形边缘板。

2）罐壁。罐壁由多圈钢板组对焊接而成，分为套筒式和直线式。

3）套筒式罐壁板环向焊缝采用搭接，纵向焊缝为对接。拱顶储罐多采用该形式，其优点是便于各圈壁板组对，采用倒装法施工比较安全。

4）直线式罐壁板环向焊缝为对接。优点是罐壁整体自上而下直径相同，特别适用于内浮顶储罐，但组对安装要求较高、难度亦较大。

5）罐顶。罐顶由多块扇形板组对焊接而成球冠状，罐顶内侧采用扁钢制成加强筋，各个扇形板之间采用搭接焊缝，整个罐顶与罐壁板上部的角钢圈（或称锁口）焊接成一体。

（2）浮顶储罐。浮顶储罐是由漂浮在介质表面上的浮顶和立式圆柱形罐壁构成。浮顶随罐内介质储量的增加或减少而升降，浮顶外缘与罐壁之间有环形密封装置，罐内介质始终被内浮顶直接覆盖，减少介质挥发。

1）罐底。浮顶罐的容积一般都比较大，其底板均采用弓形边缘板。

2）罐壁。采用直线式罐壁，对接焊缝宜打磨光滑，保证内表面平整。浮顶储罐上部为敞口，为增加壁板刚度，应根据所在地区的风载大小，罐壁顶部需设置抗风圈梁和加强圈。

3）浮顶。浮顶分为单盘式浮顶、双盘式浮顶和浮子式浮顶等形式。

4）单盘式浮顶。由若干个独立舱室组成环形浮船，其环形内侧为单盘顶板。单盘顶板底部设有多道环形钢圈加固，其优点是造价低、便于维修。

5）双盘式浮顶。由上盘板、下盘板和船舱边缘板所组成，由径向隔板和环向隔板隔成若干独立的环形舱，其优点是浮力大、排水效果好。

（3）内浮顶式储罐。内浮顶储罐是在拱顶储罐内部增设浮顶而成，罐内增设浮顶可减少介质的挥发损耗，外部的拱顶又可以防止雨水、积雪及灰尘等进入罐内，保证罐内介质清洁。这种储罐主要用于储存轻质油，例如汽油、航空煤油等。内浮顶储罐采用直线式罐壁，壁板对接焊制，拱顶按拱顶储罐的要求制作。目前国内的内浮顶有两种结构：一种是与浮顶储罐相同的钢制浮顶；另一种是拼装成型的铝合金浮顶。

（4）卧式储罐。卧式储罐的容积一般都小于 100 m^3，通常用于生产环节或加油站。卧式储罐环向焊缝采用搭接，纵向焊缝采用对接。圈板交互排列，取单数，使端盖直径相同。卧式储罐的端盖分为平端盖和碟形端盖，平端盖卧式储罐可承受 40 kPa 内压，碟形端盖卧式储罐可承受 0.2 MPa 内压。地下卧式储罐必须设置加强环，加强环用角钢煨制而成。

二、选型

通常依据储存介质的属性选用不同类型的储罐。

（1）储存甲类或乙 A 类油品，例如原油、汽油、溶剂油（是五大类石油产品之一，用量最大的首推涂料溶剂油，俗称油漆溶剂油）等的地上立式储罐，应选用外浮顶或内浮顶储罐。

（2）航空煤油、汽油应选用内浮顶储罐。

（3）柴油、润滑油、液压油等油品应选用固定顶储罐。

（4）醇类、酸类、碱类等应选用固定顶储罐或卧式储罐。

（5）液氨常温储存选用卧式储罐或球型储罐。

三、储罐区的危险分析

储罐区的危险性与储存介质的危险性、储存工艺、罐区布局等因素密切相关。

1. 常压罐区

常压罐区主要包括储罐、管道、离心泵等设备，罐区主要危险来自储罐及管线内部的柴油、汽油等油品“跑冒滴漏”。因此，最主要的危险性来自于泄漏引起的火灾、爆炸以及中毒窒息，还有一些其他次要危险性。

（1）火灾。在日常操作供料、装卸车、倒罐作业中，均存在“跑冒滴漏”油危险；管线末端导淋阀、法兰对接处为易漏点；收油储罐操作不当，导致油品冒罐；机泵密封泄漏故障，导致大量油品泄漏；如储罐在设计、制造和安装存在缺陷、运行超压、安全附件失灵及超期服役等均可能造成储罐罐体损坏。当大量油品外漏时，遇明火或静电火花极易造成火灾或闪爆。

（2）中毒与窒息。操作工在与油品直接接触操作过程中，长时间呼吸油气，将会引起眩晕、头痛、兴奋或嗜睡、恶心、呕吐、脉缓等症状，严重时表现为麻醉状态及意识丧失。

（3）其他危险性

1）烫伤。在对重油进行操作过程中，重油温度一般为 110～140 ℃，管线、伴热线、阀体、机泵等均处于高温状态，如直接触碰存在高温烫伤危险。

2）H_2S 中毒。因上游车间加工油品质量不同，中间产品油品中含有大量 H_2S，在进行检尺、取样、脱水、罐顶巡检过程中，容易造成 H_2S 中毒。

3）触电伤害。离心泵的运转动力由电动机提供，电动机及其电气控制装置的电源电压均为 380 V/220 V，接地不良或失效导致的设备、管道及其零部件外壳带电或者绝缘破坏都可引发触电伤害。

4）高空坠落。由于储罐的安装高度基本上都在 9 m 以上，在储罐的运行巡检、储罐安全附件的维修和储罐的定期检修中，如操作不当，可能会发生维（检）修人员的高处坠落事故。

2. 液化气罐区

液化石油气球罐区主要包括球罐、管道、脱水罐、离心泵等设备，罐区主要危险来自球罐内部的液化石油气。因此，球罐区最主要的危险性来自于泄漏引起的火灾、容器爆炸以及中毒窒息，还有一些其他次要危险性。

（1）火灾。液化石油气的爆炸速度为 2 000～3 000 m/s，火焰温度高达 2 000 ℃，沸点低于-50 ℃，自燃点为 446～480 ℃。一旦有火情，即便在远方的液化石油气也会起燃，形成长距离大范围的火区，灾害异常猛烈。液化石油气液体发热值为 46.1 MJ/kg，由于其燃烧热值大，四周的其他可燃物也极易被引燃。不少液化石油气火灾案例中，都有建筑物被烧塌，混凝土构件被烧熔的情况，如此猛烈的火势，给现场扑救人员的作业和装备的使用也造成一定的困难。

（2）容器爆炸。液化石油气储罐是压力容器，如储罐的设计、制造和安装存在缺陷、运行超压、安全附件失灵及超期服役等均可能造成储罐爆炸。

（3）中毒与窒息。石油液化气卸装场所的允许浓度不得超过 1 000 mg/m^3，当液化石油蒸气浓度高于 17 990 mg/m^3 时，人在其中将会引起眩晕、头痛、兴奋或嗜睡、恶心、呕吐、脉缓等症状，严重时表现为麻醉状态及意识丧失。

（4）其他危险性

1）冻结。液化石油气球罐和管道多为露天设置，液化石油气的水分在冬天易结冰，造成管道和阀门堵塞，甚至冻裂，导致物料泄漏，引发危险。

2）触电伤害。压缩机和泵的运转动力由电动机提供，电动机及其电气控制装置的电源电压均为 380 V/220 V，接地不良或失效导致的设备、管道及其零部件外壳带电或者绝缘破坏都可引发触电伤害。

3）高空坠落。由于储罐的安装高度基本上都在 12 m 以上，在储罐的运行巡检、储罐安全附件的维修和储罐的定期检修中，如操作不当，可能会发生维（检）修人员的高处坠落事故。

3. 液氨储罐

液氨储罐为液化气体储罐，可能发生泄漏、爆炸、扩散及中毒等危险。

（1）泄漏。当罐体发生破裂，裂纹快速扩展，导致储罐灾难性破坏，物料瞬时泄漏；罐体由于结构失效发生破裂，产生孔洞，孔洞不发生扩展，由于液氨的泄漏导致罐压降低，从而使液氨的沸点降低，部分液氨将闪蒸至罐内空间，增加了罐内空间的物质量，同时也增大并恢复了罐压。液氨的蒸发量决定了罐压恢复程度。随着液氨的泄漏，罐内的液氨不断蒸发至罐内空间，使罐压反复振荡，并逐渐向增大的趋势发展，当某一时刻罐压超过储罐的许用压力时，孔洞裂纹将沿罐体扩展，进而导致储罐发生灾难性破坏，罐内物料全部瞬时泄漏。当泄漏的液氨蒸发到空气中可形成蒸气云，遇到火源将导致蒸气云爆炸。

（2）爆炸。安全装置不齐、装设不当或失灵；环境温度突然升高，液氨储罐由于温度升高而超压；液氨储罐超装等情况从而导致储罐超压爆炸。内外介质腐蚀造成壁厚减薄，外壁受大气的腐蚀作用，内壁为氨的腐蚀，以及液氨引起的应力腐蚀是导致储罐爆炸的重要原因之一。

（3）扩散。液氨储罐泄漏后，液氨流出罐体形成液池，由于液氨的蒸发，液池上方形成气云，气云进一步在大气中扩散，影响广大区域。

（4）中毒。由于液氨储罐及其附件爆炸、泄漏，空气中的氨气浓度超过安全域值，可能导致人员中毒。人员进入液氨储罐时，内部氨气浓度没有达到安全范围而导致中毒。

四、罐区安全措施

1. 防超压措施

（1）为了防止在夏季由于气温升高和强烈的太阳光对球罐表面暴晒导致球罐内液化石油气气化带来压力的急剧升高，造成球罐安全阀起跳的安全事故，对罐内的液化石油气设置压力指示及报警，以便能在压力升高到一定值时采取措施（打开球罐的冷却喷淋系统），把液化石油气的压力降下来。目前，球罐的冷却喷淋系统已实现远程控制，对罐体表面采取保冷结构也可以避免上述情况的发生。

（2）在夏季温度较高时，为了防止液化气管道因两端阀门关死导致管内残留的液化气因太阳光的暴晒而使压力急剧升高，造成管道爆裂或阀门破坏，对液化气管道设置安全泄压阀，并把泄压的管道接入放空瓦斯管；常压管线，重油、轻油线在夏季暴晒过程中，若无有效泄压点，易造成管线超压。夏季日常操作过程中，每条管线均设置泄压点（阀门微开），确保管线无超压。

2. 防泄漏措施

为防止罐体发生泄漏，应定期对常压罐、球罐及其安全附件进行维护及检修。其中液化石油气泵安装密封冲洗系统，以防介质泄漏。

（1）球罐注水线设置。为防止球罐及其管线上的阀门、法兰、垫片等发生泄漏时无计可施，同时也为了赢得处理事故的时间，避免产生次生灾害，在球罐的底部管线

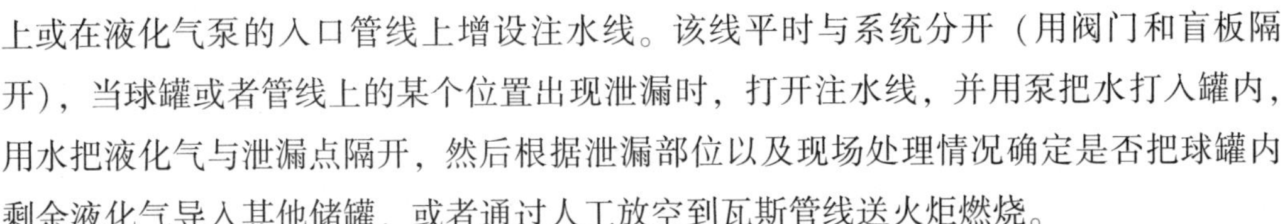

上或在液化气泵的入口管线上增设注水线。该线平时与系统分开（用阀门和盲板隔开），当球罐或者管线上的某个位置出现泄漏时，打开注水线，并用泵把水打入罐内，用水把液化气与泄漏点隔开，然后根据泄漏部位以及现场处理情况确定是否把球罐内剩余液化气导入其他储罐，或者通过人工放空到瓦斯管线送火炬燃烧。

（2）球罐一旦发生泄漏，立即关闭该罐的进料阀，切断物料来源。加大物料送出量或进行倒灌，尽快将该罐倒空。若无法倒罐可利用火炬放空或采用临时放空管道。

（3）常压储罐一旦发生泄漏，立即进行倒罐操作，对罐体泄漏点进行封堵，减少泄漏量。

3. 防火灾措施

鉴于液化石油气等危化品易燃、易爆、易挥发的特点，任何一个泄漏点的存在都可能危及整个罐区的安全。为了确保罐区的安全，罐区内应增设可燃气体报警器。只要罐区内有液态烃、油品泄漏，该检测仪器就能及时、准确地报警，有利于尽早把任何火灾事故消灭于萌芽之中。可燃气体报警检测装置应定位在罐区最有可能发生泄漏的位置。

4. 防液位过低、过高措施

（1）设置液位指示及报警器。为了确保安全生产，防止机泵抽空，储罐应设置低液位报警器；为防止储罐内的液位超出最高储存液位，应设置高液位报警器。设置报警器的目的都是为了提醒操作工能在 10~15 min 内采取措施切断储罐的进、出料。高、低液位报警的准确率和储罐液位测量的精度相关，液位计的选型及安装位置直接影响报警的准确性。

（2）设置球罐进出口紧急切断阀。为了防止球罐液位因高液位报警器失灵或其他原因导致球罐内液位超过球罐的最高允许液位，造成严重后果，设置了一套硬报警系统即高高液位报警。在球罐的进、出口管线上设置一个紧急切断阀与高高液位报警液位开关实现联锁，一旦球罐内的液位达到硬报警高度时，能及时发生联锁动作，切断进料阀，确保储罐安全。

5. 防爆措施

为确保球罐内储存的液态烃介质在操作失控或其他原因导致球罐内介质的气相压力急剧升高时不至于发生球罐爆炸或爆裂等严重后果，在球罐顶部的气相管线上设置一个并联的安全阀，并把泄压线与全厂瓦斯管网相连通，引入火炬。其目的就是为了防止一旦有一个安全阀有故障不起跳时，还有另一个安全阀能正常工作，不致影响泄压。同时在气相管线上设置一个手动切断阀与一个安全阀并联接入瓦斯管网，其目的是为了防止球罐上的法兰处发生泄漏而无法处理时，能及时通过人工放空到瓦斯管网送火炬燃烧，避免产生次生灾难。

6. 防静电、防雷措施

（1）防静电措施。由于介质在输送过程中与泵体、管内壁、罐内壁之间发生相对运动而产生静电积聚，当静电积聚到一定程度时会发生火花放电，引发火灾，为此有必要设置管线及罐体静电接地，每组防静电接地电阻应小于 100 Ω。

（2）防雷击措施。为了防止大气中的雷电对罐区安全造成威胁，在罐区范围内设置了防雷设施，每个储罐的防雷接地点不少于 2 点，接地点沿储罐周长的间距不大于 30 m，防雷接地电阻小于 10 Ω，储罐的防雷接地设施可兼作防静电设施。

第二节　储罐区安全管理要求

一、储罐区安全管理要点

国家安全生产监督管理总局等安全生产监督管理部门针对近年来国内发生的多起储罐区事故，下发了一系列文件，要求有关企业和地方各级安全监管部门要进一步提高对加强化学品罐区安全生产工作重要性的认识，切实落实企业安全生产主体责任，严格监督检查，及时排查消除各类隐患，切实强化化学品罐区安全生产工作。做好储罐区安全管理工作具体内容如下：

（1）储罐区的罐容总量和储罐区的总体布局要满足安全生产的需要，涉及多家企业（单位）大型石油储罐区要建立统一的安全生产管理和应急保障系统。

（2）设置储罐高低液位报警，采用超高液位自动联锁关闭储罐进料阀门和超低液位自动联锁停止物料输送措施。

（3）有毒物料储罐、低温储罐及压力球罐进出物料管道应设置自动或手动遥控的紧急切断设施。

（4）建立储罐区高效的应急响应和快速灭火系统。

（5）可燃液体储罐要按单罐单堤的要求设置防火堤或防火隔堤。涉及重点监管危险化学品的罐区要定期进行危险与可操作性分析。

（6）危险化学品储存装置要采取相应的安全技术措施，如高、低液位报警和高高、低低液位联锁以及紧急切断装置等。

（7）大型、液化气体及剧毒化学品等重点储罐要设置紧急切断阀。

（8）液化烃罐组或可燃液体罐组不应毗邻布置在高于工艺装置、全厂性重要设施或人员集中场所的位置；可燃液体罐组不应阶梯布置。当受条件限制或有工艺要求时，应采取防止可燃液体流入低处设施或场所的措施。

(9) 可燃液体储罐均应单独设置防火堤或防火隔堤。防火堤内的有效容积不应小于罐组内1个最大储罐的容积，当浮顶罐组不能满足此要求时，应设置事故存液池储存剩余部分，但罐组防火堤内的有效容积不应小于罐组内1个最大储罐容积的50%。

(10) 可燃液体储罐要按单罐单堤的要求设置防火堤或防火隔堤。

(11) 对未经正规设计的储罐区进行设计复核，按照有关标准规范，完善设备设施。

(12) 涉及多家企业（单位）大型石油储罐区要建立统一的安全生产管理和应急保障系统。

(13) 规范动火、进入受限空间等特殊作业管理及检维修管理，严格执行作业票审批制度，认真进行风险分析，严格隔离、置换（蒸煮）吹扫，严格检测可燃气体浓度。进入受限空间作业时，还要严格检测有毒气体浓度、受限空间氧含量。

二、贯彻落实国务院有关要求

国家安全生产监督管理总局、工业和信息化部联合下发的《关于危险化学品企业贯彻落实〈国务院关于进一步加强企业安全生产工作的通知〉的实施意见》，其中涉及储罐区安全管理的规定如下：

1. 确保设备设施完整性

企业要制订特种设备、安全设施、电气设备、仪表控制系统、安全联锁装置等日常维护保养管理制度，确保运行可靠；防雷防静电设施、安全阀、压力容器、仪器仪表等均应按照有关法规和标准进行定期检测检验。对风险较高的系统或装置，要加强在线检测或功能测试，保证设备、设施的完整性和生产装置的长周期安全稳定运行。

要加强公用工程系统管理，保证公用工程安全、稳定运行。供电、供热、供水、供气及污水处理等设施必须符合国家标准，要制订并落实公用工程系统维修计划，定期对公用工程设施进行维护、检查。使用外部公用工程的企业应与公用工程的供应单位建立规范的联系制度，明确检修维护、信息传递、应急处置等方面的程序和责任。

2. 大力提高工艺自动化控制与安全仪表水平

新建大型和危险程度高的化工装置，在设计阶段要进行仪表系统安全完整性等级评估，选用安全可靠的仪表、联锁控制系统，配备必要的有毒有害、可燃气体泄漏检测报警系统和火灾报警系统，提高装置安全可靠性。

重点危险化学品企业（剧毒化学品、易燃易爆化学品生产企业和涉及危险工艺的企业）要积极采用新技术，改造提升现有装置以满足安全生产的需要。工艺技术自动控制水平低的重点危险化学品企业要制订技术改造计划，尽快完成自动化控制技术改造，通过装备基本控制系统和安全仪表系统，提高生产装置本质安全化水平。

3. 加强重大危险源管理

企业要按有关标准辨识重大危险源，建立、健全重大危险源安全管理制度，落实重大危险源管理责任，制定重大危险源安全管理与监控方案，建立重大危险源安全管理档案，按照有关规定做好重大危险源备案工作。

要保证重大危险源安全管理与监控所必需的资金投入，定期检查维护，对存在事故隐患和缺陷的，要立即整改；重大危险源涉及的压力、温度、液位、泄漏报警等重要参数的测量要有远传和连续记录，液化气体、剧毒液体等重点储罐要设置紧急切断装置。要按照有关规定配备足够的消防、气防设施和器材，建立稳定可靠的消防系统，设置必要的视频监控系统，但不能以视频监控代替压力、温度、液位、泄漏报警等自动监控措施。

在重大危险源现场明显处设置安全警示牌、危险物质安全告知牌，并将重大危险源可能发生事故的危害后果、应急措施等信息告知周边单位和有关人员。

4. 高度重视储运环节的安全管理

制定和不断完善危险化学品收、储、装、卸、运等环节安全管理制度，严格产品收储管理。根据危险化学品的特点，合理选用合适的液位测量仪表，实现储罐收料液位动态监控。建立储罐区高效的应急响应和快速灭火系统；加强危险化学品输送管道安全管理，对经过社会公共区域的危险化学品输送管道，要完善标志标识，明确管理责任，建立和落实定期巡线制度。要采取有效措施将危险化学品输送管道危险性告知沿途的所有单位和居民。严防占压危险化学品输送管道。道路运输危险化学品的专用车辆，要全部安装使用具有行驶记录功能的卫星定位装置。在危险化学品槽车充装环节，推广使用金属万向管道充装系统代替充装软管，禁止使用软管充装液氯、液氨、液化石油气、液化天然气等液化危险化学品。

5. 加强对化工园区、大型石油储罐区和危险化学品输送管道的安全监管

科学规划化工园区，从严控制化工园区的数量。化工园区要作整体风险评估，化工园区内企业整体布局要统一科学规划。化工园区要有专门的安全监管机构，要有统一的一体化应急系统，提高化工园区管理水平。

要加强大型石油储罐区的安全监管。大型石油储罐区选址要科学合理，储罐区的罐容总量和储罐区的总体布局要满足安全生产的需要，涉及多家企业（单位）大型石油储罐区要建立统一的安全生产管理和应急保障系统。

三、加强危险化学品建设项目安全设计管理

国家安全生产监督管理总局、住房城乡建设部联合下发的《关于进一步加强危险化学品建设项目安全设计管理的通知》中涉及储罐区安全管理的规定有：

（1）建设项目的设计单位必须取得原建设部《工程设计资质标准》规定的化工石化医药、石油天然气（海洋石油）等相关工程设计资质。

（2）涉及“两重点一重大”的大型建设项目，其设计单位资质应为工程设计综合资质或相应工程设计化工石化医药、石油天然气（海洋石油）行业、专业资质甲级。

（3）建设单位应委托具备国家规定资质等级的设计单位承担建设项目工程设计，依法申请建设项目的安全审查并办理相关手续。对实行工程监理的建设项目，应将安全施工质量一并委托监理。

建设单位在建设项目设计合同中应主动要求设计单位对设计进行危险与可操作性（HAZOP）审查，并派遣有生产操作经验的人员参加审查，对 HAZOP 审查报告进行审核。涉及“两重点一重大”和首次工业化设计的建设项目，必须在基础设计阶段开展 HAZOP 分析。

（4）在建设项目前期论证或可行性研究阶段，设计单位应开展初步的危险源辨识，认真分析拟建项目存在的工艺危险有害因素、当地自然地理条件、自然灾害和周边设施对拟建项目的影响，以及拟建项目一旦发生泄漏、火灾、爆炸等事故时对周边安全可能产生的影响。涉及“两重点一重大”建设项目的工艺包设计文件应当包括工艺危险性分析报告。

（5）设计单位应加强对建设项目的安全风险分析，积极应用 HAZOP 分析等方法进行内部安全设计审查。

（6）加强设计变更的管理。在详细设计和施工安装阶段，设计发生重大变更的，设计单位应按管理程序重新报批。在采购和施工过程中的设计变更不应影响工程安全质量。设计单位在施工完成后应及时整理编制设计竣工图，涉及危险化学品介质的地下管道、阀门和设备等地下隐蔽工程必须提供完整的竣工资料。

（7）液化烃罐组或可燃液体罐组不应毗邻布置在高于工艺装置、全厂性重要设施或人员集中场所的位置；可燃液体罐组不应阶梯布置。当受条件限制或有工艺要求时，应采取防止可燃液体流入低处设施或场所的措施。

（8）建设项目可燃液体储罐均应单独设置防火堤或防火隔堤。防火堤内的有效容积不应小于罐组内 1 个最大储罐的容积，当浮顶罐组不能满足此要求时，应设置事故存液池储存剩余部分，但罐组防火堤内的有效容积不应小于罐组内 1 个最大储罐容积的 50%。

（9）液化石油气、液化天然气、液氯和液氨等易燃、易爆有毒有害液化气体的充装应设计万向节管道充装系统，充装设备管道的静电接地、装卸软管及仪表和安全附件应配备齐全。

（10）有毒物料储罐、低温储罐及压力球罐进出物料管道应设置自动或手动遥控的紧急切断设施。

四、加强化学品罐区安全管理

国家安全生产监督管理总局下发的《关于进一步加强化学品罐区安全管理的通知》要求进一步加强化学品罐区安全管理，有效防范化学品罐区生产安全事故。主要内容如下：

1. 进一步完善化学品罐区监测监控设施

根据规范要求设置储罐高低液位报警，采用超高液位自动联锁关闭储罐进料阀门和超低液位自动联锁停止物料输送措施。确保易燃易爆、有毒有害气体泄漏报警系统完好可用。大型、液化气体及剧毒化学品等重点储罐要设置紧急切断阀。

2. 强化化学品罐区生产运行管理

正常操作时严禁内浮顶罐浮盘和物料之间形成空间，特殊情况下确需超低液位操作时，在恢复进料时，要确保进料流速小于限定流速，以防产生静电引发事故。出现液位高低位报警时，必须立即采取处理措施。上游装置波动时，要加强进罐区物料的分析检测，防止高温物料或轻组分进入储罐引发事故。对有装卸栈台的罐区要严格装卸作业管理和车辆管理，防止违规作业影响罐区安全。严格按变更管理要求，加强罐区变更管理。立即暂停使用多个化学品储罐尾气联通回收系统，经安全论证合格后方可投用。

3. 进一步加强化学品罐区内特殊作业管理

要进一步规范动火、进入受限空间等特殊作业管理及检维修管理，严格执行作业票审批制度，认真进行风险分析，严格隔离、置换（蒸煮）吹扫，严格检测可燃气体浓度，进入受限空间作业时，还要严格检测有毒气体浓度、受限空间氧含量，切实落实防范措施，强化过程监控。严禁以阀门代替盲板作为隔断措施，严禁对未经清洗置换的储罐进行动火作业。作业出现险情时，救援人员要佩戴好劳动防护用品，科学施救。要进一步加强承包商管理，严格承包商资质审核，加强承包商员工培训，做好作业交底和现场监护。

4. 加强化学品罐区设备设施管理

对化学品罐区设备设施要定期检查检测，确保储罐管线阀门、机泵等设备设施完好。加强化学品储罐腐蚀监控，定期清罐检查，发现腐蚀减薄及时处理。确保储罐安全附件和防雷、防静电、防汛设施及消防系统完好；有氮气保护设施的储罐要确保氮封系统完好在用。

5. 强化化学品罐区人员培训

加强储罐区管理和操作人员培训，确保掌握岗位安全风险和操作规程。确保操作人员能够正确使用劳动保护用品和应急防护器材，具备应急处置能力，特别是初期火灾的扑救能力和中毒窒息的科学施救能力。

6. 进一步强化化学品罐区源头管控

对未经正规设计的储罐区进行设计复核，按照有关标准规范，完善设备设施。可燃液体储罐要按单罐单堤的要求设置防火堤或防火隔堤。涉及重点监管危险化学品的罐区要定期进行危险与可操作性分析。

7. 进一步加大化学品罐区隐患排查整治力度

建立、健全隐患排查治理制度，强化日常巡回检查，定期全面排查隐患，及时整治消除隐患。

五、危险化学品储存场所安全专项整治

国家安全生产监督管理总局、交通运输部、国家铁路局联合下发的《危险化学品储存场所安全专项整治工作方案》的通知要求强化危险化学品储存场所安全管理，进行专项整治，有效遏制危险化学品重特大事故发生，主要内容如下：

1. 整治目标

督促涉及危险化学品储存的企业认真落实安全生产主体责任，切实贯彻安全生产法律法规及标准要求，全面排查安全风险，及时治理事故隐患，通过整治提升一批、整顿一批、关闭一批问题企业，切实提升危险化学品储存场所的本质安全水平和安全保障能力，有效防范和遏制危险化学品重特大事故发生。

2. 整治范围

危险化学品储存场所（含生产、经营、运输环节的罐区、库场、堆场等），重点是构成重大危险源且涉及硝酸铵等爆炸品、有毒有害气体的储存场所，甲类、乙类易燃液体及液化气体的储存场所，尤其是单独储存经营油品或化工品的罐区。

3. 整治内容

（1）储存场所未取得合法规划手续、周边安全防护距离不满足安全要求的。

（2）未经过正规设计，存在违法建设和经营、未批先建、批小建大、无证经营等违法行为的。

（3）安全生产责任体系“五落实五到位”（详见《企业安全生产责任体系五落实五到位规定》）不落实，未制定和落实安全管理制度的。

（4）专职安全管理人员配置不到位，未依法依规对从业人员开展安全教育培训，从业人员无证上岗，对本岗位涉及的危险化学品安全风险不清楚、不掌握的。

（5）未对重大危险源定期辨识、评估及备案，重大危险源安全管理制度和安全操作规程不完善，未建立安全监测监控体系或体系不稳定不可靠，未及时采取有效措施消除事故隐患，重大危险源管控不到位的。

（6）安全仪表系统设计、安装、调试、操作、维护等全生命周期管理及制度不健全或不落实；液位、温度、压力等重要运行参数监控系统运行管理不到位；油罐液位超低、超高报警和自动联锁设置及运行不完好；有毒物料储罐、低温储罐、压力球罐进出物料管道和危险化学品长输管道未设置紧急切断设施；可燃、有毒气体泄漏报警系统的配置和运行不完好；可燃、有毒气体检测仪报警时，岗位人员未及时到现场确认并采取有效控制措施等安全仪表系统管理不规范的。

（7）违反爆炸品 GB 6944—2012《危险货物分类和品名编号》中规定的 1.1 项、1.2 项和硝酸铵类物质的危险货物集装箱应实行直装直取、不准在港区内存放的规定，与易燃易爆、有毒有害危险化学品的安全距离不符合规定要求，存在超量储存、违规混存、超高堆放、野蛮装卸等现象的。

（8）动火、进入受限空间等特殊作业违反有关国家标准要求，未建立并严格落实特殊作业管理制度；易燃、易爆危险化学品储罐区未配置避雷、防静电设施并定期检修、检测；储罐切水、倒罐、装卸过程中，未安排作业人员在作业现场看护；储罐超温、超压、超液位、管线超流速操作；在储罐或与储罐连接的管道内违规添加强氧化剂、易聚合、强腐蚀等可能发生剧烈化学反应的物质；库房内违反规定混存、混放；泄漏物料不及时处置，现场有“跑冒滴漏”等现象的。

（9）未审核承包商的资质和安全生产业绩，未对承包商实施入厂前安全教育，未对承包商作业过程进行现场监督、过程监控，未有效防控作业安全风险等承包商管理不到位的。

（10）未制定符合实际需求的危险化学品事故应急预案并定期开展应急培训和演练，应急预案未与地方政府有效衔接，应急救援器材、设备、物资配备使用不到位的。

第六章
油气输送管道安全管理

第一节　油气管道安全与管理现状

一、概述

管道运输是石油、天然气等危险化学品运输的主要运输方式，管道运输不仅运输量大，而且是一种连续、迅速、经济、安全、可靠、平稳的运输方式，可实现自动控制。按管输的介质不同，油气管道可分为输油管道、输气管道、油气混输管道等。输油管道又可分为原油管道与成品油管道两类。按输送距离和经营方式不同，油气管道可分为两大类：一种是输送距离较短，属于企业内部经营的管道；另一种是长距离输送油、气的，独立经营的长输管道。

我国自 1958 年 12 月建成第一条 147.2 km 原油管道——新疆克拉玛依至独山子管道以来，油气长输管道建设发展迅猛。2016 年工业和信息化部发布《石化和化学工业发展规划（2016—2020 年）》显示，全国油气长输管线总里程超过 12×10^4 km。2017 年 6 月，国家发改委发布《石油发展“十三五”规划》和《天然气发展“十三五”规划》，预计“十三五”末油气长输管线总里程将达到 16.9×10^4 km。

《石油发展“十三五”规划》显示，“十二五”期间国内新投运原油长输管道总里程 5 000 km，新投运成品油管道总里程 3 000 km。截至 2015 年年底累计建成原油长输管道 2.7×10^4 km、成品油管道 2.1×10^4 km。“十三五”期间将建成原油管道约5 000 km，新增一次输油能力 1.2 亿吨/年；建成成品油管道 12 000 km，新增一次输油能力 0.9 亿吨/年。到 2020 年，累计建成原油管道 3.2×10^4 km，形成一次输油能力约 6.5 亿吨/年；成品油管道 3.3×10^4 km，形成一次输油能力 3 亿吨/年。

《天然气发展“十三五”规划》显示，“十二五”期间国内累计建成干线管道 2.14×10^4 km，累计建成液化天然气（LNG）接收站 9 座，新增 LNG 接收能力 2 770 万吨/年，累计建成地下储气库 7 座，新增工作气量 37×10^8 m^3。截至 2015 年年底，全国干线管道总里程达到 6.4×10^4 km，一次输气能力约 $2\ 800\times10^8$ m^3/年，天然气主干管网已覆盖除西藏外全部省份，建成 LNG 接收站 12 座，LNG 接收能力达到 4 380 万吨/年，储罐罐容 500×10^4 m^3，建成地下储气库 18 座，工作气量 55×10^8 m^3。全国城镇天然气管网里程达到 43×10^4 km，用气人口 3.3 亿人，天然气发电装机 $5\ 700\times10^4$ kW，建成压缩天然气/液化天然气（CNG/LNG）加气站6 500 座，船用 LNG 加注站 13 座。“十三五”期间将新建天然气主干及配套管道 4×10^4 km，2020 年总里程达到 10.4×10^4 km，干线输气能力超过 $4\ 000\times10^8$ m^3/年；地下储气库累计形成工作气量 148×10^8 m^3。

二、油气管道安全形势严峻

随着我国经济高速发展，城镇化水平不断提高，油气管道与密闭空间、人员密集区、市政和民用管道、公路、铁路、河流等各类目标交叉穿越，安全距离不符合规范要求等隐患逐渐暴露出来。2013 年 11 月 22 日，位于山东省青岛市经济开发区的中石化东黄输油管道发生泄漏，泄漏的原油进入了市政排水暗渠，在密闭空间内油气积聚，工程抢险中产生的火花导致爆炸事故，造成 62 人死亡、136 人受伤，直接经济损失 7.5 亿多元。事故现场附近交通受阻，部分地区供暖、供气、供水、供电中断，5.5 km 公路及雨水暗渠受损，多处居民住宅被摧毁，大面积海域受到原油污染。国务院事故调查组技术报告指出，本次事故直接原因是输油管线与排水暗渠交汇处管线腐蚀减薄，引起管线破裂、原油泄漏，流入排水暗渠。原油泄漏事故发生后应急处置救援不当引发油气爆炸，造成人员伤亡；间接原因包括事故发生地段管线布局不合理、管道隐患整改工作开展不力、应急救援处置存在问题等。东黄输油管道以及近年发生的其他油气管道事故，均从不同侧面反映出我国油气管道安全管理能力和科技保障能力亟待提升。

三、油气管道安全监管体制

为加快完善油气输送管道保护和安全监管工作体制机制，建立覆盖规划、建设、保护、监管等各个环节的责任体系，2015 年国务院安委会下发《油气输送管道保护和安全监管职责分工》，明确了国务院油气输送管道保护部门和相关部门职责。具体如图 6—1 所示。

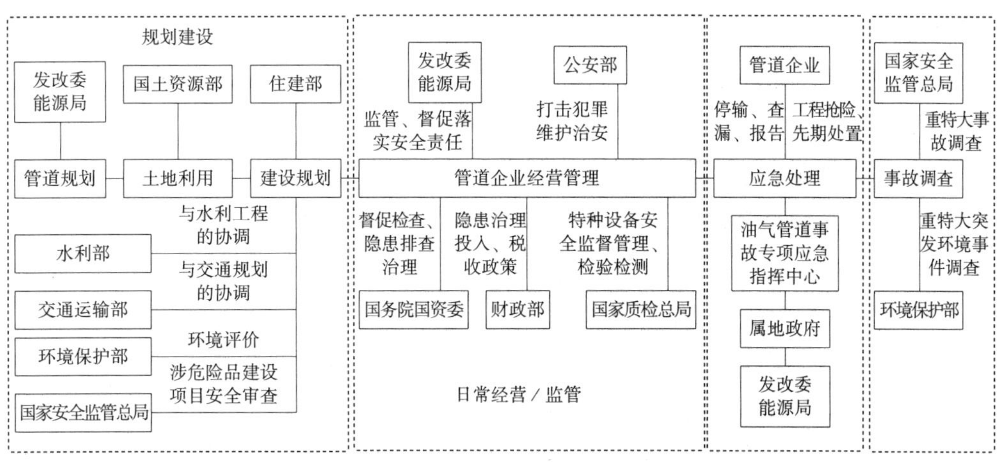

图6—1　我国国务院油气输送管道安全监管体制

根据《油气输送管道保护和安全监管职责分工》，油气管道各主管部门的安全监管职责分工如下：

1. 国家发展和改革委员会、国家能源局

（1）依法主管全国管道保护工作，协调跨省、自治区、直辖市管道保护的重大问题。组织核准跨省、自治区、直辖市油气输送管道建设项目。

（2）组织编制并实施全国管道发展相关规划，统筹协调跨省、自治区、直辖市管道规划与其他专项规划的衔接。

（3）起草或制修订职责范围内涉及油气输送管道的标准规范。

（4）组织推进油气输送管道行业重大设备研发，指导科技进步、成套设备的引进消化创新，组织协调相关重大示范工程和推广应用新工艺、新技术、新设备。

（5）指导督促各省、自治区、直辖市人民政府能源主管部门依法主管本行政区域的管道保护工作，协调处理本行政区域管道保护的重大问题。

（6）指导督促油气输送管道企业落实安全生产主体责任，加强日常安全管理，保障管道安全运行。

2. 公安部

组织、指导、监督地方公安机关依法查处打孔盗油等破坏油气输送管道的违法犯罪行为，维护良好的管道保护治安秩序。

3. 财政部

加强对安全生产预防和重大安全隐患治理的支持，启动对油气输送管道通过地区税收分享政策的研究，完善管道沿线地方人民政府参与管道保护的激励机制，调动地方人民政府保护管道的积极性。

4. 国土资源部

（1）组织制定油气输送管道项目土地利用政策、措施及用地标准，完善建设用地补偿机制。

（2）组织、指导地方国土资源部门依法查处毗邻油气输送管道保护范围的矿山领域无证开采、超越批准的矿区范围采矿等非法违法、违规行为。

5. 环境保护部

（1）负责按国家规定审批油气输送管道建设项目环境影响评价文件。

（2）负责牵头协调油气输送管道重特大突发环境事件的调查处理，指导协调地方人民政府开展相关重特大突发环境事件的应急、预警工作。

6. 住房和城乡建设部

（1）指导地方人民政府城乡规划主管部门做好油气输送管道建设规划的审核工作，经审核符合城乡规划的，应当依法纳入当地城乡规划，依法根据城乡规划为管道建设项目核发规划许可。严格油气输送管道周边施工项目审批和日常监督管理，配合管道保护部门严查管道周边违法施工行为。

（2）组织制定油气输送管道工程建设实施阶段的国家标准。

7. 交通运输部

（1）组织拟订并监督实施公路、铁路、水路等行业规划、政策和标准，与油气输送管道发展规划、建设规划、标准相衔接。

（2）组织协调解决公路、铁路、水路建设项目与油气输送管道建设和安全运行相关的重大问题。

（3）负责做好跨越、穿越航道的油气输送管道项目航道通航条件影响评价审核工作。

8. 水利部

组织或参与协调解决水利工程建设与油气输送管道建设和安全运行相关的重大问题。

9. 国务院国有资产监督管理委员会

按照出资人职责，负责督促检查经营油气输送管道业务的相关中央企业贯彻落实国家安全生产方针政策及有关法律法规、标准等工作。督促相关中央企业加强油气输送管道隐患排查和治理工作，落实各项安全防范措施。

10. 国家质量监督检验检疫总局

负责油气输送管道行业的特种设备安全监督管理，依法组织实施油气输送管道等特种设备质量监督和安全监察，组织制定相关国家标准和安全技术规范，实施相关行政许可，监督检查油气输送管道检验检测和风险评估工作。

11. 国家安全生产监督管理总局

（1）负责组织跨省、自治区、直辖市油气输送管道建设项目（用于生产、储存、装卸危险物品的建设项目）安全审查工作。

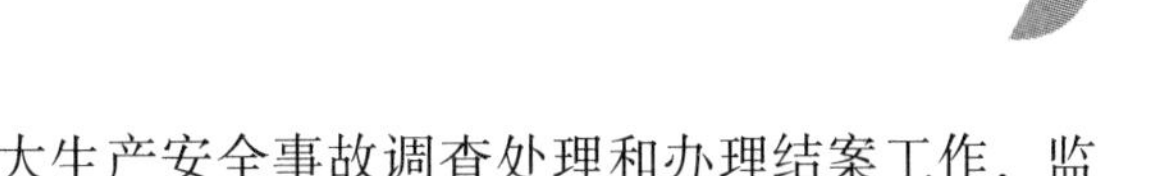

（2）依法组织油气输送管道特别重大生产安全事故调查处理和办理结案工作，监督事故查处和责任追究落实情况。

第二节　危险化学品输送管道安全管理

一、概述

1. 种类

危险化学品管道附属设施包括：管道的加压站、计量站、阀室、阀井、放空设施、储罐、装卸栈桥、装卸场、分输站、减压站等站场；管道的水工保护设施、防风设施、防雷设施、抗震设施、通信设施、安全监控设施、电力设施、管堤、管桥以及管道专用涵洞、隧道等穿跨越设施；管道的阴极保护站、阴极保护测试桩、阳极地床、杂散电流排流站等防腐设施；管道的其他附属设施。

2. 管道单位的主体责任

对危险化学品管道享有所有权或者运行管理权的单位应当依照有关安全生产法律法规，落实安全生产主体责任，建立、健全有关危险化学品管道安全生产的规章制度和操作规程并实施，接受安全生产监督管理部门依法实施的监督检查。

3. 安全生产监督管理部门的职责

各级安全生产监督管理部门负责危险化学品管道安全生产的监督检查，并依法对危险化学品管道建设项目实施安全条件审查。

4. 保护管道人人有责

任何单位和个人不得实施危害危险化学品管道安全生产的行为。对危害危险化学品管道安全生产的行为，任何单位和个人均有权向安全生产监督管理部门举报。接受举报的安全生产监督管理部门应当依法予以处理。

二、危险化学品管道的规划

1. 科学规划

危险化学品管道建设应当遵循安全第一、节约用地和经济合理的原则，并按照相关国家标准、行业标准和技术规范进行科学规划。

2. 剧毒气体化学品管道安全规划

禁止光气、氯气等剧毒气体化学品管道穿（跨）越公共区域。严格控制氨、硫化氢等其他有毒气体的危险化学品管道穿（跨）越公共区域。

3. 管道选线

危险化学品管道建设的选线应当避开地震活动断层和容易发生洪灾、地质灾害的区域；确实无法避开的，应当采取可靠的工程处理措施，确保不受地质灾害影响。

4. 安全距离

危险化学品管道与居民区、学校等公共场所，以及建筑物、构筑物、铁路、公路、航道、港口、市政设施、通信设施、军事设施、电力设施的距离，应当符合有关法律、行政法规、国家标准和行业标准的规定。

三、危险化学品管道的建设

1. 新建、改建、扩建的危险化学品管道

（1）对新建、改建、扩建的危险化学品管道，建设单位应当依照国家安全生产监督管理总局有关危险化学品建设项目安全监督管理的规定，依法办理安全条件审查、安全设施设计审查和安全设施竣工验收手续。

（2）对新建、改建、扩建的危险化学品管道，建设单位应当依照有关法律、行政法规的规定，委托具备相应资质的设计单位进行设计。

2. 施工单位的资质

承担危险化学品管道的施工单位应当具备有关法律、行政法规规定的相应资质。施工单位应当按照有关法律、法规、国家标准、行业标准和技术规范的规定，以及经过批准的安全设施设计进行施工，并对工程质量负责。参加危险化学品管道焊接、防腐、无损检测作业的人员应当具备相应的操作资格证书。

3. 施工质量保障

负责危险化学品管道工程的监理单位对管道的总体建设质量进行全过程监督，并对危险化学品管道的总体建设质量负责。管道施工单位应当严格按照有关国家标准、行业标准的规定对管道的焊缝和防腐质量进行检查，并按照设计要求对管道进行压力试验和气密性试验。对敷设在江、河、湖泊或者其他环境敏感区域的危险化学品管道，应当采取增加管道压力设计等级、增加防护套管等措施，确保危险化学品管道安全。

4. 试生产（使用）前安全检查

危险化学品管道试生产（使用）前，管道单位应当对有关保护措施进行安全检查，科学制定安全投入生产（使用）方案，并严格按照方案实施。

5. 重新进行气密性试验

危险化学品管道试压半年后一直未投入生产（使用）的，管道单位应当在其投入生产（使用）前重新进行气密性试验；对敷设在江、河或者其他环境敏感区域的危险化学品管道，应当相应缩短重新进行气密性试验的时间间隔。

 四、危险化学品管道的运行

1. 管道标志

危险化学品管道应当设置明显标志。发现标志毁损的，管道单位应当及时予以修复或者更新。

2. 管道巡护制度

管道单位应当建立、健全危险化学品管道巡护制度，配备专人进行日常巡护。巡护人员发现危害危险化学品管道安全生产情形的，应当立即报告单位负责人并及时处理。

3. 隐患排查治理

管道单位对危险化学品管道存在的事故隐患应当及时排除；对自身排除确有困难的外部事故隐患，应当向当地安全生产监督管理部门报告。

4. 管道检测、维护

管道单位应当按照有关国家标准、行业标准和技术规范对危险化学品管道进行定期检测、维护，确保其处于完好状态；对安全风险较大的区段和场所，应当进行重点监测、监控；对不符合安全标准的危险化学品管道，应当及时更新、改造或者停止使用，并向当地安全生产监督管理部门报告。对涉及更新、改造的危险化学品管道，还应当按照规定办理安全条件审查手续。

5. 管道保护

管道单位发现下列危害危险化学品管道安全运行行为的，应当及时予以制止，无法处置时应当向当地安全生产监督管理部门报告：

（1）擅自开启、关闭危险化学品管道阀门。

（2）采用移动、切割、打孔、砸撬、拆卸等手段损坏管道及其附属设施。

（3）移动、毁损、涂改管道标志。

（4）在埋地管道上方和巡查便道上行驶重型车辆。

（5）对埋地、地面管道进行占压，在架空管道线路和管桥上行走或者放置重物。

（6）利用地面管道、架空管道、管架桥等，固定其他设施缆绳悬挂广告牌、搭建构筑物。

（7）其他危害危险化学品管道安全运行的行为。

6. 管道附属设施的上方禁止建设

禁止在危险化学品管道附属设施的上方架设电力线路、通信线路。

7. 管道周边保护

在危险化学品管道及其附属设施外缘两侧各 5 m 地域范围内，管道单位发现下列

危害管道安全运行行为的，应当及时予以制止，无法处置时应当向当地安全生产监督管理部门报告：

（1）种植乔木、灌木、藤类、芦苇、竹子或者其他根系深达管道埋设部位可能损坏管道防腐层的深根植物。

（2）取土、采石、用火、堆放重物、排放腐蚀性物质、使用机械工具进行挖掘施工、工程钻探。

（3）挖塘、修渠、修晒场、修建水产养殖场、建温室、建家畜棚圈、建房以及修建其他建（构）筑物。

8. 安全距离不符

在危险化学品管道中心线两侧及危险化学品管道附属设施外缘两侧 5 m 外的周边范围内，管道单位发现下列建（构）筑物与管道线路、管道附属设施的距离不符合国家标准、行业标准要求的，应当及时向当地安全生产监督管理部门报告：

（1）居民小区、学校、医院、餐饮娱乐场所、车站、商场等人口密集的建筑物。

（2）加油站、加气站、储油罐、储气罐等易燃易爆物品的生产、经营、存储场所。

（3）变电站、配电站、供水站等公用设施。

9. 穿越河流管道的保护

在穿越河流的危险化学品管道线路中心线两侧 500 m 地域范围内，管道单位发现有实施抛锚、拖锚、挖沙、采石、水下爆破等作业的，应当及时予以制止，无法处置时应当向当地安全生产监督管理部门报告。但在保障危险化学品管道安全的条件下，为防洪和航道通畅而实施的养护疏浚作业除外。

10. 管道专用隧道的保护

在危险化学品管道专用隧道中心线两侧 1 000 m 地域范围内，管道单位发现有实施采石、采矿、爆破等作业的，应当及时予以制止，无法处置时应当向当地安全生产监督管理部门报告。

11. 管道附近施工的安全告知

实施下列可能危及危险化学品管道安全运行的施工作业的，施工单位应当在开工的 7 日前书面通知管道单位，将施工作业方案报管道单位，并与管道单位共同制定应急预案，采取相应的安全防护措施，管道单位应当指派专人到现场进行管道安全保护指导：

（1）穿（跨）越管道的施工作业。

（2）在管道线路中心线两侧 5~50 m 和管道附属设施周边 100 m 地域范围内，新建、改建、扩建铁路、公路、河渠，架设电力线路，埋设地下电缆、光缆，设置安全接地体、避雷接地体。

（3）在管道线路中心线两侧 200 m 和管道附属设施周边 500 m 地域范围内，实施爆破、地震法勘探或者工程挖掘、工程钻探、采矿等作业。

施工单位应当符合下列条件：

（1）已经制定符合危险化学品管道安全运行要求的施工作业方案。

（2）已经制定应急预案。

（3）施工作业人员已经接受相应的危险化学品管道保护知识教育和培训。

（4）具有保障安全施工作业的设备、设施。

12. 管道附属设施的保护

危险化学品管道的专用设施、永工防护设施、专用隧道等附属设施不得用于其他用途；确需用于其他用途的，应当征得管道单位的同意，并采取相应的安全防护措施。

13. 管道应急管理

管道单位应当按照有关规定制定本单位危险化学品管道事故应急预案，配备相应的应急救援人员和设备物资，定期组织应急演练。发生危险化学品管道生产安全事故，管道单位应当立即启动应急预案及响应程序，采取有效措施进行紧急处置，消除或者减轻事故危害，并按照国家规定立即向事故发生地县级以上安全生产监督管理部门报告。

14. 转产、停产、停止使用管道的管理

对转产、停产、停止使用的危险化学品管道，管道单位应当采取有效措施及时妥善处置，并将处置方案报县级以上安全生产监督管理部门。

五、监督管理

1. 安全审查

省级、设区的市级安全生产监督管理部门按照国家安全生产监督管理总局有关危险化学品建设项目安全监督管理的规定，对新建、改建、扩建管道建设项目办理安全条件审查、安全设施设计审查、试生产（使用）方案备案和安全设施竣工验收手续。

2. 其他监管事宜的协调

安全生产监督管理部门接到管道单位提交需政府有关部门协调解决问题的有关报告后，依法予以协调、移送有关主管部门处理或者报请本级人民政府组织处理。

3. 事故报告

县级以上安全生产监督管理部门接到危险化学品管道生产安全事故报告后，按照有关规定及时上报事故情况，并根据实际情况采取事故处置措施。

第三节　油气管道隐患管理

 一、油气管道安全隐患分级参考标准

为了做好油气管道隐患的排查整治工作，国家安全生产监督管理总局办公厅印发了《油气输送管道安全隐患分级参考标准》，具体见表 6—1。

表 6—1　　　　油气输送管道安全隐患分级参考标准

<table>
<tr><th colspan="2">管道隐患类型</th><th>重大隐患
（存在重大风险的隐患）</th><th>较大隐患
（存在较大风险的隐患）</th><th>一般隐患
（存在一般风险的隐患）</th></tr>
<tr><td rowspan="3">占压</td><td rowspan="2">人员密集程度</td><td>存在 10 人及以上经常滞留的场所、建（构）筑物，占压Ⅰ类管道</td><td>存在 1～9 人经常滞留的场所、建（构）筑物，占压Ⅰ类管道</td><td>无人员经常滞留的建（构）筑物，占压Ⅰ类管道</td></tr>
<tr><td>存在 30 人及以上经常滞留的场所、建（构）筑物，占压Ⅱ类管道</td><td>存在 10～29 人经常滞留的场所、建（构）筑物，占压Ⅱ类管道</td><td>存在 9 人以下经常滞留的场所、建（构）筑物，占压Ⅱ类管道</td></tr>
<tr><td>管道建设年限</td><td>占压建设年限 20 年及以上的管道</td><td>占压建设年限 10～20 年的管道</td><td>占压建设年限不满 10 年的管道</td></tr>
<tr><td rowspan="3">安全距离不足</td><td rowspan="2">人员密集程度</td><td>与Ⅰ类管道安全距离不足且存在 30 人及经常滞留的场所、建（构）筑物</td><td>与Ⅰ类管道安全距离不足且存在 10～29 人经常滞留的场所、建（构）筑物</td><td>与Ⅰ类管道安全距离不足且存在 10 人以下经常滞留的场所、建（构）筑物</td></tr>
<tr><td>与Ⅱ类管道安全距离不足且存在 50 人及以上经常滞留的场所、建（构）筑物</td><td>与Ⅱ类管道安全距离不足且存在 30～49 人经常滞留的场所、建（构）筑物</td><td>存在 29 人以下经常滞留的场所、建（构）筑物</td></tr>
<tr><td>管道建设年限</td><td>与建设年限 20 年及以上的管道安全距离不足</td><td>与建设年限 10～20 年的管道安全距离不足</td><td>与建设年限不满 10 年的管道安全距离不足</td></tr>
<tr><td rowspan="5">交叉穿（跨）越</td><td rowspan="2">管线交叉</td><td rowspan="2">Ⅰ、Ⅱ类管道直接与城镇雨（污）水管涵、热力、电力、通信管涵交叉，且没有采取保护措施的</td><td>与市政及民用管道交叉净距小于 0.3 m 且未设置坚固绝缘隔离物。或者与非金属管道最小净距小于 0.05 m 的</td><td rowspan="2">与线缆交叉净距小于 0.5 m</td></tr>
<tr><td>与输送腐蚀性介质管道交叉或者穿越有工业废水和腐蚀性的土壤</td></tr>
<tr><td rowspan="3">公路铁路</td><td rowspan="2">建设时间超过 30 年（含 30 年）的油气管道，且无法检测，难以维修的</td><td>建设时间在 20～30 年（含 20 年）的油气管道，且无法检测，难以维修的</td><td>建设时间在 10～20 年（含 10 年）的油气管道，且无法检测，难以维修的</td></tr>
<tr><td>直接穿越时，管道顶部与铁路距离小于 1.6 m，与公路路面小于 1.2 m。或者有套管穿越铁路，套管顶部最小覆盖层自铁路路肩以下小于 1.7 m，距自然地面或边沟以下小于 1.0 m</td><td>受交直流干扰，且没有采取排流措施的，或采取措施后仍没有达标的</td></tr>
<tr><td>阴极保护失效的</td><td>穿越铁路或二级以上公路时，未采用在套管或涵洞内敷设的</td><td>距公路和铁路的路边低洼处管线埋深小于 0.9 m</td></tr>
</table>

续表

管道隐患类型		重大隐患（存在重大风险的隐患）	较大隐患（存在较大风险的隐患）	一般隐患（存在一般风险的隐患）
交叉穿（跨）越	河流、水源地	建设时间超过30年（含30年）的油气管道，且无法检测，难以维修的	建设时间在20～30年（含20年）的油气管道，且无法检测，难以维修的	建设时间在10～20年（含10年）的油气管道，且无法检测，难以维修的
		穿越水域管段与港口、码头、水下建筑物或引水建筑物等之间的距离小于200 m	穿越水域的输油气管段，敷设在水下的铁路隧道和公路隧道内的	埋深不合设计要求，各种支护、水工保护破损，架空段腐蚀严重的
		穿越风景名胜区、自然保护区、生活水源保护地的输油气管段存在的隐患	穿越生活水源保护地、大型水域，输油管道两岸未设置截断阀室	—
	城镇	穿越城镇规划区、非城镇规划区形成密闭空间的长输油气管线	—	—

说明：

①管道类型根据管道输送介质将管道划分为Ⅰ类管道和Ⅱ类管道。Ⅰ类管道包括输送天然气、液化气、煤制气及其他可燃性气体的管道；输送汽油、煤油等高挥发性轻质油品的管道；输送易燃、易爆、有毒有害气体和甲类闪点的液体危险化学品的管道。Ⅱ类管道包括输送柴油、航煤、原油等非轻质油品的管道；输送除易燃、易爆、有毒有害气体和甲类闪点的液体危险化学品以外的管道。

②连续占压或安全距离不足情况按1处隐患统计，并将隐患合并情况单独说明。

二、油气管道隐患分类方法

表6—1为定性分类法，只能用于确定占压、安全距离不足、管线交叉、交叉穿（跨）越公路铁路、交叉穿跨越河流与水源地、穿越城镇等外部因素隐患及其等级，不能确定其他类型隐患，也不能评估隐患导致的风险。为此，著作者基于保护层模型，提出一种油气管道隐患分类及风险评价的新方法。

1. 隐患分类原则

按安全措施的安全功能，将油气管道隐患分为设计建造、过程控制、超限报警、安全控制、主动防护、被动防护、应急7类，按表现形式分为技术类、管理类、行为类3类，隐患分类原则具体见表6—2。

表6—2　隐患分类原则

	技术类	管理类	行为类
设计建造类	规划、设计、建设、建造、购买、安装、调试、试生产等环节出现，遗留的内在安全条件、技术措施的缺失或质量差、失效，技术参数不合标	项目审批、许可违规；项目管理、过程管理存在问题，资质审查、质量监理、竣工验收、变更管理等违规	玩忽职守、粗制滥造、假冒伪劣、野蛮施工作业等
过程控制类	缺乏与工艺条件、危险性相匹配的过程控制系统（机、电联锁控制，模拟信号控制、数码控制等），或匹配性差	生产管理体制、机制、技术规范、操作规程、维检修规程、培训取证等常规管理措施缺失或失效；变更管理、第三方场内作业、临时施工、临时用电等非常规活动过程管理缺失或失效	无证无资质操作、“三违”行为、操作失误、冒险作业

续表

	技术类	管理类	行为类
超限报警类	关键参数实时、在线监控系统、设施、设备、探头等无或失效	超限报警系统的检查、维护、校验等管理制度缺失或失效	破坏监测系统、擅自切断监测监控系统、不及时维检修
安全控制类	自动停车系统、安全联锁装置等技术措施缺失或失效	安全生产责任制、安全检查、安全教育培训等管理措施缺失或失效	无安全知识和技能、无证无资质操作、“三违”行为、操作失误、冒险作业
主动防护类	安全阀、爆破片、限位器、空气开关、喷淋装置等防护措施缺失或失效；其他建设项目、活动对其造成的破坏和影响	安全检查、校验、试验等管理制度缺失或失效	破坏防护设施、擅自拆除防护设施、不及时维检修
被动防护类	围堰、隔离系统、接地线、个人防护用品等防护措施缺失或失效；其他建设项目、活动对其造成的破坏和影响	安全检查、校验、试验等管理制度缺失或失效	破坏防护设施、擅自拆除防护设施、不及时维检修
应急类	应急设施、物资装备、信息系统的缺失、不足、失效	应急体制、机制、队伍建设、预案体系以及培训、演练等缺失或不足	应急能力严重不足、应急处置失误

2. 油气管道隐患分类

以表6—2的隐患分类原则为基础，提出油气管道隐患分类框架如图6—2所示。

图6—2 油气管道隐患分类框架

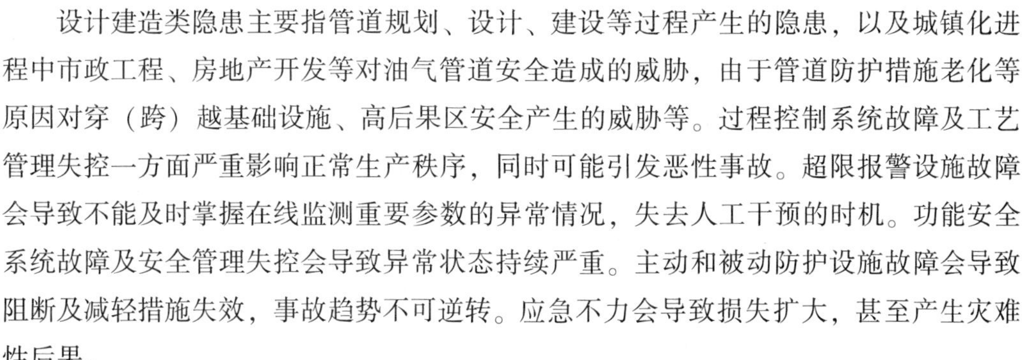

设计建造类隐患主要指管道规划、设计、建设等过程产生的隐患，以及城镇化进程中市政工程、房地产开发等对油气管道安全造成的威胁，由于管道防护措施老化等原因对穿（跨）越基础设施、高后果区安全产生的威胁等。过程控制系统故障及工艺管理失控一方面严重影响正常生产秩序，同时可能引发恶性事故。超限报警设施故障会导致不能及时掌握在线监测重要参数的异常情况，失去人工干预的时机。功能安全系统故障及安全管理失控会导致异常状态持续严重。主动和被动防护设施故障会导致阻断及减轻措施失效，事故趋势不可逆转。应急不力会导致损失扩大，甚至产生灾难性后果。

3. 油气管道风险计算模型

隐患增大了油气管道的现实风险。短期内一条管道周边的人口分布等受威胁目标的特征是确定的，因此风险主要取决于突发事件发生的可能性。隐患导致防护层防护功能劣化，即防护层的可靠性下降；由于固有风险是确定的，因此防护层可靠性下降程度与现实风险增加程度成正比。令防护层的可靠度为 K，则风险可接受度 $I_a = 1/K$。纵深防御的各防护层是独立的，从可靠性角度属于并联冗余系统；根据短板理论，每个防护层的可靠性取决于性能最差的部分（串联模型）。基于以上分析，按最大危险原则，建立油气管道风险可接受度的计算模型，具体见式(6—1)。

$$I_a = C_m \frac{1}{K} = C_m \frac{1}{1 - \prod_{i=1}^{7}(1 - K_i)} = C_m \frac{1}{1 - \prod_{i=1}^{7}(1 - \min\{K_{ij}\})} \qquad (6—1)$$

式中 I_a——现实风险可接受度；

C_m——高后果区修正系数，m 为高后果区等级（取值依次为：$m=0$，即非高后果区取 $C_0=1$；$m=1$，即 1 级高后果区取 $C_1=2$；$m=2$，即 2 级高后果区取 $C_2=3$；$m=3$，即 3 级高后果区取 $C_3=4$；$m=4$，即 4 级高后果区取 $C_4=5$）；

K——防护层总的可靠度；

K_{ij}——存在第 i 大类第 j 小类隐患下对应的可靠度，$i=1,2,\cdots,7$，$j=1,2,\cdots$，K_{ij} 为实测值，如果得不到实测值，可按可靠度工程估算方法计算：可靠度=有效次数/执行总次数。

该模型计算的是现实风险的相对变化程度，即相对变化率，并不计算现实风险的绝对值。对于油气管道这样的成熟技术，可以认为开始投入运行时的风险是可接受的，即现实风险可接受度 $I_a=1$。因此该模型是一个简化的风险计算模型，通过计算风险的相对变化率来代替计算风险的绝对值。该模型的优点是只要有一个数据，就可以计算现实风险可接受度；数据越多，计算结果越接近真实情况。在信息系统、物联网、大数据等技术手段支持下，可连续不断进行计算。

4. 油气管道风险评价准则

依据现实风险可接受度 I_a，将油气管道现实风险划分为 3 个等级，如表 6—3 所示。

表 6—3　　油气管道现实风险分级准则

油气管道现实风险等级	现实风险可接受度 I_a
重大/1 级	$I_a \geq 10$
较大/2 级	$2 \leq I_a < 10$
一般/3 级	$1 < I_a < 2$

根据油气管道现实风险等级，采取对应安全管理策略如下：

(1) 高级预控措施：重大（1 级）风险的油气管道单元，其安全措施的主要防护功能、次要功能已丧失，随时会失控，因此必须采取高级预控措施。应立即停输，排查隐患，直至安全措施恢复功能，现实风险的风险可接受度下降到安全以后才能恢复生产。

(2) 中级预控措施：较大（2 级）风险的油气管道单元，其安全措施的次要防护功能已丧失，已较大影响可靠性，需及时处理。可局部停输，排查隐患，直至安全措施恢复功能，现实风险的风险可接受度下降到安全以后恢复生产。

(3) 一般预控措施：一般（3 级）风险的油气管道单元，其安全措施的个别次要功能已丧失，已影响可靠性，需及时恢复。

第四节　油气管道完整性管理

一、概述

从油气管道管理的发展来看，经历了 4 个阶段：第一个阶段是基于油气管道事件的管理模式，如油气管道事故发生后的抢修、处理等被动应急模式；第二个阶段是随着管理的深入，逐步过渡到预防性的维护管理模式，如采用 SCADA（Superuisory Control And Data Acquisition，数据采集与监视控制）系统对设备的运行参数进行实时监控；第三个阶段是基于可预测的管理模式，即对油气管道系统的历史数据进行分析，预测未来的变化；第四个阶段是随着信息技术的发展，逐渐统一到基于风险评价的完整性管理模式（Pipeline Integrity Management，PIM），这也是世界各管道公司所普遍采用的管理模式。

油气管道完整性管理是一种以管道安全运行为目标并持续改进系统的管理模式，涉及管道设计、施工、运行、管理到退役全过程。油气管道完整性管理以风险管理技术为核心，以完整性评价技术为基础，利用先进的计算机及网络技术，基于庞大的信息数据库、强大的分析评价软件工具以及系统完整的支持技术，提供管道全方位的基于风险的安全管理方法和程序，并通过持续不断地实施主动预防的风险减缓措施，将油气管道运行风险控制在合理的可接受范围内。油气管道完整性管理包括数据采集与整合、高后果区识别、风险评价、完整性评价、风险消减及维修与维护、效能评价 6 个步骤，持续循环开展完整性管理工作，以实现油气管道的“风险可控、事故可防”安全目标。

2015 年我国发布 GB 32167—2015《油气输送管道完整性管理规范》，对于规范管道行业管理，提高管道安全管理水平具有重要意义。以下基于标准内容对油气管道的完整性管理进行讲述。

二、相关基本概念

管道完整性（Pipeline Integrity）：管道处于安全可靠的服役状态，主要包括管道在结构和功能上是完整的；管道处于风险受控状态；管道的安全状态可满足当前的运行要求。

管道完整性管理（Pipeline Integrity Management，PIM）：对管道面临的风险因素不断进行识别和评价，持续消除识别到的不利影响因素，采取各种风险消减措施，将风险控制在合理、可接受的范围内，最终实现安全、可靠、经济运行管理的目的。

完整性管理方案（Integrity Management Program）：对管道完整性管理活动作出针对性计划和安排的文件，系统地指导采集与整合、高后果区识别、风险评价、完整性评价、风险消减和维修与维护、效能评价等完整性管理工作。

线性参考（Linear Referencing）：沿长输管道等线性系统的相对位置（如里程）存储数据的一种方法。

数据对齐（Data Aligning）：通过阀门、短节、焊接缝等易于识别的特征将多来源或多批次管道数据按照线性参考系统进行位置校准。

基线检测（Baseline Inspection）：管道实施的第一次完整性检测，包括中心线、变形检测和漏磁内检测以及其他检测活动。

基线评价（Baseline Assessment）：在基线检测的基础上开展的首次管道完整性状

况评价。

高后果区（High Consequence Areas，HCA）：管道泄漏后可能对公众和环境造成较大不良影响的区域。

地区等级（Class Area）：按管道沿线居民户数和（或）建筑物的密集程度等划分的等级，分为4个地区等级。划分标准见《输气管道工程设计规范》（GB 50251）。

潜在影响区域（Potential Impact Area）：管道泄漏可能使其周边公众和（或）财产遭到严重影响的区域。

完整性评价（Integrity Assessment）：采用适用的检测或测试技术，获取管道本体状况信息，结合材料与结构可靠性等分析，对管道的安全状况进行全面评价，从而确定管道适用性的过程。常用的完整性评价方法有基于管道内检测数据的适用性评价、压力试验和直接评价等。

内检测（In-Line Inspection，ILI）：借助于流体压差使检测器在管内运动，检测管道缺陷（内外壁腐蚀、损伤、变形、裂纹等）、管道中心线位置和管道结构特征（焊缝、三通、弯头等）的方法。

直接评价（Direct Assessment，DA）：一种采用结构化过程的完整性评价方法，即通过整合管道物理特性、系统的运行记录或检测、检查和评价结果的管段等信息，给出预测性的管道完整性评价结论。

适用性评价（Fitness for Purpose，FFP）：对含缺陷或损伤的在役构件结构完整性的定量评价过程。

效能评价（Performance Measurement）：对某种事物或系统执行某一项任务结果或者进程的质量好坏、作用大小、自身状态等效率指标的量化计算或结论性评价。

高后果区识别率（HCA Identification Rate）：完成高后果区识别或更新的管道里程占在役油气管道里程的比例。

风险控制率（Risk Control Rate）：已采取控制措施将风险降低到可接受范围以内的管道风险点数占识别风险点数的比例。

三、一般原则

（1）完整性管理应贯穿管道全生命周期，包括设计、采购、施工、投产、运行和废弃等各阶段，并应符合国家法律法规的规定。检测检验机构资质要求应满足特种设备相关法律法规规定。

（2）新建管道的设计、施工和投产应满足完整性管理的要求。

（3）数据采集和整合工作应从设计期开始，并在完整性管理全过程中持续进行。

（4）在建设期开展高后果区识别，优化路由选择。无法避绕高后果区时应采取安全防护措施。

（5）管道运行期周期性地进行高后果区识别，识别时间间隔最长不超过18个月。当管道和周边环境发生变化，及时进行高后果区更新。

（6）对高后果区管道进行风险评价。

（7）积极采用新技术。

（8）管道企业应明确管道完整性管理的负责部门及职责要求，并对完整性管理从业人员进行培训。

（9）完整性管理是持续循环的过程，包括数据采集与整合、高后果区识别、风险评价、完整性评价、风险消减及维修与维护、效能评价6个环节，见图6—3。

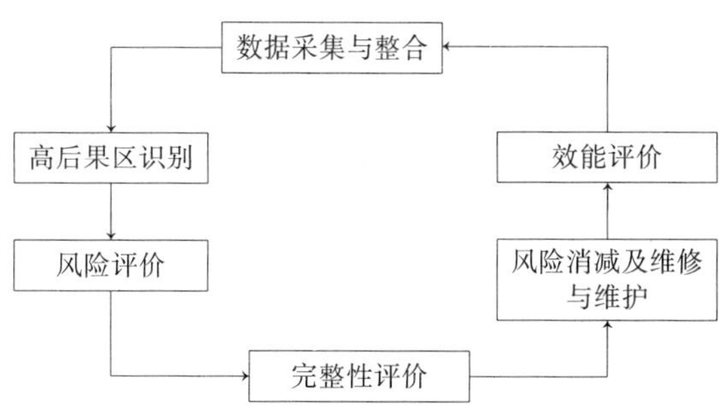

图6—3　完整性管理工作流程

 四、数据采集与整合

1. 数据采集

（1）数据采集流程

1）应明确管道全生命周期不同阶段需采集数据的种类和属性，并按照源头采集的原则进行采集。

2）数据来源包括设计、采购、施工、投产、运行和废弃等过程产生的数据，还包括管道测绘记录、环境数据、社会资源数据、失效分析、应急预案等。

（2）数据采集内容

1）管道建设期数据采集内容应包含管道属性数据、管道环境数据、施工过程中的重要过程及事件记录、设计文件、施工记录及评价报告等。

2）运行期数据采集内容应包含管道属性数据、管道环境数据、管道检测维护管理数据。

3）管道完整性管理数据采集清单见表6—4。

表 6—4　　完整性管理数据采集类目

<table>
<tr><th>序　号</th><th>分　类</th><th>数据子类名称</th><th>数据采集源头阶段</th></tr>
<tr><td rowspan="4">1</td><td rowspan="4">中心线</td><td>测量控制点</td><td>建设期</td></tr>
<tr><td>中心线控制点</td><td>建设期，运行期</td></tr>
<tr><td>标段</td><td>建设期</td></tr>
<tr><td>埋深</td><td>建设期，运行期</td></tr>
<tr><td rowspan="5">2</td><td rowspan="5">阴极保护</td><td>阴极保护记录</td><td>运行期</td></tr>
<tr><td>牺牲阳极</td><td>建设期，运行期</td></tr>
<tr><td>阳极地床</td><td>建设期，运行期</td></tr>
<tr><td>阴极保护电源</td><td>建设期，运行期</td></tr>
<tr><td>排流装置</td><td>建设期，运行期</td></tr>
<tr><td rowspan="17">3</td><td rowspan="17">管道设施</td><td>站场边界</td><td>建设期</td></tr>
<tr><td>标桩</td><td>建设期，运行期</td></tr>
<tr><td>埋地标识</td><td>建设期，运行期</td></tr>
<tr><td>附属物</td><td>建设期，运行期</td></tr>
<tr><td>套管</td><td>建设期，运行期</td></tr>
<tr><td>防腐层</td><td>建设期，运行期</td></tr>
<tr><td>穿跨越</td><td>建设期，运行期</td></tr>
<tr><td>弯管</td><td>建设期，运行期</td></tr>
<tr><td>收发球筒</td><td>建设期，运行期</td></tr>
<tr><td>非焊缝连接方式</td><td>建设期，运行期</td></tr>
<tr><td>钢管</td><td>建设期，运行期</td></tr>
<tr><td>开孔</td><td>建设期，运行期</td></tr>
<tr><td>阀门</td><td>建设期，运行期</td></tr>
<tr><td>环焊缝</td><td>建设期，运行期</td></tr>
<tr><td>三通</td><td>建设期，运行期</td></tr>
<tr><td>水工保护</td><td>建设期，运行期</td></tr>
<tr><td>隧道</td><td>建设期，运行期</td></tr>
<tr><td rowspan="3">4</td><td rowspan="3">第三方设施</td><td>第三方管道</td><td>建设期</td></tr>
<tr><td>公共设施</td><td>建设期，运行期</td></tr>
<tr><td>地下障碍物</td><td>建设期，运行期</td></tr>
<tr><td rowspan="7">5</td><td rowspan="7">检测维护</td><td>内检测记录</td><td>运行期</td></tr>
<tr><td>外检测记录</td><td>运行期</td></tr>
<tr><td>适用性评价</td><td>运行期</td></tr>
<tr><td>管体开挖单</td><td>运行期</td></tr>
<tr><td>焊缝检测结果</td><td>建设期</td></tr>
<tr><td>试压</td><td>建设期</td></tr>
<tr><td>管道维修</td><td>运行期</td></tr>
</table>

续表

序 号	分 类	数据子类名称	数据采集源头阶段
6	基础地理	建构筑物	建设期，运行期
		河流	建设期
		土地利用	建设期
		行政区划	建设期
		铁路	建设期
		公路	建设期
		土壤	建设期
		地质灾害	建设期，运行期
		面状水域	建设期
7	运行	输送介质	运行期
		运行压力	运行期
		失效记录	运行期
		巡线记录	运行期
		泄漏监测系统	建设期、运行期
		清管	建设期、运行期
8	管道风险	高后果区识别结果	建设期，运行期
		管道风险评价结果	建设期，运行期
		地质灾害评价结果	建设期，运行期
9	应急管理	单位联系人	建设期，运行期
		应急组织机构	建设期，运行期
		应急组织人员	建设期，运行期
		应急抢修设备	建设期，运行期
		应急预案	建设期，运行期
		应急抢修记录	建设期，运行期
		储备物资	建设期，运行期

（3）数据采集方法

1）中心线测量

①新建管道中心线测量应在管道施工阶段进行，并在回填之前完成。测量的管道中心线数据应包括地理坐标、高程、埋深。测量数据应与桩、环焊缝、拐角点等信息对应。与公路、铁路、管道、河流、建筑物等交叉点的坐标数据应标注。

②在管道运行阶段，应根据管理要求和规定维护和更新测绘数据。宜通过卫星定位系统和埋地管道探测确定管道坐标，也可采用管道内检测技术结合惯性测绘获得管道中心线坐标。对采用管线探测仪或探地雷达不能确定位置的管段，应采用开挖确认、走访调查、资料分析或其他有效方法确定其中心线位置。

③管道改线时，应测量新的中心线，并及时进行数据更新。

④管道中心线测量坐标的精度应达到亚米级精度。

2）管道设施数据、基础地理等环境数据采集

①管道设施数据宜在管道建设期从设计资料、施工记录和评价报告中进行采集，并在管道测绘同时采集基础地理数据及管道周边人口、行政等数据。

②宜通过现场调查或影像数字化来开展管道沿线属性数据采集工作。

③数据采集宜包括建设和运行阶段产生的施工记录和专项检测评价报告等，这些记录应至少包括：施工记录、质量检验记录、运行记录、维修和检测记录等。

（4）数据对齐

1）管道附属设施数据和周边环境数据应基于环焊缝信息或其他拥有唯一地理空间坐标的实体信息进行对齐，对齐的基准应以精度较高的数据为准。

2）施工阶段和运行阶段的管道中心线对齐宜遵循如下要求

①管道中心线对齐应以测绘数据或内检测提供的环焊缝信息为基准。若进行了内检测，中心线对齐以内检测环焊缝编号为基准。若没有进行内检测，中心线对齐应基于测绘数据。测绘数据精度不能满足要求时，宜根据外监测和补充测绘结果更新中心线坐标。

②当测绘数据与内检测数据均出现偏差时，应进行开挖测量校准。

2. 数据移交

（1）在试运行之前，管道建设单位应将管道设计资料、中心线数据、施工记录、评估报告、相关协议等管道数据提交给运营单位。

（2）数据形式应为电子数据和纸质数据。管道工程资料数据可按工程竣工资料要求的格式和内容提交。管道中心线等电子数据宜采用标准格式，数据表结构参见表6—5至表6—14。

表6—5　　管道中心线位置表

数据项名称	计量单位	域值名称	填写说明
管道ID			
控制点ID			
路由控制点坐标*X*	度：分：秒		投影坐标应备注投影信息
路由控制点坐标*Y*	度：分：秒		投影坐标应备注投影信息
埋深	m		
高程	m		
备注			

注：1. 管道企业应给所属的每个管道分配唯一的名称及编号，每条管道的空间数据坐标系应保持一致。

2. 路由控制点坐标*X*、坐标*Y*为经纬度坐标或投影坐标。具体投影信息应在“管道中心线元数据表”中描述。

3. 埋深为地表到管顶的垂直距离。

4. 高程为管顶高程。

表 6—6　　管道中心线属性表

数据项名称	计量单位	域值名称	填写说明
管道企业 ID			
管道企业名称			
管道 ID			
管道名称			
管道长度	m		
输送介质		产品类型	
投产时间			
设计单位名称			
建设单位名称			
备注			

注：1. 管道企业 ID 为管道系统实际运营者的唯一编号。
2. 应给每个管道分配唯一的名称及编号。
3. “管道长度”字段填写该管道长度，单位为 m，保留两位小数。
4. 产品类型为管道系统运输的产品性质，字段提供了阈值。
5. “投产时间”按照年/月/日（YYYYMMDD）格式数字序列填写。

表 6—7　　管段属性表

数据项名称	计量单位	域值名称	填写说明
管段 ID			
管段长度	m		
直径	mm		
壁厚	mm		
设计压力	MPa		
运行状态		运行状态	
位置数据质量		位置数据质量	
属性外键			
更新说明		更新说明	
备注			

注：1. 管段是管道的子区域，管段 ID 由管道企业分配。原则上管段在位置上不存在重叠和空隙。每个管段仅有两个端点，不允许有分支，管道应划分尽量少的管段，仅在如下情况下划分管段：
a. 管道相交（指物理连通），例如一个支线和干线；
b. 管道相关属性（如直径、壁厚）变化。
2. “属性外键”字段填写连接地理空间要素（管道）与其属性记录之间的外键。
3. “直径”和“壁厚”字段分别填写管段公称直径和壁厚，单位 mm，保留两位小数。
4. “位置数据质量”字段的阈值具体含义为：“优”表示空间坐标数据的误差小于 1 m；“良”表示误差在 1~10 m 之间；“中”表示误差在 10~50 m 之间；“差”表示误差大于 50 m。
5. “更新说明”标识自上次提交数据以来此次数据的修改方式，阈值包括：
a. 新增管道；b. 空间数据修改；c. 属性数据修改；d. 空间和属性数据修改；e. 删除；f. 无变更。

表 6—8 管道企业联系信息表

数据项名称	计量单位	域值名称	填写说明
管道企业 ID			
管道企业名称			
主要联系人姓名			
主要联系人职务			
主要联系人所在机构名称			
主要联系人地址 1			
主要联系人地址 2			
主要联系人邮编			
主要联系人手机号码			
主要联系人工作电话号码			
主要联系人传真号码			
主要联系人电子邮箱地址			
技术联系人姓名			
技术联系人职务			
技术联系人所在机构名称			
技术联系人地址 1			
技术联系人地址 2			
技术联系人邮编			
技术联系人手机号码			
技术联系人工作电话号码			
技术联系人传真号码			
技术联系人电子邮箱地址			

注：1. 公众联系人负责处理公众关于相关管道的问题，管道企业允许有多个联系人负责不同运营单元。

2. 管道企业 ID 为管道系统实际运营者的唯一编号。

表 6—9 站场表

数据项名称	计量单位	域值名称	填写说明
管道企业 ID			
管网 ID			
管道 ID			
站场 ID			
站场名称			
所在城市名			
所在省名			
业主			

续表

数据项名称	计量单位	域值名称	填写说明
投影方式		投影方式	
坐标系		坐标系	
X 坐标			
Y 坐标			
度量单位		度量单位	
备注			

注：1. 管道 ID 为该站场所属管道的唯一编号，管网 ID 为该站场所属管网的唯一编号；管道企业 ID 为该管网所属管道企业的唯一编号。

2. 坐标系要求：至少应提交 CGCS2000 坐标系成果，对其他坐标系成果应提交原始坐标系成果和转换后 CGCS2000 坐标系成果。

3. “城市名”“省名”为该站场所在的城市名称、省份名称。

4. “*X* 坐标”“*Y* 坐标”为站场区中心位置坐标；保留后面三位小数。

5. 度量单位为 *X*、*Y* 坐标采用的单位，如度（°）、分（′）、秒（″）、米（m）或千米（km）。

表 6—10　　高后果区管段表

数据项名称	计量单位	域值名称	填写说明
管道 ID			
高后果区编号			
行政区划			
起始里程			
终止里程			
起始桩号			
与起始桩的距离	m		
终止桩号			
与终止桩的距离	m		
高后果区长度	m		
高后果区类型		高后果区类型	
地区等级		地区等级	
识别时间			
备注			

注：1. 高后果区编号：由管道企业进行编号，在一个高后果区识别工作周期内应保证同一管道内高后果区编号唯一，并可采用数字顺序编号。

2. 两种高后果区位置提交方式：一是提交该高后果区管段的起始里程和终止里程；二是提交桩加偏移量数据。单位都为米（m）。

3. 高后果区长度，单位为米（m）。

4. “识别时间”按照年/月/日（YYYYMMDD）格式数字序列填写。

表 6—11　　管道占压表

数据项名称	计量单位	域值名称	填写说明
管道 ID			
行政区划			
里程	m		
桩号			
与桩的距离	m		
占压方位		占压方位	
占压物类型		占压物类型	
占压危害程度		占压危害程度	
占压物所在详细地址			
占压长度	m		
占压面积	m^2		
占压开始时间			
目前主要对策及保护措施			
计划清理完成时间			
备注			

注：1. 有里程数据时优先提交里程信息，没有里程数据可提交桩加偏移量数据。

2. 行政区划填写占压位置所在县级行政区划，可填写多个，以半角逗号分隔。

3. 占压危害程度分为 A、B、C 三级，“A 级”指公众聚集场所、居民楼和易燃、易爆场所等建、构筑设施；“B 级”指有人口居住、活动且可能引发人员伤亡，或影响管道安全运行的建、构筑设施；“C 级”是指“A 级”和“B 级”以外的建、构筑设施。

4. “占压长度”单位为米（m），“占压面积”单位为平方米（m^2）。

5. “占压开始时间”和“计划清理完成时间”按照年/月/日（YYYYMMDD）格式数字序列填写。

表 6—12　　高风险管段表

数据项名称	计量单位	域值名称	填写说明
管道 ID			
高风险管段编号			
起始里程	m		
终止里程	m		
起始桩号			
与起始桩的距离	m		
终止桩号			
与终止桩的距离	m		
主要危害因素		主要危害因素	
风险评价时间			

续表

数据项名称	计量单位	域值名称	填写说明
管段风险描述			
风险评价单位名称			
备注			

注：1. 两种位置提交方式。一是该高风险管段的起始里程和终止里程；二是提交桩加偏移量数据。单位都为米（m）。

2. 高风险管段编号。由管道企业进行编号，在一个风险识别工作周期内应保证同一管网内高风险管段编号唯一，并可采用数字顺序编号。

3. “风险评价时间”。按照年/月/日（YYYYMMDD）格式数字序列填写。

表 6—13　　管道中心线元数据表

数据项名称	计量单位	域值名称	填写说明
元数据 ID			自动生成
管道企业 ID			
管道 ID			
提交日期			
覆盖省列表			
坐标系		坐标系	
度量单位			
投影方式		投影方式	
备注			

注：1. 元数据 ID。为系统自动生成，不需填写。

2. 管道企业 ID。为管道系统实际运营者的唯一编号。

3. “提交日期”。按照年/月/日（YYYYMMDD）格式数字序列填写。

4. “覆盖省列表”。字段为提交管道中线数据覆盖的省级行政区列表。

5. 坐标系要求。至少应提交 CGCS2000 坐标系成果，对其他坐标系成果应提交原始坐标系成果和转换后 CGCS2000 坐标系成果。

6. 提交的数据跨多个分带时须在备注字段中说明所跨的各分带号。

表 6—14　　域值表

域值名称	域值代码	域值含义
产品类型	1	原油
	2	成品油
	3	天然气
运行状态	1	在用的
	2	损坏
	3	修复中
	4	建设中
	5	已废弃

续表

域值名称	域值代码	域值含义
位置数据质量	1	优
	2	良
	3	中
	4	差
	5	未知
更新说明	1	新增管道
	2	空间数据修改
	3	属性数据修改
	4	空间和属性数据修改
	5	删除
	6	无变更
投影方式	1	西安 80 坐标系 6 度分带
	2	西安 80 坐标系 3 度分带
	3	北京 54 坐标系 3 度分带
	4	北京 54 坐标系 6 度分带
	5	其他
坐标系	1	CGCS2000 大地坐标系
	2	WGS84 世界大地坐标系
	3	54 北京坐标系
	4	80 西安坐标系
	5	城市坐标系
	6	其他
度量单位	1	十进制度
	2	米（m）
	3	千米（km）
	4	其他
高后果区类型	1	未知
	2	高人口密度区
	3	其他人口密集区
	4	河流水源
	5	交通设施
	6	生态保护区
	7	其他

续表

域值名称	域值代码	域值含义
地区等级	1	未知
	2	等级 1——在规定面积内少于 15 户
	3	等级 2——在规定面积内多于 15 户少于 100 户
	4	等级 3——在规定面积内多于 100 户
	5	等级 4——交通发达的城镇商业区
	6	其他
占压方位	1	管道正上方
	2	管道两侧各 5 m 范围内
占压物类型	1	建构筑物
	2	圈占
	3	深根植物
	4	重物
	5	堆积物
	6	其他
危害程度	1	A 级
	2	B 级
	3	C 级
主要危害因素	1	未知
	2	腐蚀
	3	误操作
	4	制造与施工缺陷
	5	地质灾害
	6	第三方损坏
	7	其他

注：1. 本表中域值名称对应表 6—5 至表 6—13 中域值名称。

2. 每种域值含义对应一个域值代码，域值代码用于设计数据库字段时使用；域值含义表示该域值名称所含有的类型。

（3）移交方应确保数据的准确性、完整性，要求如下：

1）建设期的数据应按数据对齐的要求进行对齐整合，并建立数据之间的线性关联关系。

2）建设期管道中心线及沿线地理坐标精度应达到亚米级精度。在人口密集区，应适当提高数据精度。

3. 数据存储与更新

（1）宜采用线性参考系统对管道属性等数据进行组织和维护，对无法纳入线性系统的数据基于坐标进行保存。

（2）应采用结构化的实体数据模型，实现全生命周期数据的管理和有效维护。

（3）结构化数据的存储已通过搭建基于数据模型的数据库进行存储。

（4）文档、图片、视频等非结构化数据的存储应建立文件清单。非结构化数据应保证提交数据与文件清单相一致。

（5）应采取管理措施保证数据的精度和时效性。

（6）应具备数据内容更新方式和数据校验方法，宜使用更新过的或交验过的数据。数据更新应符合以下要求：

1）存储的数据宜进行例行性检查确保其一致性和完整性。

2）设施信息更新，例如防腐层或管段更换都应被采集并存储。

3）更新应表示版本详细信息，并能通过历史数据和当前数据的比较反应管道及周边环境的变化。

4）管道数据的更新应按照数据变更管理流程进行，并做好相应记录。

5）宜保留历史数据。

五、高后果区识别

1. 识别准则

（1）输油管道高后果区

1）管道经过区域符合表 6—15 中识别项中的任何一条的为高后果区。

表 6—15　　输油管道高后果区管段识别分级表

管道类型	识　别　项	分级
输油管道	a. 管道中心线两侧各 200 m 范围内，任意划分长度为 2 km 并能包括最大聚居户数的若干地段，4 层及 4 层以上楼房（不计地下室层数）普遍集中、交通频繁、地下设施多的区段	Ⅲ级
	b. 管道中心线两侧各 200 m 范围内，任意划分 2 km 长度并能包括最大聚居户数的若干地段，户数在 100 户或以上的区段，包括市郊居住、商业区及不够 4 级地区条件的人口稠密区	Ⅱ级
	c. 管道中心线两侧各 200 m 内，有聚居户数在 50 户或以上的村庄、乡镇等	Ⅱ级
	d. 管道中心线两侧各 50 m 内，有高速公路、国道、省道、铁路及易燃、易爆场所等	Ⅰ级
	e. 管道两侧各 200 m 内有湿地、森林、河口等国家自然保护地区	Ⅱ级
	f. 管道两侧各 200 m 内有水源、河流、大中型水库	Ⅲ级

2）识别高后果区时，高后果区边界设定为距离最近一幢建筑物外边缘 200 m。

3）高后果区分为三级，Ⅰ级代表最小的严重程度，Ⅲ级代表最大的严重程度。

（2）输气管道高后果区

1）管道经过区域符合表 6—16 中识别项中的任何一条的为高后果区。

表 6—16　　输气管道高后果区管段识别分级表

管道类型	识 别 项	分级
输气管道	a. 管道经过的四级地区，地区等级按照《输气管道设计规范》（GB 50251）中相关规定执行	Ⅲ级
	b. 管道经过的三级地区	Ⅱ级
	c. 如果管径大于 762 mm，并且最大允许操作压力大于 6.9 MPa，其天然气管道潜在影响区域内有特定场所的区域，潜在影响半径按照式 6—2 计算	Ⅱ级
	d. 如果管径小于 273 mm，并且最大允许操作压力小于 1.6 MPa，其天然气管道潜在影响区域内有特定场所的区域，潜在影响半径按照式 6—2 计算	Ⅰ级
	e. 其他管道两侧各 200 m 内有特定场所的区域	Ⅰ级
	f. 除三级、四级地区外，管道两侧各 200 m 内加油站、油库等易燃易爆场所	Ⅱ级

2）识别高后果区时，高后果区边界设定为距离最近一幢建筑物外边缘 200 m。

3）高后果区分为三级，Ⅰ级代表最小的严重程度，Ⅲ级代表最大的严重程度。

（3）特定场所

1）除三级、四级地区外，由于天然气管道泄漏可能造成人员声望的潜在影响区域，包括以下地区：

①特定场所Ⅰ：医院、学校、托儿所、幼儿园、养老院、监狱、商场等人群疏散困难的建筑区域。

②特定场所Ⅱ：在一年之内至少有 50 天（时间计算不需连贯）聚集 30 人或更多人的区域。例如集贸市场、寺庙、运动场、广场、娱乐休闲地、剧院、露营地等。

2）输气管道的潜在影响区域是依据潜在影响半径计算的可能影响区域，输气管道潜在影响半径可按式(6—2）计算：

$$r=0.099\sqrt{d^2p} \tag{6—2}$$

式中 d——管道外径，mm；

p——管段最大允许操作压力（MAOP），MPa；

r——受影响区域的半径，m。

注：系数 0.099 仅适用于天然气管道。

输气管道潜在影响半径示例如图 6—4 所示。

2. 高后果区识别工作的基本要求

（1）高后果区识别工作应由熟悉管道沿线情况的人员进行，识别人员应参加相关培训。

（2）识别统计结果应按照统一的格式填写。

（3）当识别出的高后果区的区段相互重叠或相隔不超过 50 m 时，作为一个高后

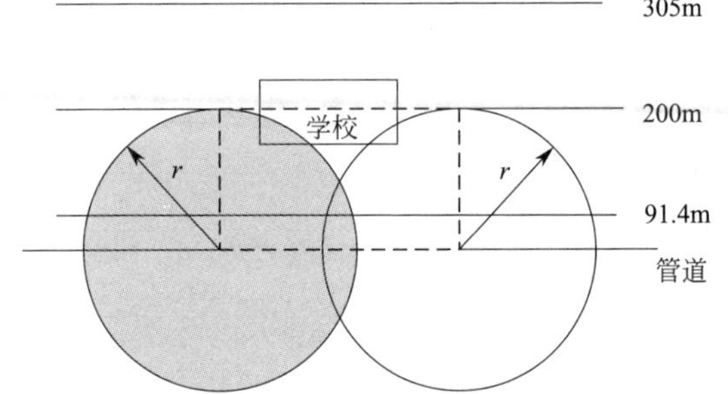

注：本图是直径 762 mm、最大允许操作压力为 7 MPa 管道的研究成果

图 6—4 输气管道潜在影响区示意图

果区管理。

（4）当输油管道附近地形起伏较大时，可依据地形地貌条件、地下涵管等判断泄漏油品可能的流动方向，对表 6—15 中 c、d、e、f 的距离进行调整。

（5）当输气管道长期低于最大允许操作压力运行时，潜在影响半径按照最大操作压力计算。

3. 高后果区的管理

（1）建设期识别出的高后果区应作为重点关注区域。试压及投产阶段应对处于高后果区管段重点检查，制定针对性预案，做好沿线宣传并采取安全保护措施。

（2）运营阶段应将高后果区作为重点管理段。

（3）应定期审核管道完整性管理方案以确保高后果区管段完整性管理的有效性。必要时应修改完整性管理方案以反映完整性评价等工作中发现的新运行要求和经验。

（4）地区发展规划足以改变地区现有等级时，管道设计应按地区发展规划划分地区等级。对处于因人口密度增加或地区发展导致地区等级变化的输气管段，应评价该管段并采取相应措施，满足变化后的更高等级区域的管理要求。当评价表明变化区域内的管道能够满足地区等级的变化时，最大操作压力不需要变化；当评价表明变化区域内的管道不能满足地区等级的变化时，应立即换管或调整该管段最大操作压力。

4. 高后果区识别报告

（1）管道高后果区识别可采用地理信息系统识别或现场调查。在高后果区识别报告中应明确所采用的方法。

（2）高后果区识别报告的内容包括如下内容：

1）概述。概述应包括以下内容：

①本次高后果区识别工作情况概述，包括识别单位、识别方法、识别日期等。

②管道参数以及信息的获取方式。

③管道周边人口和自然环境情况。

2）识别结果。识别结果的内容应至少包括如下内容：

① 高后果区管段识别统计表。

② 高后果区管段长度比例图。

③ 减缓措施。

④ 再识别日期。

六、风险评价

1. 评价目标和要求

（1）管道风险评价的主要目标如下：

1）识别影响管道完整性的危害因素，分析管道失效的可能性及后果，判定风险水平。

2）对管段进行排序，确定完整性评价和实施风险消减措施的优先顺序。

3）综合比较完整性评价、风险消减措施的风险降低效果和所需投入。

4）在完整性评价和风险消减措施完成后再评价，反映管道最新风险状况，确定措施有效性。

（2）风险评价工作应达到如下要求：

1）管道投产 1 年内应进行风险评价。

2）高后果区管道进行周期性风险评价，其他管段可依据具体情况确定是否开展评估。

3）应根据管道风险评价的目标来选择合适的评价方法。

4）应在设计阶段和施工阶段进行危害识别和风险评价，根据风险评价结果进行设计、施工和投产优化，规避风险。

5）设计与施工阶段的风险评价宜参考或模拟运行条件进行。

2. 评价方法

（1）可采用一种或多种管道风险评价方法来实现评价目标。风险评价方法包括但不限于专家评价法、安全检查表法、风险矩阵法、指标体系法、场景模型评价法、概率评价法等。常用的风险评价方法有风险矩阵法和指标体系法，风险矩阵法参见表 6—17 至表 6—20，指标体系法见《埋地钢质管道风险评估方法》（GB/T 27512）。

管道风险矩阵应包括管道失效可能性、失效后果和风险的分级标准。失效可能性分级由表 6—17 确定，失效后果由表 6—18 确定，分析过程中分别考虑人员安全、财产损失、环境污染和停输影响等。风险分级见表 6—19，各风险等级的含义见表 6—20。

表 6—17　　失效可能性等级

失效可能性分级	描　述	等级
高	企业内曾每年发生多次类似失效，或预计 1 年内发生失效	5
较高	企业内曾每年发生类似失效，或预计 1~3 年内发生失效	4
中	企业内曾发生过类似失效，或预计 3~5 年内发生失效	3
较低	行业中发生过类似失效，或预计 5~10 年内发生失效	2
低	行业中没有发生类似失效，或预计超过 10 年后发生失效	1

表 6—18　　失效后果等级

后果分类	后果描述				
	A	B	C	D	E
人员伤亡	无或轻伤	重伤	死亡人数 1~2	死亡人数 3~9	死亡人数≥10
经济损失	<10 万元	10 万~100 万元	100 万~1 000 万元	1 000 万~1 亿元	>1 亿元
环境污染	无影响	轻微影响	区域影响	重大影响	大规模影响
停输影响	无影响	对生产重大影响	对上/下游公司重大影响	国内影响	国内重大或国际影响

表 6—19　　风险矩阵

失效后果	失效可能性				
	1	2	3	4	5
E	Ⅲ	Ⅲ	Ⅳ	Ⅳ	Ⅳ
D	Ⅱ	Ⅱ	Ⅲ	Ⅲ	Ⅳ
C	Ⅱ	Ⅱ	Ⅱ	Ⅲ	Ⅲ
B	Ⅰ	Ⅰ	Ⅰ	Ⅱ	Ⅲ
A	Ⅰ	Ⅰ	Ⅰ	Ⅱ	Ⅲ

表 6—20　　风险等级

类别	描　述
低（Ⅰ）	风险水平可以接受，当前应对措施有效，可不采取额外技术、管理方面的预防措施
中（Ⅱ）	风险水平可以接受，但应保持关注
较高（Ⅲ）	风险水平不可接受，应在限定时间内采取有效应对措施降低风险
高（Ⅳ）	风险水平不可接受，应尽快采取有效应对措施降低风险

（2）应基于评价目标，结合现有数据的完整程度以及经济投入等因素，选择适用的评价方法。

3. 评价流程

（1）评价步骤。风险评价流程应包含以下步骤，详细流程如图 6—5 所示。

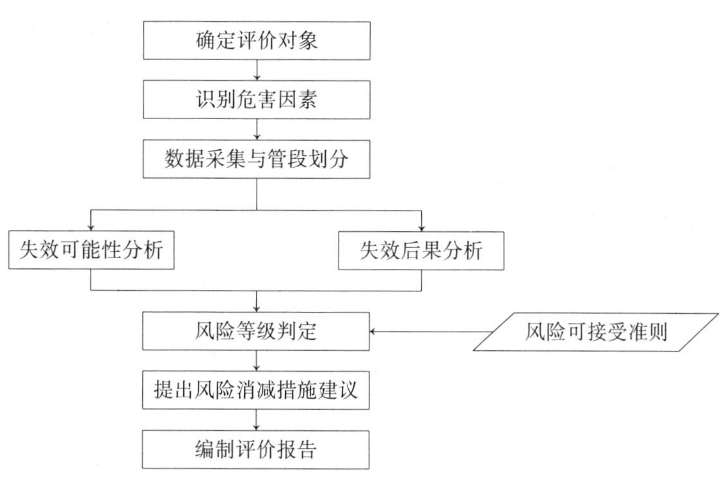

图 6—5　管道风险评价流程

（2）确定评价对象。应根据开展风险评价的最初原因和关注的问题，确定管道风险评价的对象。

（3）危害因素识别

1）应定期进行管道危害因素识别。

2）应从管道历史失效原因总结分析管道常见危害因素。管道失效原因的分类见表 6—21。

表 6—21　　管道危害因素

分类	危害因素	子因素
时间相关	外腐蚀	
	内腐蚀/磨蚀	
	应力腐蚀开裂/氢致损伤	
	凹陷疲劳损伤	
固有因素	与制管有关的缺陷	①管体焊缝缺陷 ②管体缺陷
	与焊接/施工有关的因素	①管道环焊缝缺陷，包括支管和 T 型接头焊缝 ②制造焊缝缺陷 ③褶皱弯管或屈曲 ④螺纹磨损/管子破损/接头失效
与时间无关	机械损伤	①甲方、乙方或第三方造成的损坏（瞬时/立即失效） ②管子旧伤（如凹陷、划痕）（滞后性失效） ③故意破坏
	误操作	
	自然与地质灾害	①低温 ②雷击 ③暴雨或洪水 ④土体移动

3）应识别不符合国家法律法规和标准要求的管道状况，以及造成管道风险升高的因素，包括但不限于：

①占压。

②管道与周边设施安全距离不足。

③周边环境对管道日常管理和维检修的影响。

④外界对管道可能造成的损伤。

⑤管道本体或者附属设施的结构和功能缺失。

⑥输送介质或者管道的系统特征造成的管道现有工艺与设计的偏差。

⑦特定管道风险的应急预案与技术缺失。

⑧管道企业内部、管道企业与施工方、周边公众信息沟通不畅。

4）在管道建设期进行的风险评价应识别出在运行过程中可能出现的风险源、发生事故的可能性、发生事故的可能后果和在这些威胁存在情况下所采取的措施需要投入的安全成本，通过分析，对可能发生的运行风险提出预防措施，或优化设计、规避风险，应考虑以下因素：

①根据管道沿线的地方政府规划，考虑现有设计是否能满足规划要求。

②根据沿线土地的使用情况及规划用地情况分析可能存在的第三方损坏、占压等情况。避免投产后引起的占地纠纷、交叉施工过多带来的第三方损坏风险、短期内改线等情况。

③应充分考虑腐蚀、疲劳、热应力等风险因素，在满足输量的情况下，合理选择管道材质、管径、壁厚等参数，并依据设计的正常工况及可能出现的紧急情况，对管道材质及壁厚选取进行校核；调研材质及焊接工艺对环境温度、湿度、土质等的敏感性，使管材及焊缝在运行环境中不产生异常失效速率。

④根据沿线土壤腐蚀性、岩土类型、沿线电气化设施等分析可能出现的防腐层损坏、杂散电流和腐蚀易发区等风险。对局部腐蚀环境、杂散电流等腐蚀控制措施的有效性进行评价。防腐层及补口材料的选择应考虑具体的管径、壁厚、施工温度、土壤类型等因素。

⑤应对管道穿跨越（含隧道）位置、活动断裂带及特殊不良地质地段的风险进行评价，管道应选择在稳定的缓坡地带、灾害地质较少的地段通过，避免通过滑坡、崩塌、泥石流、陡坡、陡坎等易造成管道破坏的地带；通过活动断裂带可选用应变能力强的钢管，宜适当加大壁厚，并尽量减少使用弯头等管件，断裂带两侧的过渡段范围内管道宜采用弹性敷设方式。

⑥考虑施工阶段可能对周围环境和地形、地貌造成的挠动和破坏，依据地貌、土壤类型、降雨等信息，分析可能存在的地质灾害类型及危险程度。对于可能存在的山体滑坡、冻胀融沉等灾害，审核其监测设施运行有效性。管道铺设应尽量避免横坡

铺设。

⑦应识别施工可能对管道本体产生的危害，并给出评价结论。使用特殊的施工工艺应考虑对将来完整性评价的影响。

⑧考虑工程变更时的风险，识别出由于变更对今后运行可能产生的危害，并提出消除危害和预防风险的措施。

5）在条件具备情况下，试运投产阶段应开展定性或定量风险评价，对识别出的风险因素，应逐一评价、落实各个风险点的风险控制措施是否满足运行要求。

6）建设期各阶段的风险评价宜作为各阶段工作成果的评估依据之一，在风险评价报告所提出的风险消减措施应得到有效落实。

（4）数据采集与管段划分

1）应根据管道的属性和管道周边环境对管道进行管段划分，如图 6—6 所示。

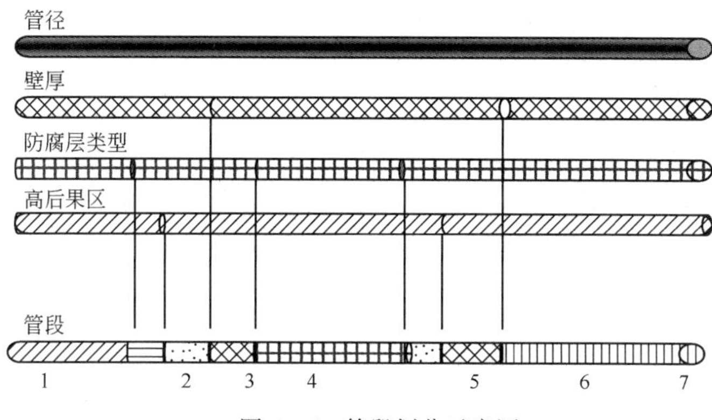

图 6—6　管段划分示意图

2）应对每个管段进行数据采集和状况描述，具体包括但不限于：

①管材、管径、防腐层类型、管道附属设施及其起止里程。

②管体、防腐层和附属设施状况的评价。

③管道运行参数，包括输送介质、运行压力和温度等。

④管道沿线自然环境。

（5）失效可能性分析

1）应对识别出的危害因素进行失效可能性分析。

2）应考虑已经采取的风险消减措施的效果，如检测、修复、第三方损坏防护等。

3）应对数据采集与管段划分部分划分的每个管段确定其失效可能性。失效可能性可以定性或定量表示。

4）失效可能性分析采用的方法应以评价对象、可用的数据和模型而定，可利用历史失效数据对评价结果进行验证。

5）如直接采用历史失效数据进行失效可能性分析，或用来对失效可能性分析结果进行验证，需对历史数据的适用性和与被评价管道的可比性进行分析。

（6）失效后果分析

1）失效后果分析用于确定管道失效对周边人员、财产和环境潜在不利影响的严重程度。这些不利影响可能由毒性、可燃性介质从管道中的意外泄漏、扩散引起。同时也可考虑管道失效造成的停输影响以及对管道企业声誉的影响。

2）失效后果分析应考虑以下因素：

①输送介质的性质，例如易燃性、毒性和反应性等。

②管道属性，如管径、压力等。

③地形。

④周边环境。

⑤失效模式，泄漏孔大小。

⑥减小泄漏量的控制措施，如泄漏检测和截断阀等。

⑦输送介质的扩散模式。

⑧着火的可能性。

⑨事故场景，包括热辐射、爆炸、中毒或窒息等。

⑩周边受影响对象暴露水平及其影响程度。

⑪应急响应。

3）应对数据采集与管段划分中划分的每个管段确定其失效后果，失效后果可以定性或定量表示。

（7）风险等级判定

1）风险等级判定是确定各管段风险是否可以接受的过程，风险值是失效发生的可能性与失效后果两个因素的综合。

2）制定与评价方法相适应的风险可接受标准，确定各管段的风险可接受性。

3）对不能接受的风险应采取以下措施：

①进行更深入的风险分析，降低之前评价过程中的不确定性。

②采用有效风险消减措施来降低风险。

（8）提出风险消减措施建议

1）消减风险的措施应包括降低失效可能性的措施和降低失效后果的措施。

2）应对提出的风险消减措施建议的有效性进行分析。

4. 风险可接受性

（1）确定风险可接受性标准应考虑以下因素：

1）国家法律法规和标准相关要求。

2）管道的重要性。

3）管道状况。

4）降低风险的成本。

（2）可通过以下几个途径来确定风险的可接受性标准：

1）参照国内外同行业或其他行业已经确立的风险可接受标准。

2）根据以往经验判断认为可接受的情况。

3）根据管道平均安全水平，参见表6—22摘录的国内外管道泄漏频率统计和推荐可接受标准。

4）与其他已经认可的活动和事件相比较。

表6—22　　管道泄漏频率和推荐可接受标准表

来　源	输油管道泄漏频率［次/（10^3km·年）］	输气管道泄漏频率［次/（10^3km·年）］	油气管道整体泄漏频率［次/（10^3km·年）］
美国管道与危险品安全管理局PHMSA（2012年）	2.155	0.400	0.906
欧洲CONCAW石油组织（2012年）	0.194	—	0.194
欧洲输气管道失效数据库EGIG（2001—2010年）	—	0.167	0.167
英国陆上管道管理协会（2008—2012年）	—	—	0.122
加拿大运输安全局TSB（2012年）	—	—	0.438
国内相关管道企业	2.151	0.193	—
推荐的失效可接受标准	2.0	0.4	—

（3）如未满足风险可接受标准，应改进管道完整性管理活动或改进管道设计施工管理活动。

5. 风险再评价

（1）管道风险评价的时间间隔应根据风险评价的结论来确定，且不宜超过3年，应每年检查风险评价数据变化情况并及时更新数据。

（2）管道属性和周边环境发生较大变化后，应进行风险再评价。

6. 报告

（1）应在风险评价报告中对管道风险评价过程和结果进行描述。

（2）应针对评价目标向报告使用者描述评价结果，并说明所采用评价方法的局限性和评价因素的不确定性。

（3）管道风险评价报告包括如下内容：

1）评价概述。

2）管道系统概述。

3）评价方法。

4）评价的假设和局限性。

5）危害因素识别结果。

6）失效可能性分析结果。

7）失效后果分析结果。

8）风险判定结果及风险消减措施建议。

9）风险因素敏感性和不确定性分析。

10）问题讨论。

11）结论和建议。

七、完整性评价

1. 评价方法及评价周期

（1）新建管道在投用后 3 年内完成完整性评价。

（2）输油管道高后果区完整性评价的最长时间间隔不超过 8 年。

（3）应根据管道失效的历史和风险评价的结果选择适用的检测内容和技术指标。

（4）宜优先选择基于内检测数据的适用性评价方法进行完整性评价。如管道不具备内检测条件，宜改造管道使其具备内检测条件。对不能改造或不能清管的管道，可采用压力试验或直接评价等其他完整性评价方法。

（5）内检测时间间隔需要根据风险评价和上次完整性评价结果综合确定，最大评价时间间隔应符合表 6—23 要求。

表 6—23　　内检测时间间隔表

操作条件下的环向应力水平（σ）		
>50% SMYS	30% SMYS<σ≤50% SMYS	≤30% SMYS
10 年	15 年	20 年

注：SMYS 表示管材规定的最小屈服强度。

（6）宜通过压力试验和管材性能的综合分析、所需要的实际运行压力和最高试压压力的差值大小、随时间增长的缺陷增长速率等提出压力试验的再评价周期。无法确定缺陷增长速率的管道，最长不应超过 3 年。允许有其他被证实为科学可信的方法来确定再评价周期。

（7）直接评价的再评价周期宜根据风险评价结论和直接评价结果综合确定，最长不应超过 8 年。对特殊危害因素应适当缩短再评价周期。

（8）宜根据管道缺陷特征或可能新出现的缺陷，选择不同的检测评价技术或多种技术方法组合。

2. 内检测

（1）建设期要求

1）管道系统的设计应保障内检测器的可通过性，考虑如下因素：

①安装永久收发球筒或预留连接临时收发球筒的接口，收发球筒前应留有足够的作业空间和安全距离。

②上、下游收发球筒间距宜控制在150 km以内，最长不能超过200 km。对投产后可能存在杂质较多、管道结蜡或者管道内表面对清管器磨损严重的管道，应适当缩短间距。

③收发球筒应满足使用内检测器长度的要求。平衡管、阀门、三通等附件的设置满足清管和内检测的要求。

④最小允许弯管曲率半径。

⑤最大允许的内径变化。

⑥支管连接设计及线管材料兼容性。

⑦内涂层与内检测的相互影响。

⑧过球指示器。

⑨旁通与盲板的间距。

⑩在确定球筒方位时应考虑进入路线和相邻设施的安全。

2）投产前宜开展内检测，对其发现的特征进行分类，依据相关施工标准的要求进行修复，并记录在案。

3）投运前或投运后3年内的基线检测与评价结论可以作为工程验收依据。

（2）内检测管理

1）应建立内检测管理程序。综合考虑风险评价建议和管道缺陷特征等确定需要选择的检测器类型，制订内检测计划。应优先采用高精度内检测器。

2）内检测器的适用性取决于待检测管道的条件和检测目标与检测器之间是否匹配。检测服务方的技术资质应符合《管道内检测》（SY/T 6889）和《管道内检测系统的鉴定》（SY/T 6825）规定。金属损失检测、几何变形检测、裂纹检测、管道测绘检测等应符合SY/T 6889规定。当检测服务方能够证明或承诺其检测设备、数据分析人员达到上述标准要求时，可认可其具有检测资质。宜通过牵引试验或开挖验证等程序验证其资质与能力，也可参照检测服务方提供的验证结果或第三方评估结论。评价达到标准要求后，方可具备允许检测条件。

3）首次应用的内检测技术、新设备或检测新的缺陷类型应进行检测性能验证，验证方法可选择牵引试验验证或者依据检测结果开挖验证。

4）应定期进行清管作业，保持管道的可检测性。管道内检测前应进行清管。

5）内涂层、内衬修复等应不影响内检测性能。如影响内检测性能，则应考虑其他方法。

6）检测设备可具有单一功能，也可将多种功能组合在一起使用。

7）内检测可按照图6—7中推荐的实施流程进行。

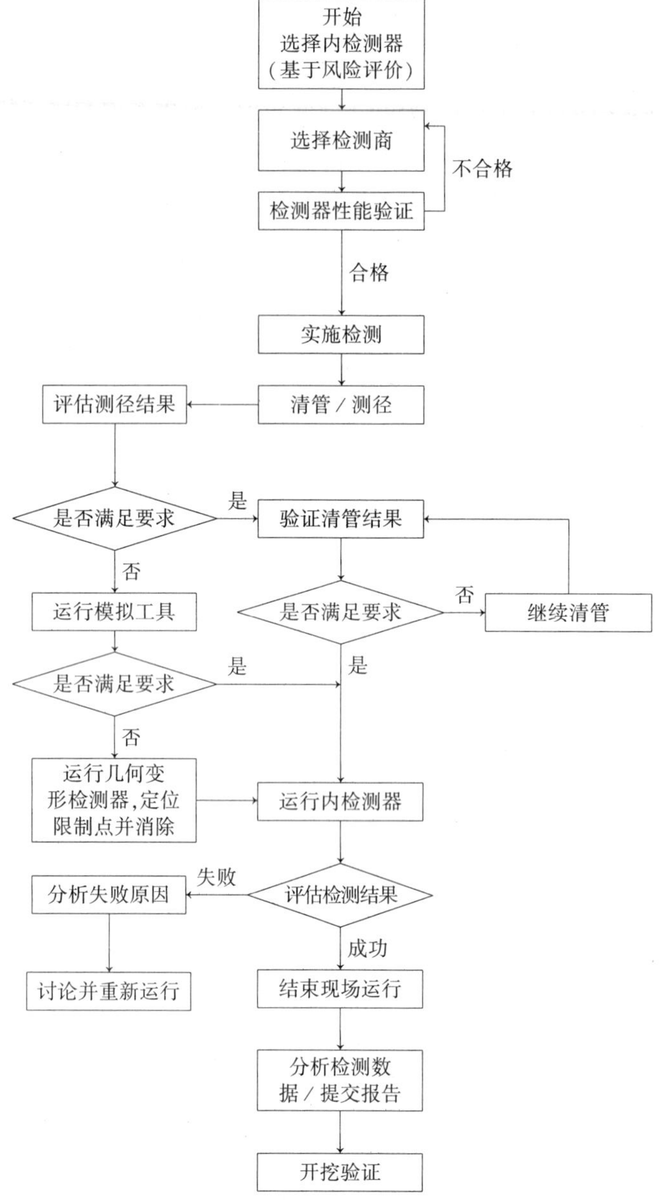

图 6—7　内检测实施流程

8）管道企业和检测服务方宜指派代表共同分析待检测管道和检测器性能是否满足管道检测需求。检测器的选择依赖于管道的检测条件和检测所需达到的目的。

9）应根据以下条件评价内检测方法的可靠性：

①检测多种异常的能力。

②检测器性能规格和置信水平（如异常的检出率、分类和量化）。

③检测服务方使用这种检测方法的历史。

④成功/失败率。

⑤检测器检测数据是否能覆盖管段的全长和全圆周。

（3）内检测实施

1）在清管和内检测项目实施前应进行风险识别并制定控制措施，纳入清管及内检测实施方案。

2）内检测的实施过程见《钢质管道内检测技术规范》（GB/T 27699）相关的规定。

3）管道企业负责内检测过程中的应急准备和工艺操作。

（4）报告要求。检测报告格式及内容应符合 GB/T 27699、SY/T 6825 中的规定，并提交相应的数据查看软件。

（5）开挖验证

1）应通过开挖验证，判断检测结果是否达到了合同中所约定的检测精度。评价方法按照 SY/T 6825 执行。

2）检测数据的可接受标准可按照 SY/T 6889 中的要求确定。

3. 压力试验

（1）适用性

1）压力试验只限于对在役管道进行完整性评价。

2）压力试验适用于评价管道本体在当时状态的承压能力。

3）管道长期低于设计压力运行，需要提压运行但压力仍然低于设计压力，在确保风险可控条件下，可采用输送介质进行压力试验。如满足以下条件之一，则不可采用输送介质进行压力试验，只可选用水或者空气试压：

①管道采用多种完整性评价方法包括内检测与直接评价等，仍然事故频发。

②设计输送的介质或工艺条件发生变更。

③管道停输超过一年以上再启动。

④新建管道和在役管道的更换管段。

⑤经过分析需要开展压力试验的管道。

（2）试压介质及压力装置

1）管道试压介质应按照地区等级、高后果区、管道当前运行压力与计划运行压力、管道服役年限、管道腐蚀状况等因素选择，一般应采用水试压。

2）输气管道推荐在三类地区和四类地区采用水试压。压力试验压力小于设计压力，经过评价并采取相应安全措施后，也可采用气体试压。

3）考虑管道当前运行状况，无论输送何种介质，当工艺条件满足停输条件，且能够进行置换和排空，宜选用水试压。

4）压力试验压力需根据拟订计划运行的压力情况确定，一般不允许超过管道设计压力，且不超过 90% SYMS，推荐的压力试验压力见表 6—24。

表 6—24　　输油气管道试压压力、稳压时间和合格标准

输送介质	分类		试压压力及稳压时间
输油管道	一般地段	压力，MPa	拟运行压力 1.1 倍
		稳压时间，h	24
	高后果区	压力，MPa	拟运行压力 1.25 倍
		稳压时间，h	24
	合格标准		压降≤1%试压压力，且≤0.1 MPa
输气管道	一般地区	压力，MPa	拟运行压力 1.1 倍
		稳压时间，h	24
	高后果区Ⅰ级	压力，MPa	拟运行压力 1.25 倍
		稳压时间，h	24
	高后果区Ⅱ级	压力，MPa	拟运行压力 1.4 倍
		稳压时间，h	24
	高后果区Ⅲ级	压力，MPa	拟运行压力 1.5 倍
		稳压时间，h	24
	合格标准		压降≤1%试压压力，且≤0.1 MPa

注：不论地区等级如何，服役年限大于 30 年小于 40 年的管道建议至少按照 1.25 倍运行压力试压，对于超过 40 年以上的管道宜按照拟运行压力的 1.1 倍试压。

5）对于架空管道进行水试压应核算管道及其支撑结构的强度，防止管道及支撑结构受力变形。

6）水试压的方案和操作过程按照《液体石油管道压力试验》（GB/T 16805）执行。

（3）试压风险

1）应根据风险评价的结果和缺陷严重程度，确定压力试验的时间。

2）应对压力试验方法及过程进行风险评价，应在风险可控的条件下实施。

3）试压前应进行风险识别，内容包括但不限于：

①工艺参数变化的风险。

②注水与排水对管道腐蚀的风险。

③管道泄漏风险及其引起的人员伤亡风险。

④试压过程中对整个系统扰动的风险。

⑤压力试验后管材屈服及应力变化、材料退化、缺陷增长的风险。

4）在任何阶段发生的泄漏都应按照失效管理的要求进行切管分析，并制定针对性的应对措施，在此之前，不宜继续升压测试。

（4）试压过程监控

1）应全面监控管道压力变化情况，分析是否有管材破裂、穿孔等泄漏情况

发生。

2）应安排线路巡护人员重点观察沿线地面有无介质泄放，地面附着物有无异常。

3）应按照 GB/T 16805 记录试压过程和结果。

（5）泄漏点处置

1）应对试压过程中发现的泄漏点进行开挖验证，分析泄漏原因并采取修复措施。

2）泄漏点处置完毕后，应再次进行系统试压直至达到预定要求。

（6）压力试验报告内容包括如下：

1）工程情况。

2）试压方案。

3）记录。

4）发现的缺陷与异常。

5）修复情况。

6）再评价周期。

7）结论。

4. 直接评价方法

（1）适用性

1）直接评价只限于评价三种具有时效性的缺陷，即外腐蚀、内腐蚀和应力腐蚀开裂（包括压力循环导致的疲劳评价）。需要事先了解管道的主要风险，有针对性地选择评价方法。对于同时面临其他风险的管道，该方法具有局限性。

2）直接评价一般在管道处于如下状况下选用：

①不具备内检测或压力试验实施条件的管道。

②不能确认是否能够实施内检测或压力试验的管道。

③使用其他方法评价需要昂贵改造费用的管道。

④确认直接评价更有效，能够取代内检测或压力试验的管道。

3）如管道不具备开展直接评价条件，为了对管道防腐层或阴极保护等质量进行检测，也可以参照直接评价的某些内容进行检测。

4）外观检查或其他传统的无损检测方法或其他新发展的技术，可用于开挖或地面管道检测，但只能作为对部分点或区段的检测，其结论不能作为管道系统完整性评价结果。

（2）直接评价过程和方法。直接评价方法主要有外腐蚀直接评价（ECDA），内腐蚀直接评价（ICDA），应力腐蚀裂纹直接评价（SCCDA）等。直接评价的过程和方法可参照表 6—25 相关标准执行。

表 6—25　　直接评价主要类型及其相关标准

直接评价方法	相关标准
ECDA	《钢制管道及储罐腐蚀评价标准　埋地钢质管道外腐蚀直接评价》（SY/T 0087.1）
	《管道外腐蚀直接评价方法》（NACE SP0502）
ICDA	《干气管道内腐蚀直接评价标准》（NACE SP0206）
	《湿气管道内腐蚀直接评价标准》（NACE SP0110）
	《液体石油管道内腐蚀直接评价方法》（NACE SP0208），《钢质管道及储罐腐蚀评价标准　埋地钢质管道内腐蚀直接评价》（SY/T 0087.2）
SCCDA	《应力腐蚀开裂 SCC 直接评价方法》（NACE SP0204）

（3）直接评价管理。在选用直接评价方法时，应明确其局限性。将开挖验证等作为管道安全状况评价依据时，应说明其局限性。

5. 其他评价方法

也可采用其他经过验证的完整性评价方法。

6. 适用性评价

（1）评价要求

1）应对管道缺欠进行评估，确定其可接受度。

2）管道完整性评价报告宜作为评估管道施工质量的依据。

3）缺陷评价应确定管道在规定的安全极限范围内是否有足够的结构强度承载运行过程中的载荷。对于报告的管道缺陷，应调查其性质、范围和原因。应评价缺陷是否可以接受，确定当前安全运行压力。

4）适用性评价内容主要包括：评价数据收集、缺陷数据统计与致因分析、评价方法选择、剩余强度评价、剩余寿命预测与再检测周期、措施与建议等。

5）安全运行建议和维修建议的制定应考虑高后果区、介质温度、压力变化及土壤应力等综合情况，不应只依据静压评估给出相应结论或建议。

6）当管道的运行工艺条件发生重大变化时，宜重新进行评价。

（2）评价数据采集

1）适用性评价所需收集的数据宜包括：管道属性、缺陷参数、母材及焊缝力学性能、载荷参数、建设数据、运行数据、历史数据、内检测数据以及地理及环境信息、风险评价结果等。

2）应对所收集数据的可靠性进行分析。

（3）缺陷数据统计与致因分析

1）应对缺陷数据进行统计分析，宜根据缺陷的类型、分布规律以及与管道高程、地理环境的对应关系，分析缺陷的可能成因。

2）适用性评价中应考虑缺陷致因分析的结果。

（4）评价方法选择

1）评价方法应根据缺陷类型、载荷状况、评价目标以及评价数据的质量和类型等因素进行选择。缺陷类型与常用的缺陷评价方法参见相关标准。

2）缺陷评价方法选择应考虑的因素，宜包括：

①法律法规要求。

②管道企业的管理规定与安全运行策略。

③缺陷类型、性质及管材属性。

④缺陷处管道承受的载荷类型（除内部压力外，缺陷处管道承受的弯曲载荷、轴向载荷、装配应力等其他载荷情况）。

⑤评价方法的适用范围与局限性。

⑥开挖验证信息与历史失效分析。

（5）剩余强度评价与剩余寿命预测

1）应按照标准、行业实践及管道企业的运行策略，结合管道的历史失效事故开展剩余强度评价与剩余寿命预测，并应确定不同类型缺陷的可接受准则。

2）对于与时间相关的缺陷，应基于管道投用时间、缺陷致因等信息，建立管道缺陷增长预测模型，预测缺陷增长趋势。

3）应结合缺陷失效模式、高后果区失效后果严重程度以及预测的缺陷剩余寿命，给出缺陷修复时间和修复方法建议。

4）在适用性评价基础上应结合管道的历史失效事故、运行工况等，给出缺陷修复前，含缺陷管道安全运行压力建议。

5）宜综合考虑检出缺陷精度及置信度、缺陷增长对未来管道完整性的影响、预测结果随时间增长的分散性、未来需维修缺陷数量增长趋势与再检测的经济性对比，给出再检测评价的时间间隔和再检测评价的方法建议。

6）缺陷维修响应时间应从现场检测完成时开始计算。

7）应结合后期开挖验证结果修正预测腐蚀速率，并修正评价报告。

（6）评价报告要求

1）适用性评价报告包括如下内容：

①管道概况。

②评价参照的法规标准。

③评价使用的管道相关参数。

④检测数据的统计分析。

⑤不同类型缺陷的完整性评价。

⑥评价结论及维修维护建议。

⑦再检测计划建议和管道安全运行建议。

2）对与时间有关的缺陷，在再评价周期内，宜结合修复或开挖测量修正评价报告。

7. 管道继续使用评估

（1）对于运行时间长、事故频发，有证据表明存在大量缺陷，但无合适的方法进行完整性管理的管道，应评估管道是否可继续使用。

（2）管道经评估如可继续使用，应根据完整性评价建议进行如管体缺陷的维修维护等响应措施，并确定在继续使用期内的再评估周期。

（3）当评估结果显示不适宜继续使用时，管道宜报废。

（4）对于已停用的管道，在重新启用前应进行完整性评价。

八、风险消减与维修维护

1. 日常管理与巡护

（1）应根据高后果区识别结果、风险评价和完整性评价等结论与建议制定管道巡护方案，明确巡护的内容、频次和重点关注位置，高后果区应作为巡护的重点段。

（2）日常管理和巡护发现的异常和变化信息应及时上报并跟踪，实现闭环管理。

（3）在管道埋入地下至投产前应制定巡护方案等实施巡护管理。

（4）管道巡护的方式和方法可根据完整性管理方案，选择人工巡护或飞行器巡护等。日常管理内容与方法应根据管道完整性管理方案确定。

2. 缺陷修复

（1）对完整性评价结果为不可接受的缺陷应进行修复或者实施降低 MOP 等应对措施。

（2）对临时修复的缺陷应及时进行永久修复。

（3）对于不同类型缺陷的修复方法参见有关标准。

3. 第三方损坏风险控制

（1）应建立第三方施工管理程序。任何管道交叉处或管道中心线两侧 5 m 内的施工活动都应纳入第三方施工管理程序，按照有关要求办理相关手续，对 5 m 范围外可能对管道造成影响的施工也宜密切关注。对已与第三方建立联系的施工，如施工活动侵入了管道通行带，应在施工活动开始前对管道准确定位，设置临时标识，并在施工活动损坏或覆盖标识后及时维护，直到施工活动结束。

（2）应与施工活动方建立联系，并签署管道保护协议。施工时管道企业有人现场监护。

（3）应通过巡线、管道周边信息排查及其他可能的方式预防打孔盗油等故意破坏的发生。

（4）应参照风险评价报告的风险信息进行公众宣传，公众宣传按照《管道公众警示程序》（SY/T 6713）执行。应向公众提供管道企业联系方式，如电话号码、电子邮箱等。

（5）宜采用管道泄漏监测或安全预警系统等防范措施。

4. 自然与地质灾害风险控制

（1）应遵循《油气管道地质灾害风险管理技术规范》（SY/T 6828）的要求，建立地质灾害风险管理程序。

（2）应建立预防和减缓方案防止天气和地质灾害等损伤管道。

（3）应在土体侵蚀、地表沉降等特殊区域采取预防和减缓措施。

（4）应根据地质灾害风险评价结果，采取针对性监测或工程治理措施。

5. 腐蚀风险控制

（1）外腐蚀

1）应遵循《钢质管道外腐蚀控制规范》（GB/T 21447）和《埋地钢质管道阴极保护技术规范》（GB/T 21448）要求，建立外腐蚀控制程序。

2）应定期检测管地电位。如电位不满足阴极保护准则，应调查原因并采取相应措施。

3）应识别、测试、减缓杂散电流对管道的影响。

4）对发现的防腐层缺陷应及时修复。

（2）内腐蚀

1）应对输送介质的腐蚀性进行分析，并依据分析结果选择合适的内腐蚀控制措施。

2）可通过安装探针、电阻监测装置、直接测量壁厚等方法，来监测关键位置的内腐蚀情况。内腐蚀减缓措施可按照《钢质管道内腐蚀控制规范》（GB/T 23258）要求执行。

6. 应急支持

（1）应急预案编制

1）风险评价和完整性评价结论所提出的高风险段、高风险因素和缺陷情况应作为应急预案编制过程中重点预控对象，具体编制工作按照《生产经营单位生产安全事故应急预案编制导则》（GB/T 29639）规定执行。

2）应按照识别高后果区的分析结果，确定应急预案需要重点关注的管段和内容。

3）应急响应成员应包含完整性管理人员。

（2）应急措施准备

1）宜依据风险评价的结果，确定管段一旦发生失效，潜在后果的种类和影响范围，并依据分析结果制定管道在紧急状态下应采取的应急措施。

2）管道泄漏后火灾、爆炸事故应作为安全防范的重点。可利用量化风险评价技术，确定不同泄漏模式下的泄漏速率和泄漏量，并计算介质泄漏后的影响。

3）应将输油管道泄漏后潜在的环境影响作为应急抢险防范的重点。可通过环境敏感性分析技术确定管道泄漏后油品在水中和土壤中的扩散轨迹以及扩散速率。

（3）应急资源准备。应依据风险分析结果和缺陷分布情况，对应急资源，包括人员、物资、机具等配备的有效性进行评估，以确保应急措施能够顺利实施，包括应急资源配置与分布、人员资质及能力、现场是否满足作业条件等。

（4）应急数据准备

1）应将应急抢险所需的资料进行整理，并配发给应急指挥中心、维抢修中心等相关单位或个人，以确保应急管理人员能够获取所需的资料。这些资料宜包括但不限于：

①图纸，包括管道走向图、管道路由影像图、管道高程图等。

②管道基本信息，包括材质、管径、壁厚、焊接工艺、管道埋深等。

③管道周边设施的信息，包括：

a. 管道中心线两侧各 50 m 范围内与之平行或交叉的第三方管道等地下设施、地上构筑物。

b. 管道中心线各 200 m 范围内的人口、水体、公路、铁路等信息。

c. 管道所经区域内或附近的道路上消防、医院、派出所等应急资源信息。

d. 管道途经城市的地下排水排污等设施信息。

2）当数据管理规定的数据发生变更时，应及时更新相关数据。

3）应基于管道路由影像图、地图、高程图和水力分布图，预估泄漏点对环境的影响。

（5）应急响应措施

应依据完整性管理获取的管道信息为抢修方案制定提供支持。

7. 降压运行

临时降压运行可作为消减管道风险措施采用。

九、效能评价

（1）应定期开展效能评价确定完整性管理的有效性，可采用管理审核、指标评价和对标等方法。

（2）管理审核可采用内部审核或外部审核方式，发现并改进管理存在的不足。

（3）效能评价应考虑针对具体危害因素的专项效能和完整性管理项目的整体效能设定评价指标，包括但不限于管道完整性管理覆盖率、高后果区识别率、风险控制率及缺陷修复情况。

（4）应通过对标，查找与行业先进水平的差距。

（5）效能评价活动结束后，应出具效能评价报告。

十、失效管理

（1）应对失效进行分析，包括泄漏、管体不可接受缺陷、对管道安全造成影响的周边环境变化或附属设施损坏以及其他造成重大经济损失的情况等。

（2）应根据现场调查结果及收集到的背景资料，结合试验分析结果等，综合分析判断失效模式，找出失效的直接原因与根本原因等。

（3）应针对失效原因分析复核完整性管理方案和执行情况，查找管理制度和管理活动中存在的不足。

（4）应由具有相关能力的人员负责事件调查并编写调查报告。事件调查报告应在管道企业内部进行发布和宣贯。

（5）应建立统一的失效事件信息收集标准。

十一、记录与文档管理、沟通和变更管理

1. 记录与文档管理

（1）记录与文档管理应保存以下内容：

1）全生命周期管道安全运行与维护所需的历史信息。

2）管道管理有效性和合规性的客观证据。

3）决策制定和允许的相关资料。

（2）应建立管理计划以识别、收集、储存和废弃以下记录和文档：

1）与管道管理相关。

2）与本部分 1 的要求相符合。

3）其他完整性管理方案相关文档。

（3）管理计划应包含电子和纸质记录与文档的管理流程。

（4）应建立和管理涉及管道设计、采购、施工、运行、维护和废弃阶段完整性管理活动的记录和文档。

（5）各阶段的报告等应通过专业评审，并对报送备案的情况进行记录。

2. 沟通

（1）应制订和实施沟通计划以保证内外部有关人员能够获知完整性管理相关信息。

（2）管道企业与各外部相关方的沟通应考虑以下内容：

1）政府部门：管道企业联系方式；管道走向图；应急预案。

2）管道沿线居民：管道企业联系方式；管道位置；管输介质；识别、报告和应对泄漏的方式。

(3) 内部相关部门沟通内容应包括：

1) 完整性管理的关键要素及其相关情况；

2) 必要的内部报告及其效果和结果；

3) 及时有效的完整性管理实施的相关信息。

3. 变更管理

(1) 应制定变更管理程序，以规范变更管理。

(2) 对于工艺调整、改线、修复等变更，应及时更新数据，变更完整性管理方案。

十二、培训与能力要求

(1) 从事管道完整性管理的相关人员应掌握以下相应技能，并通过培训和考核：

1) 数据管理。

2) 风险评价与高后果区识别管理。

3) 管道检测与适应性评价。

4) 管体缺陷修复管理。

5) 管道日常管理。

6) 效能评价与管理。

7) 管道完整性管理方法。

(2) 管道完整性管理培训与能力应分级管理。取得较高能力要求水平的人员可从事该级别以下规定的管理活动，较低能力水平的人员不得从事较高能力要求规定的管理活动。

(3) 应编制并贯彻执行对完整性管理人员的培训大纲，定期审查培训计划，并根据需要进行修订。当新标准、法规发布，新设备、新工艺程序或新管理理念应用时，应对培训大纲进行审查，并根据需要予以修订。

(4) 当学员熟练掌握理论知识，具备实际作业能力时，需对其能力进行考核。测试过程包括理论知识、工程实践考核，可通过书面、计算机或答辩等方式实施。

(5) 完整性管理人员应至少每3年再接受一次知识更新培训，以更新其岗位知识和技能。

(6) 依据工作范围，参加管道完整性管理相关人员应通过相应的培训，达到能力水平要求后从事相对应的业务工作。开展高后果区识别和数据采集等基础工作的人员应达到初级能力水平及以上要求，开展管道基础风险评价等工作人员应达到中级能力水平及以上要求，开展完整性性评价、综合风险评价和效能评价等工作达到高级能力水平及以上要求的人员方可进行。

第七章
化工园区安全管理

第一节　概　述

一、化工园区概况

GB 50489—2009《化工企业总图运输设计规范》将化工区定义为：由多个化工企业和相关联的企业组成自成一体的区域。化工园区（国内以前称为“化学工业基地”，国外称为“Chemical Park”）是指在符合一定的自然资源和环境条件要求的特定区域内，依靠主要消费区和资源来源地，占有充足的水源保证或有较强自净能力的纳污水域，且交通条件便利、物流发达、配套产业比较完善的地区，以石化化工产业和电为纽带形成的加工体系匹配、产业联系紧密、原料互供、物流成熟完善、公用工程专用、环境污染统一治理、管理统一规范、资源利用高效的产业聚集地。

工业园区是实施工业化战略的重要载体，是实现工业基地化、一体化、园区化、集约化发展的新模式，有利于调整化工产业结构，提高化工产业集中度，提升生产技术水平，增强产业竞争力。化工园区建设是近年来国际化学工业发展的主流，也是我国化学工业发展的新型模式，对发展区域经济有着十分重要的作用。

1. 国外化工园区

国外化工园区发展较早，形成了一大批独具特色的非常成功的化工园区，如表7—1所示。

2. 国内化工园区

我国从1995年起开始兴建化工园区，建设的化工园区大体分为以下四种类型：

（1）大型石油化工型。以世界级规模的炼油乙烯装置为龙头，以产业和产品链的衔接为纽带，采用国际化的经营理念和开放式的管理模式，统一规划，协同发展。

表 7—1　　国外主要化工园区的概况

序号	国家	化工园区	地理位置	面积(hm^2)	企业数	特　色	产量或产值
1	荷兰	切梅洛特化工园区	荷兰南部林堡省	800	25	生物技术化学品、生命科学工业化学品、高质量材料、蜜胺、丙烯腈、己内酰胺和化肥、食品和高科技工业化学品	化工产品产量 550 万吨/年
2	荷兰	德芙吉尔化工园区和埃姆特克工业商贸园区	荷兰北部地区	—	25	聚酯包装树脂、合成纤维、氯化聚氯乙烯、过氧化氢、氯气、二氯化乙烯（EDC）、氯乙烯（VCM）和聚氯乙烯(PVC)、合成纤维	占荷兰化学工业总量的 15%
3	荷兰	瓦罗帕克-特尔纳曾化工园区	位于鹿特丹和安特卫普之间	140	45	乙烯、丙烯、苯、苯乙烯等原材料	乙烯生产能力为 170 万吨/年、欧洲最大的化学储罐区
4	荷兰	代尔夫宰尔化工园区	荷兰北部格罗宁根省	100	—	天然气、盐、氯碱、烧碱和甲醇、尿醛树脂、ARAMID 纤维、氯化聚乙烯（CPVC）、甲胺和氯化胆碱	发电 530 MW、氯化溶剂中心、44 万吨/年甲醛、过氧化氢 6 万吨/年、MDI 20 万吨/年
5	德国	拜耳公司化工园区	—	1 700	45	材料科学、作物科学、健康护理、化学品	—
6	德国	巴斯夫公司路德维希港化工园区	德国东部的路德维希港	700	14	原材料和中间体	总量 800 万吨/年
7	德国	北莱茵-威斯特伐利亚州化工基地	德国西北中部	—	462	聚合物、医药、肥皂和洗涤剂、颜料、香料、化妆品、气体、有机无机化学品	2004 年产值 4 810 亿欧元
8	德国	切姆西特化工园区	德国北莱茵-威斯特伐利亚州的鲁尔区	220	11	原料和产品，包括石油化学品和特种化学品	生产 4 000 多种化学品
9	德国	法兰克福-赫斯特工业园区	法兰克福—赫斯特	460	80	制药业、基础和专用化学品、食品添加剂、涂料、塑料、农作物保护	欧洲最大的生产和研究综合基地之一
10	法国	上诺曼底化工园区	巴黎西北部	—	32	法国主要的化学品和医药生产中心、化肥和无机中间体、精细和特种化学品、医药工业中心、农作物保护产品、涂料	占法国炼油能力 1/3、润滑油的 60%、聚合物和弹性体的 50%、欧盟医药生产量的 20%
11	波兰	普瓦维化工园区	华沙东南普瓦维城的郊区	—	—	合成氨、尿素、硝酸铵、硝酸、聚乙烯薄膜和聚乙烯包装袋、液体 CO_2 和干冰、硫酸、羟胺硫酸盐、环己酮、硫酸铵、己内酰胺和蜜胺、尿素-硝酸铵、溶液装置、过氧化氢和过硼酸钠	—

续表

序号	国家	化工园区	地理位置	面积 (hm^2)	企业数	特色	产量或产值
12	美国	亚拉巴马化工区	墨西哥湾亚拉巴马州	—	11	塑料、医药和农业相关的生物技术	化工产品 2003 年产值 62 亿美元；塑料产品 2002 年 34 亿美元
13	美国	休斯敦工业园	德克萨斯州的墨西哥湾	12	60	乙烯、丙烯	美国炼油能力的 44%（3.7 亿吨/年）、乙烯能力的 95%（2 700万吨/年）
14	新加坡	裕廊岛化工园区	裕廊岛	3 200	70	石油化学品、特种化学品	原油炼制 130 万桶/天
15	沙特阿拉伯	沙特基础工业公司的朱拜勒和延步化工中心	波斯湾沿岸、红海边	—	—	资源型化工园区	—
16	伊朗	南帕尔斯	—	—	—	乙烯、环氧乙烷、单乙二醇、LLDPE/HDPE、丁烯-1	乙烯 640 万吨/年
17	卡塔尔	拉斯拉法石化产业基地	卡塔尔北部	—	—	乙烯	390 万吨/年
18	阿联酋	阿布扎比蜡韦斯石化基地	—	—	—	聚烯烃	300 万吨/年
19	英国	威尔顿国际园区	—	—	4	重工业、LDPE	40 万吨/年
20	比利时	安特卫普石化基地	—	3 500	—	乙烯、丙烯、丁二烯、苯、甲苯、对二甲苯、欧洲最大的炼油石化中心	炼油能力 4 000 万吨/年、乙烯等 479.3 万吨/年
21	日本	鹿岛化工园区	日本东部鹿岛	—	10	乙烯、聚乙烯、PO、环氧氯丙烷、苯	乙烯 800 万吨/年、聚乙烯 385 万吨/年
22	韩国	蔚山和丽川化工园区	—	—	—	过氧化氢、乙烯、丙烯、环氧丙烷、MMA（甲基丙烯酸甲酯）、PMMA（聚甲基丙烯酸甲酯）	—

(2) 精细化工型。一般为中小型园区，以精细或专用化学品以及非大宗合成材料为主，大都各具特色。

(3) 城市搬迁型。结合城市发展规划，将原来分散在城区的老化工企业，集中搬迁到规划建设的化工园区内。

(4) 老企业扩张型。这类园区一般是在原有企业的基础上，以特色产品为核心，辐射、扩张而建设的化工园区。

我国化工园区发展迅速，据不完全统计，除港、澳、台外 31 个省份的省级以上化工园区（包括国家批准的以及省级政府批准的化工园区、化工产业聚集区）数量已达

1 185 个，其中国家级 235 个，省级 950 个，详见表 7—2。

表 7—2　各省份省级以上化工园区数量统计表（单位：个）

序号	省份	国家级	省级	合计	序号	省份	国家级	省级	合计
1	山东	25	120	145	17	吉林	6	23	29
2	江苏	28	49	77	18	甘肃	5	22	27
3	河北	5	67	72	19	陕西	8	17	25
4	湖北	7	64	71	20	广西	8	16	24
5	江西	7	61	68	21	上海	6	17	23
6	浙江	14	53	67	22	山西	3	19	22
7	广东	18	45	63	23	黑龙江	4	17	21
8	福建	19	33	52	24	宁夏	3	18	21
9	湖南	5	40	45	25	天津	6	12	18
10	新疆	9	35	44	26	北京	3	11	14
11	安徽	5	35	40	27	贵州	2	11	13
12	内蒙古	4	35	39	28	云南	2	11	13
13	重庆	6	33	39	29	海南	3	4	7
14	四川	8	29	37	30	青海	2	2	4
15	辽宁	11	22	33	31	西藏	1	0	1
16	河南	2	29	31					

二、化工园区的风险

1. 化工园区的危险区域

化工园区中的化工石化企业生产、储存、使用、运输着大量易燃、易爆、有毒有害的危险化学品，一旦发生火灾、爆炸或危险化学品泄漏扩散事故，极易造成大面积的群死群伤事故。化工园区的危险区域主要有储罐区、工艺装置区和码头装卸区等。

（1）储罐区。储罐区储存原料、半成品、成品，是危险物质与能量的周转集合地，一般均构成重大危险源。危险物质一旦泄漏易发生火灾、爆炸、中毒等事故。

（2）工艺装置区。工艺装置主要由炉、釜、器、罐、塔、泵、机以及各类工艺管线等构成，因设计不合理、材质缺陷、焊接质量差、密封不严、操作失误或受物料腐蚀、磨蚀等因素均会导致危险物质泄漏，引起火灾、爆炸及中毒事故。

（3）码头装卸区。码头装卸区是危险物品进出的门户，危险物质量大、种类多，操作不当发生泄漏极易导致火灾、爆炸、中毒及环境污染等事故。

2. 存在安全环境隐患

我国的化工园区仍然存在伤亡事故风险、环境污染风险。2006 年，原国家环保总

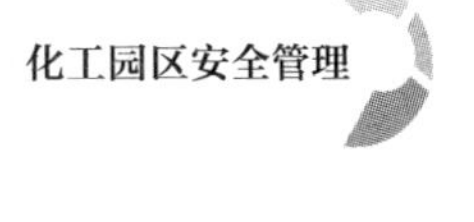

局对全国在建化工、石化项目环境风险进行大排查，行动结果显示，被排查的 7 555 个化工石化建设项目中（总投资近 10 152 亿元），81% 布设在江河水域、人口密集区等环境敏感区域，45% 为重大风险源。2016 年发布的《石化和化学工业发展规划（2016—2020 年）》指出：我国化工园区“数量多、分布散”的问题较为突出，部分园区规划、建设和管理水平较低，配套基础设施不健全，存在安全环境隐患。

第二节　化工园区安全管理要点

一、进一步加强化工园区安全管理

2012 年 8 月 7 日，国务院安委会办公室为进一步加强专门发展化工产业的化工园区、化工企业聚集的集中区或工业区（以下统称园区）安全管理，降低园区系统安全风险，增强园区安全应急保障能力，提升园区本质安全水平，下发了《关于进一步加强化工园区安全管理的指导意见》，主要内容如下。

1. 指导思想

以科学发展观为指导，加快实施安全发展战略，坚持“安全第一、预防为主、综合治理”的方针，贯彻落实有关安全生产法律、法规、标准，按照“统一规划、合理布局、严格准入、一体化管理”的原则，做好园区的规划选址和企业布局，严格园区内化工企业安全准入，加强园区一体化监管，推动园区与社会协调发展；建立“责任明确、管理高效、资源共享、保障有力”的园区安全管理工作机制，将园区内企业之间的相互影响降到最低，强化园区内企业的安全生产管控，夯实安全生产基础，加强应急救援综合能力建设，促进园区安全生产和安全发展。

2. 科学规划与建设，从源头上提升园区本质安全水平

（1）统筹规划。各地区要结合本地区经济社会发展规划、产业结构特点、化工产业资源、自然环境条件、安全生产状况及安全生产规划，制定化工行业发展规划，确定专门区域发展化工产业，并将园区规划纳入当地城乡发展规划。园区选址应把安全放在首位，使园区规划与城市发展规划相协调、园区功能与其他主体功能区相协调，使园区与城市建成区、人口密集区、重要设施、敏感目标之间保持足够的安全及卫生防护距离、留有适当的发展空间，将园区安全与周边公共安全的相互影响降到最小。

（2）合理布局。园区内各企业的布局应满足安全防护距离的要求，并综合考虑主导风向、地势高低落差、企业装置之间的相互影响、产品类别、生产工艺、物料互供、公用设施保障、应急救援等因素，合理布置功能分区。科学评估园区安全风险，确定

安全容量，实施总量控制，降低区域风险，预防连锁事故发生。

（3）严格准入。规划设立园区的当地人民政府要建立园区内的企业准入和退出机制。要充分考虑园区产业链的安全性和科学性，有选择地接纳危险化学品企业入园。把符合安全生产标准、园区产业链安全和安全风险容量要求，作为危险化学品企业准入的前置条件，大力支持产业匹配、工艺先进的企业入园建设，严格禁止工艺设备设施落后的项目入园，严格限制本质安全水平低的项目建设。凡入园企业，应依法实施建设项目安全审查，严格安全设计管理，严格控制涉及光气、剧毒化学品生产企业的建设项目，从严审批涉及重点监管的危险化工工艺企业、重点监管危险化学品“两重点一重大”的建设项目。新建化工生产储存装置应当依照有关法律、法规、规章和标准的规定装备自动化控制系统，涉及易燃易爆、有毒有害气体的生产储存装置必须装备易燃易爆、有毒有害气体泄漏报警系统，涉及“两重点一重大”的生产储存装置应装备安全联锁系统。劳动力密集型的非化工企业不得与化工企业混建在同一园区内。

（4）科学建设。负责园区管理的当地人民政府要结合本地区化工行业发展特点，统筹考虑产业发展、安全环保、公用设施、物流输送、维修服务、应急管理等各方面的需求。园区的建设以有利于生产安全为原则，完善水、电、汽、风、污水处理、公用管廊、道路交通、应急救援设施等公用工程配套和安全保障设施，实现基础设施、公共配套设施和安全保障设施的专业化共建共享。

3. 建立园区安全生产一体化管理体系

（1）建立健全园区安全生产管理机构。负责园区管理的当地人民政府应设置或指定园区安全生产管理机构，实施园区安全生产一体化管理，协调解决园区内企业之间的安全生产重大问题，统筹指挥园区的应急救援工作，指导企业落实安全生产主体责任，全面加强安全生产工作，定期组织园区企业开展安全管理情况检查或互查。园区安全生产管理机构应当配备满足园区安全管理需要的人员，其中要有一定数量的具有化工安全生产实践经验的人员。当地人民政府或上级人民政府的安全监管部门可向园区派出安全生产监管机构或专职安全监管人员，切实落实园区安全监管责任。

（2）树立园区整体安全风险意识。园区安全生产管理机构原则上应委托具有甲级资质的安全评价机构开展园区整体性安全风险评价工作，科学评估园区安全风险，提出消除、降低或控制安全风险的对策措施，并将该方案报园区主管部门备案。已建成投用的园区每5年要开展一次园区整体性安全风险评价。园区安全生产管理机构应建立园区企业安全生产工作例会制度，并明确紧急状况下各企业的联络方式、通报机制和指挥体制。园区内企业应树立整体安全意识，防范系统风险，防止企业生产安全事故影响周边企业，产生“多米诺”效应。企业生产出现异常状况或较大安全风险时，应及时报告园区安全生产管理机构或园区管委会，通报周边企业，周边企业应采取相应防范措施。

(3) 强化园区应急保障能力建设，构建一体化应急管理系统。园区安全生产管理机构要全面掌握园区及企业应急救援相关信息，制定园区总体应急救援预案及专项预案。督促企业修订完善应急救援预案并与园区总体应急救援预案相衔接，做好预案登记、备案、评审等工作。园区应建立、健全园区内企业及公共应急物资储备保障制度，建立完善应急物资保障体系。要明确安全生产应急管理的分级原则、响应方法和程序，建立快速响应机制，做到应急救援功能健全、统一指挥、反应灵敏、运转高效。园区安全生产管理机构要在因地制宜、合理规划、节约资源的原则下，整合园区内各企业所配置的压力、温度、液位、泄漏报警等自动化监控措施，构建园区一体化应急管理信息平台，并依托信息平台，对园区安全生产状况实施动态监控及预警预报，定期进行安全生产风险分析，建立与园区周边社区危险性告知和应急联动体系，及时发布预警信息，落实防范和应急处置措施。要加强应急基础设施建设，可采取企企联合、政企联合或相关职能部门单独出资投入等方式，整合和优化园区专业的危险化学品应急救援资源，组建园区专业应急救援队伍，并组织开展地方应急救援力量和企业应急救援力量共同参与的应急演练。

4. 严格园区安全生产监督管理

(1) 指导督促园区企业切实落实主体责任。要督促园区企业认真贯彻落实《国务院关于进一步加强企业安全生产工作的通知》(国发〔2010〕23 号)、《国家安全生产监督管理总局　工业和信息化部关于危险化学品企业贯彻落实〈国务院关于进一步加强企业安全生产工作的通知〉的实施意见》(安监总管三〔2010〕186 号) 的要求，通过全面开展安全生产标准化建设工作，全面加强安全管理，提升企业安全生产水平。

(2) 突出重点、强化监管。园区安全生产管理机构要建立园区企业的安全生产行政许可、隐患排查治理、自动化控制、重大危险源管理、安全培训等方面的安全监管信息档案。加强对园区内涉及“两重点一重大”企业的安全监管，强化对危险化学品重大危险源的监控，严格落实重大危险源辨识、评价、登记、申报以及备案等规定。督促园区内使用危险化工工艺的企业开展危险与可操作性分析 (HAZOP)，强化在役生产装置安全诊断，及时消除安全隐患，提高装置本质安全水平。

(3) 持续深化隐患排查整治。园区安全生产管理机构要督促企业把隐患排查治理作为安全生产风险管理要素的重要内容，建立、健全全员参与的隐患排查治理工作制度，定期组织开展隐患排查治理，做到横向到边、纵向到底、全面覆盖，确保各类安全生产隐患能够及时发现、及时整改，防止隐患演变为事故。对不符合安全生产要求、隐患严重而且难以整改的企业，要及时淘汰退出园区。

(4) 切实加强园区承包商管理。园区安全生产管理机构要建立完善承包商管理制度，对进入园区施工、检维修及提供专业技术服务等作业的承包商进行登记，建立相关档案、台账，并加强监督检查，制定各项安全防范措施。要督促企业切实加强对企业内部承包商作业的现场安全管理，落实危险性作业的安全措施。

（5）推进园区封闭化管理。要按照“分类控制、分级管理、分步实施”的要求，结合园区产业结构、产业链特点、安全风险类型等实际情况，逐步推进园区封闭化管理。原则上要按照核心控制区、关键控制区、一般控制区的防护等级，通过采取不同的封闭监控管理手段，实行封闭化管理。要建立完善的园区门禁系统和视频监控系统，严格控制人员、危险化学品车辆进入园区。进出园区的危险化学品车辆都要安装带有定位功能的监控终端，实行专用道路、专用车道和限时限速行驶措施，由园区安全生产管理机构实施统一监控管理。对暂时无法进行封闭化管理的园区，要首先对重大危险源和关键生产区域进行封闭化管理，加强安全防控。

5. 切实加强组织领导

（1）提高认识，加强领导。各地区和各有关部门要充分认识加强园区安全生产工作的重要性，将其纳入重要议事日程，切实加强组织领导，明确职责分工，采取科学有效措施，降低园区系统安全风险。要建立、健全园区安全生产部门联动机制，及时研究解决园区安全生产问题，有效保障园区安全发展。

（2）落实保障措施，加强舆论监督。各地区要加强园区安全生产规范化建设和安全生产管理机构建设，从政策、资金等方面给予大力支持，以专业人员充实基层监管力量，加强技术装备和资金投入、创新安全监管工作机制，加强业务培训，提高园区安全生产及应急保障能力。要充分发挥新闻媒体的宣传引导和监督作用，注重宣传园区安全生产先进经验，充分发挥典型的示范带头作用；对严重忽视安全生产和存在重大隐患的园区要予以曝光，接受社会监督。

二、促进化工园区安全生产形势持续稳定好转

2011 年 11 月 26 日，国务院下发《关于坚持科学发展安全发展促进安全生产形势持续稳定好转的意见》（国发〔2011〕40 号），涉及化工园区安全管理的主要要求摘录如下。

1. 严格安全生产准入条件

要认真执行安全生产许可制度和产业政策，严格技术和安全质量标准，严把行业安全准入关。强化建设项目安全核准，把安全生产条件作为高危行业建设项目审批的前置条件，未通过安全评估的不准立项；未经批准擅自开工建设的，要依法取缔。严格执行建设项目安全设施“三同时”（同时设计、同时施工、同时投产和使用）制度。制定和实施高危行业从业人员资格标准。加强对安全生产专业服务机构管理，实行严格的资格认证制度，确保其评价、检测结果的专业性和客观性。

2. 加强安全生产风险监控管理

充分运用科技和信息手段，建立、健全安全生产隐患排查治理体系，强化监测监

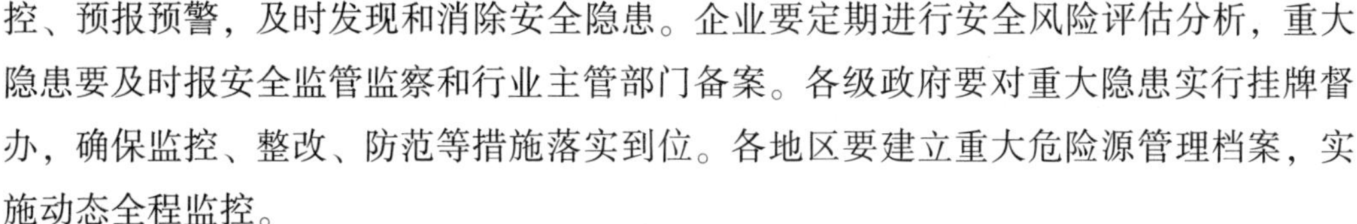

控、预报预警，及时发现和消除安全隐患。企业要定期进行安全风险评估分析，重大隐患要及时报安全监管监察和行业主管部门备案。各级政府要对重大隐患实行挂牌督办，确保监控、整改、防范等措施落实到位。各地区要建立重大危险源管理档案，实施动态全程监控。

3. 推进安全生产标准化建设

在工矿商贸和交通运输行业领域普遍开展岗位达标、专业达标和企业达标建设，对在规定期限内未实现达标的企业，要依据有关规定暂扣其生产许可证、安全生产许可证，责令停产整顿；对整改逾期仍未达标的，要依法予以关闭。加强安全标准化分级考核评价，将评价结果向银行、证券、保险、担保等主管部门通报，作为企业信用评级的重要参考依据。

4. 加强职业病危害防治工作

要严格执行职业病防治法，认真实施国家职业病防治规划，深入落实职业危害防护设施“三同时”制度，切实抓好煤（矽）尘、热害、高毒物质等职业危害防范治理。对可能产生职业病危害的建设项目，必须进行严格的职业病危害预评价，未提交预评价报告或预评价报告未经审核同意的，一律不得批准建设；对职业病危害防控措施不到位的企业，要依法责令其整改，情节严重的要依法予以关闭。切实做好职业病诊断、鉴定和治疗，保障职工安全健康权益。

5. 严格长途客运、危险品车辆驾驶人资格准入，研究建立长途客车驾驶人强制休息制度，持续严厉整治超载、超限、超速、酒后驾驶、高速公路违规停车等违法行为

加强道路运输车辆动态监管，严格按规定强制安装具有行驶记录功能的卫星定位装置并实行联网联控。

6. 严格危险化学品安全管理

全面开展危险化学品安全管理现状普查评估，建立危险化学品安全管理信息系统。科学规划化工园区，优化化工企业布局，严格控制城镇涉及危险化学品的建设项目。各地区要积极研究制定鼓励支持政策，加快城区高风险危险化学品生产、储存企业搬迁。地方各级人民政府要组织开展地下危险化学品输送管道设施安全整治，加强和规范城镇地面开挖作业管理。继续推进化工装置自动控制系统改造。切实加强烟花爆竹和民用爆炸物品的安全监管，深入开展“三超一改”（超范围、超定员、超药量和擅自改变工房用途）和礼花弹等高危产品专项治理。

三、提升危险化学品领域本质安全水平

2012 年 6 月 29 日，国家安全生产监督管理总局、国家发展改革委员会、工业和信息化部、住房和城乡建设部联合发文《关于开展提升危险化学品领域本质安全水平专

项行动的通知》。该文件的要求对于提升化工园区本质安全水平具有重要指导作用，文件的要点摘录如下。

1. 加快涉及“两重点一重大”企业的自动化控制系统改造工作

（1）全面开展危险化工工艺自动化控制系统改造。涉及已公布的15种重点监管危险化工工艺的化工装置，要全面完成自动化控制系统改造，将原料和产品中均含有爆炸品的化工生产工艺纳入重点监管危险化工工艺范围。新建化工生产装置必须装备自动化控制系统，高度危险和大型生产装置要装备紧急停车系统。

（2）开展涉及重点监管危险化学品的生产储存装置自动化控制系统改造完善工作。涉及重点监管危险化学品的生产储存装置必须装备自动化控制系统。将受热、遇明火、摩擦、震动、撞击时可发生爆炸的化学品全部纳入重点监管危险化学品范围。

（3）开展危险化学品重大危险源自动化监控系统改造工作。要按照《危险化学品重大危险源监督管理暂行规定》的要求，改造危险化学品重大危险源的自动化监测监控系统，完善监控措施，全面实现危险化学品重大危险源温度、压力、液位、流量、可燃有毒气体泄漏等重要参数自动监测监控、自动报警和连续记录。

2. 加强危险化学品生产储存装置设计安全管理

（1）开展在役装置安全设计诊断。危险化学品企业要聘请有相应设计资质的设计单位，对未经过正规设计的在役装置进行安全设计诊断，对装置布局、工艺技术及流程、主要设备和管道、自动控制、公用工程等进行设计复核，全面查找并整改装置设计存在的问题，消除安全隐患。

（2）加强对新建项目的设计安全管理。危险化学品建设项目必须由具备相应资质和相关设计经验的单位负责设计，设计单位要加强安全设计审查工作，建设项目设计要以保证安全生产为前提，合理布局，选择成熟、可靠的工艺路线，设备设施，配备完善的自动化控制系统。对涉及“两重点一重大”的装置，要按照《化工建设项目安全设计管理导则》（AQ/T 30330）的要求，在装置设计阶段进行危险与可操作性分析（HAZOP），消除设计缺陷，提高装置的本质安全水平。

3. 开展穿越公共区域的危险化学品输送管道专项治理

（1）开展穿越公共区域的危险化学品输送管道现状普查。重点查清城镇危险化学品输送管道设施的分布走向、物料名称、权属单位、安全现状和主管部门。在普查工作中，要组织企业单位、有资质的检验检测机构或科研单位对城镇建成区现有的危险化学品管道管网开展全面检验检测、安全风险评估，确定各类管道管网的安全状况和安全风险等级。

（2）开展穿越公共区域的危险化学品输送管道集中治理，重点整治危险化学品输送管道违章占压和防护距离不足以及各类管道铺设重叠交叉等突出问题。管道权属单位或主管部门要建立和完善危险化学品输送管道安全管理制度，明确责任单位，落实

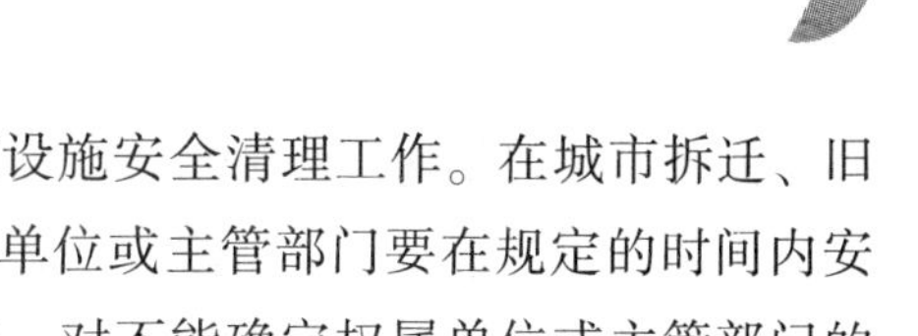

管理责任。开展停用和废弃危险化学品输送管道设施安全清理工作。在城市拆迁、旧城改造、城镇建设、企业搬迁工作中，管道权属单位或主管部门要在规定的时间内安全拆除废弃管道设施，相关部门要加强监督检查。对不能确定权属单位或主管部门的废弃管道设施，由当地人民政府指定的部门或单位负责实施安全拆除。加强和规范地面开挖作业活动的安全监管，建立地面开挖施工作业证部门联合审批制度和管道设施权属单位作业前安全交底制度，确保地面开挖施工作业安全。

4. 推动城镇人口密集区域危险化学品企业的搬迁

对城镇人口密集区域内非民用的涉及“两重点一重大”的危险化学品生产储存企业，要限期搬迁、转产或关闭，对于一时难以搬迁的企业，要制定切实可行的措施，进一步提高本质安全水平，确保安全生产。要督促指导相关危险化学品企业制订计划和保障措施，平稳、有序地实施搬迁工作，防止引发事故和遗留安全隐患。各地区要结合实际，研究制定项目核准、搬迁用地等方面的鼓励支持政策，综合运用城镇规划、行政许可、环境治理、安全风险防控等措施，有计划地将城镇危险化学品生产储存企业搬迁至合规设立的化工园区。

5. 推动重点工作落实，切实提高危险化学品安全管理水平

（1）全面开展安全生产标准化建设。以安全生产标准化为抓手，进一步推动企业完善安全生产责任制，健全安全管理机构，完善和严格执行规章制度，加大安全投入，完善安全生产条件，强化重大危险源监控，扎实开展隐患排查治理，加强特殊作业安全管控，严格执行变更管理制度，加强班组建设和作业人员培训教育，细化企业安全管理工作，提高安全管理水平。

（2）进一步加强化工过程安全管理。按照《化工企业工艺安全管理实施导则》（AQ/T 3034）的要求，从及时收集危险化学品的安全信息、开展化工过程危害分析、完善操作规程、加强人员培训、加强承包商安全管理、加强动火及进入受限空间等特殊作业管理、机械仪表电气设备完好性、公用工程可靠性、变更管理、试生产安全审查、事故查处及应急管理等方面，全面加强化工企业安全管理，逐步提高化工生产过程安全管理水平。逐步推行化工生产装置定期（每3~5年一次）开展危险与可操作性分析（HAZOP）工作。

（3）进一步加强隐患排查治理工作。督促危险化学品企业明确责任部门、完善工作制度，确保企业隐患排查治理横向到边、纵向到底、全面覆盖、不留死角，实现隐患排查治理工作制度化、规范化、常态化。要尽快建立企业隐患排查治理信息系统，用信息化手段推动隐患排查治理工作落到实处，及时发现、治理隐患，不断提高本质安全水平。

（4）推行化工园区一体化安全管理。按照规划先行、控制容量、统筹协调、一体化管理的要求，严格全面地论证、科学规划化工园区。严格企业入园条件，科学规划

化工园区内的产业链，合理确定化工园区安全容量，优化园区内的企业布局。充分利用化工园区内各企业的监测监控、应急救援等资源，构建园区一体化管理信息平台，实施园区安全生产一体化管理。

6. 提高从业人员准入条件和专业素质

（1）提高危险化学品领域从业人员准入条件。涉及“两重点一重大”装置的专业管理人员必须具有大专以上学历，操作人员必须具有高中以上文化程度。要进一步加强从业人员的安全知识和技能培训，强化危险化学品特种作业人员培训和考核取证工作，提高从业人员操作技能和安全意识。

（2）加快化工专业管理人才和产业工人的培养。要充分利用大专院校、大型企业集团，创新工作机制，建立多层次的化工专业人才培养体系，为化工行业安全发展提供成熟的产业工人和专业管理人才。重点地区要大力发展化工职业教育，加快化工产业工人培养。新建化工企业要及早制订从业人员培养计划，依托大专院校、职业学校的支持，变招工为招生，从源头上保证从业人员专业素质和专业技能。

第三节　化工园区安全评价与安全规划

一、化工园区安全评价

1. 区域定量风险评价

化工园区本质上是一个类似市场的区域，通过招商引资吸引化工企业入驻园区，逐渐形成上下游关系，产生规模效益。拟建的新化工园区，只有总的产业类型和规模定位，很难确定未来会入驻的化工企业，危险化学品的品种、数量以及生产工艺装置等都无法准确确定，因此拟建园区的风险评价有一定的困难性。目前主要进行已建化工园区现状风险评价，对照可接受风险准则，对不满足标准的区域进行调整或采取相应降低风险的管理和技术措施。

2. 化工园区安全评价基本术语

（1）定量风险评价。对某一设施或作业活动中发生事故频率和后果进行综合定量分析，采用个人风险和社会风险值描述风险程度，并与风险可接受标准比较的系统方法。

（2）可容许个人风险标准。个人风险是指因危险化学品重大危险源各种潜在的火灾、爆炸、有毒气体泄漏事故造成区域内某一固定位置人员的个体死亡概率，即单位时间内（通常为年）的个体死亡率，通常用个人风险等值线表示。

（3）可容许社会风险标准。社会风险是指能够引起大于等于 N 人死亡的事故累积频率（F），也即单位时间内（通常为年）的死亡人数。通常用社会风险曲线（$F-N$ 曲线）表示。

（4）ALARP（As Low As Reasonably Practicable，又称“二拉平”原则，安全风险最低合理可行状态）原则。在当前的技术条件和合理的费用下，对风险的控制要做到“尽可能的低”。

（5）安全容量。一定的经济、技术、自然环境、人文等条件下，化工园区（聚集区）在一段时期内对园区内的正常生产经营活动，以及周边环境、社会、文化、经济等带来无法接受的不利影响的最高限度，也即对风险的最大承载能力。

（6）评价单元。根据被评价对象的实际情况和安全评价的需要而将被评价对象划分为一些相对独立部分（或系统）进行安全评价，其中每个相对独立部分称为评价单元。

（7）重要目标和敏感场所。重要目标和敏感场所包括城市建成区、人口密集区、重要设施等，包括：

1）高敏感场所（如学校、医院、幼儿园、养老院等）。

2）重要目标（如党政机关、军事管理区、文物保护单位等）。

3）特殊高密度场所（如大型体育场、大型交通枢纽等）。

4）居住类高密度场所（如居民区、宾馆、度假村等）。

5）公众聚集类高密度场所（如办公场所、商场、饭店、娱乐场所等）。

6）重要的交通设施（机场、高速公路、重要航道、隧道、铁路干线等）。

3. 评价目的

（1）清晰辨识和评价现有（预见）风险，确定园区整体风险（含可容许个人风险和可容许社会风险）及安全容量是否在容许范围内。

（2）指导化工项目的发展规模和产业结构布局，规范园区相关安全设施的配置和管理。

（3）根据风险评价情况指导完善相关安全设施，识别企业间“多米诺”效应，落实有关问题的整改，实现风险控制和管理。

（4）对于园区安全管理水平、应急救援协作能力进行整体评估并提出相关措施。

4. 安全评价内容

（1）前期准备。明确评价对象和评价范围；组建评价组；明确评价目的和目标；制订计划进度；收集国内相关法律、法规、规章、标准、规范；实地调查被评价对象的基础资料，现场勘察，准确记录勘察结果。

（2）周边环境的安全影响。分析园区周边社会环境对于园区日常运作的影响，从周边企事业单位分布、交通设施、常住人口分布、人流分布、社会风俗、农耕习惯等角度分析社会环境对于园区选址及园区内企业运作的影响。

（3）辨识与分析危险、有害因素。识别园区内的高风险装置；辨识和分析化工园区可能存在的各种危险、有害因素；分析危险、有害因素发生作用的途径及其变化规律。

（4）划分评价单元。评价单元划分应考虑化工园区区域性的特点以及风险评价的特点，划分的评价单元应相对独立，具有明显的特征界限，便于实施评价。

（5）选择评价方法。根据评价目的和目标以及划分的评价单元特点，选择科学、合理、适用的定性、定量评价方法进行整体性评价与分析。定性、定量评价方法的选择应根据化工园区的特点进行。能进行定量评价的应采用定量评价方法，不能进行定量评价的可选用半定量或定性评价方法。对于不同的评价单元，可根据评价的需要和评价单元特征选择不同的评价方法。

（6）整体性定性、定量评价与分析。依据有关法律、法规、规章、标准、规范，采用选定的评价方法以实地调查、现场勘察的结果为基础，并可参考类比对象的实际状况对化工园区的危险、有害因素导致事故发生或造成急性危害的可能性和严重程度进行定性、定量评价与分析。

（7）安全对策措施建议。为保障化工园区的安全条件，应从布局、安全风险、产业规划、安全保障、人流物流控制、安全管理、应急救援等方面提出安全对策措施；从保证评价对象安全条件的需要提出其他安全对策措施。

（8）评价结论。应概括评价结果，给出评价对象在评价时的条件下与国家有关法律、法规、规章、标准、规范的符合性结论，给出危险、有害因素引发各类事故的可能性及其严重程度的预测性结论，明确评价对象能否具备安全条件的结论。

5. 安全评价工作程序

（1）确定园区安全评价范围。

（2）收集、整理安全评价所需资料。

（3）确定安全评价采用的安全评价方法。

（4）定性、定量分析安全评价内容。

（5）与园区管理机构交换意见。

（6）整理、归纳安全评价结果。

（7）编制安全评价报告。

化工园区安全评价工作程序如图 7—1 所示。

6. 安全评价所需资料

（1）证件、文件类

1）园区设立批准文件。

2）园区周边重要目标和敏感场所间距图。

3）重要目标和敏感场所，包含园区周边至少 2 km 的以下内容：

①高敏感场所（如学校、医院、幼儿园、养老院等）。

②重要目标（如党政机关、军事管理区、文物保护单位等）。

③特殊高密度场所（如大型体育场、大型交通枢纽等）。

④居住类高密度场所（如居民区、宾馆、度假村等）。

⑤公众聚集类高密度场所（如办公场所、商场、饭店、娱乐场所等）。

⑥重要的交通设施（机场、高速公路、重要航道、隧道、铁路干线等）。

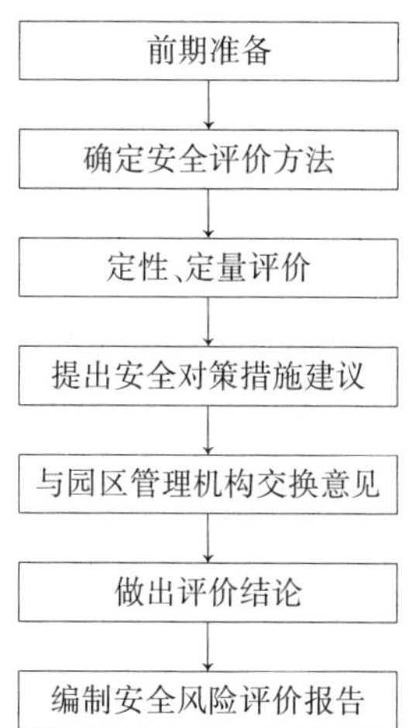

图 7—1　安全评价工作程序

（2）资料类

1）规划环评报告及环境保护部门批复。

2）园区平面布置图。

3）园区规划图。

4）园区所在地的自然条件。包括但不限于园区四季风向玫瑰图、最高洪水位、防洪设施设计标准、年均雷暴日、地震烈度级别、地勘报告结论等（其中，地勘报告结论可采用园区内主要企业的地勘报告）。

5）附近采矿区（采空区）分布、上游尾矿库分布情况。

6）山区或者靠近山区的园区应提供附近（5~10 km）内山体地质情况资料。

7）园区规划资料及园区概况（包括园区总体规划、功能区划分、土地利用情况、企业分布、行业分布、园区内部道路交通、人口分布、园区公用工程、园区安全管理机构、园区承包商管理、园区安全管理档案等。其中，园区公用工程包括供水、消防、供电、供气、污水处理、公用管廊等）。

8）园区应急救援能力（园区应急救援预案、应急救援设施、园区应急救援队伍及物资、园区级别应急演练情况、园区大型企业应急救援队伍及物资、本地区及附近可供利用的应急救援资源分布等）。

9）园区内企业基本情况统计及安全评价报告（包括危险化学品分布、储存能力、工艺路线、核心设备、工艺连锁、从业人员、安全管理机构、安全人员配备、安全管理制度、卫生防护距离等，安全标准化或者其他类型职业健康安全管理体系达标情况，应识别各企业的“两重点一重大”情况，剧毒化学品生产、使用情况）。

10）园区内各企业高架设备（一般指 20 m 及以上的细高设备，如塔类设备）

资料。

11）园区内物流企业情况（包括危险化学品分布、储存能力、核心设备、从业人员、安全管理机构、安全人员配备、安全管理制度等，安全标准化或者其他类型职业健康安全管理体系达标情况，应识别的重点监管危险化学品及危险化学品重大危险源的情况，剧毒化学品储存情况）。

12）园区内重大危险源备案资料。

13）园区内各企业应急预案及备案情况统计表。

14）园区内危险化学品输送管道（企业—企业及外部—企业）资料。

15）园区内各企业危险化工工艺改造情况。

16）园区内各企业历次检查发现的重大隐患及整改回复。

17）安全事故调查报告事故情况统计与分析（本园区、类似园区或与本园区主要企业类似的事故分析，包括事故发生的起因、经过、后果及措施）。

（3）搜集、整理园区内化学品企业使用的主要原辅料，主要产品、主要中间产品的物理性质、化学性质和危险性等资料。

7. 安全评价单元与安全评价方法

（1）安全评价单元划分。化工园区安全评价单元一般划分如图 7—2 所示：

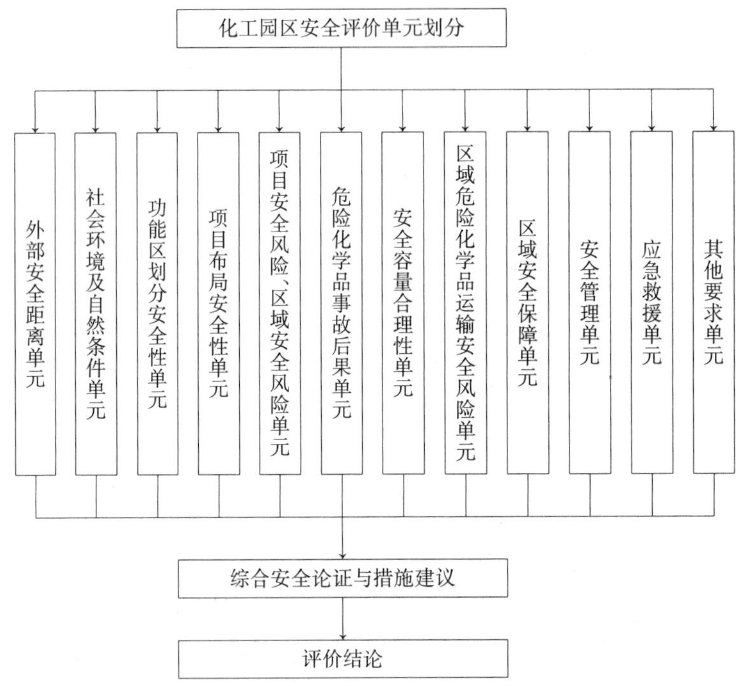

图 7—2　化工园区安全评价单元划分

1）外部安全距离单元：从国家有关法律、法规、规章、标准、规范的符合性角

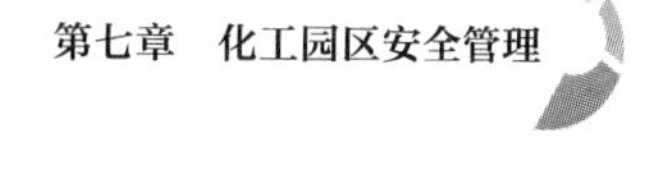

度，定性评价化工园区与外部安全距离的符合性；当国家法律、法规、规章、标准、规范没有明确规定或需进一步论证外部安全防护措施的有效性时，可采用定量风险评价方法，通过个人风险和社会风险指标进行论证。

2）社会环境及自然条件单元：从气象、水文、地质、地形地貌等角度分析自然条件对于园区选址的影响。

3）功能区划分安全性单元：结合国家有关法律、法规、规章、标准、规范的要求，采用可以提供事故后果、“多米诺”事故影响以及个人风险的安全评价方法，定量评价化工园区功能区划分的安全性。

4）项目布局安全性单元：结合国家有关法律、法规、规章、标准、规范的要求，采用可以提供事故后果、“多米诺”事故影响以及个人风险、社会风险的安全评价方法，定量评价化工园区内企业布局的安全性。

5）项目安全风险、区域安全风险单元：采用定量风险评价方法，通过个人风险和社会风险指标，对化工园区内的企业风险和区域的累积风险进行定量安全评价，确定园区内企业的风险和区域的累积风险是否在可接受范围内。风险评价内容包括危险化学品生产、使用、储存和运输。风险计算应采用中国安全生产科学研究院《重大危险源区域定量风险评价软件》（CASST-QRA）进行。定量风险评价的结果应与风险可接受标准进行比较，以判定风险的可接受程度。风险可接受标准采用 ALARP 原则。

6）危险化学品事故后果单元：指可信事故情境下，根据池火灾模型、蒸气云爆炸模型、高斯烟羽模型等事故后果模型计算造成人员伤亡和财产损失的范围，并评估“多米诺”效应的可能性及传导链条。一个化工园区的“多米诺”效应评估点一般不少于 3 个。

7）安全容量合理性单元：根据项目安全风险、区域安全风险、区域危险化学品运输安全风险，以及区域安全保障能力和安全管理能力的分析，并在化工园区（聚集区）产业规模的分析和合理预测的基础上，综合分析化工园区（聚集区）安全容量的合理性。

8）区域危险化学品运输安全风险单元：采用定量风险评价方法，通过个人风险指标，对化工园区危险化学品运输沿线的风险进行定量安全评价。风险计算应采用中国安全生产科学研究院《重大危险源区域定量风险评价软件》（CASST-QRA）进行。定量风险评价的结果应与风险可接受标准进行比较，以判定风险的可接受程度。

9）区域安全保障单元：根据国家有关法律、法规、规章、标准、规范的要求，采用科学、合理的定性、定量方法，评价化工园区的消防、供水、排水、供电、工业管廊等基础设施在事故状态下的承受能力。

10）安全管理单元：采用科学、合理的定性评价方法，对化工园区的安全管理机构及管理人员配置、技术人员配置、安全管理制度、安全标准化、主要企业安全管理状况等进行评价。

11）应急救援单元：采用科学、合理的定性评价方法，根据事故后果模拟计算结果和类比事故资料，从应急组织、应急管理、应急预案、人员疏散、应急人员配备、物资配备、应急协作、应急演练等方面对化工园区的应急救援能力等进行评价。

12）其他要求单元：对于法律法规、文件、标准及地方的其他要求进行符合性评价。

（2）评价方法

1）园区可容许个人风险和可容许社会风险应使用安全生产监督管理总局认可的软件计算，并以此为基础开展园区外部安全距离、园区功能区划分、园区项目布局、园区安全风险、区域危险化学品运输等方面的安全风险评价。

2）园区安全管理、应急救援的安全评价，以安全检查表的方法为主，其他方法为辅。

3）园区区域安全保障内容较复杂，一般采取逐项论述、比较的方法，尽可能采用定量比较的方法确定每项内容的评价结果。

4）事故后果等方面的安全评价，根据危险化学品生产的实际情况，可选择池火灾模型、蒸气云爆炸模型、高斯烟羽模型等各种国际、国内通行的安全评价方法。

8. 安全评价报告

（1）安全评价报告主要内容包括：

1）编制说明。

2）园区概况、园区企业概况及高风险装置概况。

3）园区外部周边情况及园区所在地的自然条件。

4）园区安全管理及应急救援。

5）安全评价程序。

6）采用的安全评价方法。

7）园区安全评价结果。

8）事故案例。

9）对策措施与建议。

10）安全评价结论。

（2）安全评价报告附件包括：

1）事故类型的分析识别过程。

2）定性、定量分析过程。

3）对可能发生的危险化学品事故后果影响范围的预测过程。

4）园区整体性安全风险分析。

5）园区规划图、事故后果范围图以及其他不宜放置在正文中的其他图表。

6）安全评价方法的确定说明和安全评价方法简介。

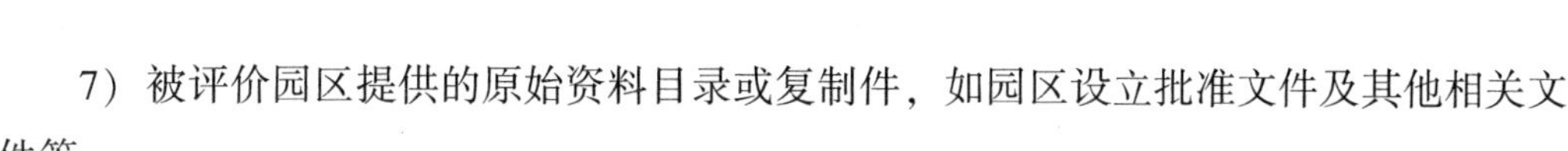

7）被评价园区提供的原始资料目录或复制件，如园区设立批准文件及其他相关文件等。

二、化工园区安全规划

1. 安全规划的内容

化工园区安全规划就是在化工园区风险评价的基础上，根据风险的可承受标准对其选址、土地使用安全、功能布局、安全管理、应急救援等方面进行统筹规划的过程。化工园区安全规划本质上是一个多目标决策问题，决策的目标包括风险目标、经济收益目标、环保目标、职业卫生目标、能耗目标、成本目标、税收目标、利润目标、就业岗位目标等，约束条件包括经济社会状况、产业政策、人口分布、资源、金融、交通运输、自然条件、产业特色等各种限制。安全规划就是在各个目标及约束条件中寻求最优解，实现最优化。

化工园区安全规划的内容包括 3 个层次，如图 7—3 所示。

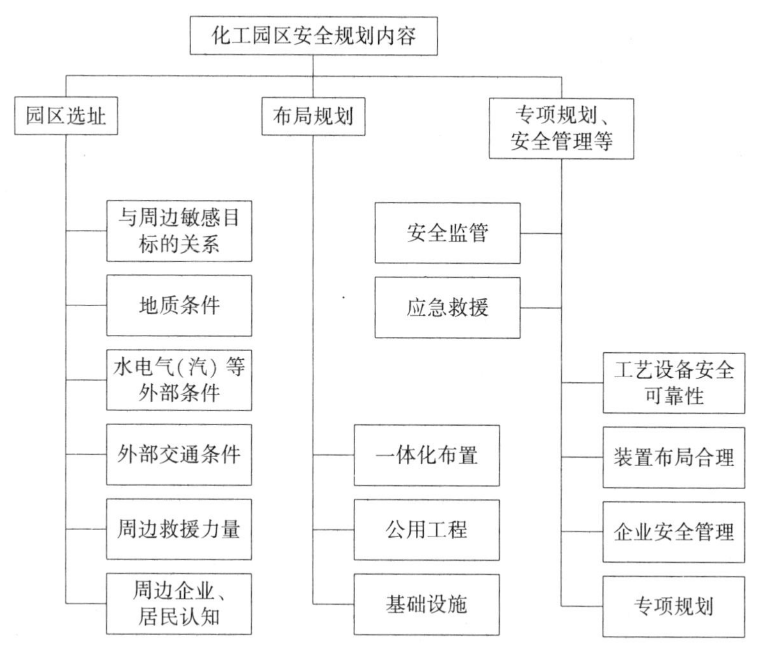

图 7—3 化工园区安全规划主要内容

（1）园区选址。第一个层次是园区的选址问题。园区选址是一个政策性、科学性极强的关系国计民生的重大课题。一方面工业园区选址需符合国家工业发展总的战略部署，表现出非常突出的时代特征；另一方面，工业园区选址必须全面考虑工业园区内在的客观需求以及社会、环境的安全需求。因此，必须将工业园区纳入城市发展规划、区域产业等总体规划，进行科学、合理选址，满足城市主城区、居民集中区、饮水源区、江河水资源保护地、生态保护区、风景名胜区等环境敏感区域内的安全要求，符合城市总体发展规划、区域产业总体布局以及其他各种物质、地理、政治、法律、经济、组织、文化等要素组成的边界和条件的限制和影响。

（2）功能区布局规划。第二个层次是园区内的功能区布局优化问题。工业园区选址确定后，就可以进行功能布局规划。工业园区总体上可分为生产区（或装置区）、储存区（或库区）、公用设施（水、电、气、废水处理等）、管理区及生活服务区等基本功能区。功能布局优化的目的是合理利用土地，在确保土地开发最大收益的同时，使园区潜在事故风险尽可能低，资源消耗量尽可能少，环境污染尽可能小，实现安全发展、绿色发展、可持续发展。功能区布局优化是实现工业园区本质安全的最重要手段，主要包括以下 3 个方面的内容：

1）一体化布置。园区内不同类型企业，应按生产性质、相互关系、协作条件等因素分区集中布置，按上、中、下游产业链合理布局、有序建设，缩短原料运距，降低成本，达到资源的高效利用和废弃物综合利用，形成完整的产品链，实现产品项目一体化。

2）公用工程。园区的公用工程包括供水、供电、供气（汽）等，公用工程安全规划应坚持统一规划、集中建设、资源优化、配置合理的原则，同时与周边的公用工程衔接；供水、供电、供气（汽）等设施和管理应满足园区内各种装置和辅助设施的需求。

3）基础设施。园区的主要基础设施包括道路和工业管廊等。道路规划主要包括危险品运输路线规划和停车场规划等；同时，为保障发生事故后科学、有效地救援，园区应设置应急救援专用通道，在突发状态下可以实施快速救援。工业管廊安全规划包括管廊布局、建设规模、物料识别、分层原则、管道安装、安全管理和运行模式等，管廊与相关企业以及办公区域应该保持适当的安全距离。此外，园区可通过规划绿地、生态园、湿地等隔离带，拓展工业园区的发展空间，保持园区的景致美观，同时还可以起到安全、防灾的功能。

（3）其他专项规划。第三个层次是与安全相关的其他专项规划以及园区安全管理体制、机制等规划。专项规划包括防灾减灾、应急设施、应急机构等规划。应急设施、应急机构规划是对消防设施、应急力量、应急物资等的布局、规模等进行规划。依据国家相关法律法规要求，应建立、健全与工业园区危险性相适应的安全管理的机构并落实安全生产责任制等各项安全生产规章制度。

2. 安全规划的程序

化工园区安全规划的基本程序如图 7—4 所示。

（1）工业园区及周边资料调查与收集。调查和收集工业园区平面布置，人口及规划，自然条件，地质条件，基础设施，危险源情况，脆弱性目标情况，应急力量与应急资源情况，园区安全管理情况，相关法律法规标准规范等资料。

（2）危险有害因素分析。在资料收集与现场考察的基础上，分析确定工业园区内的主要危险、有害因素。

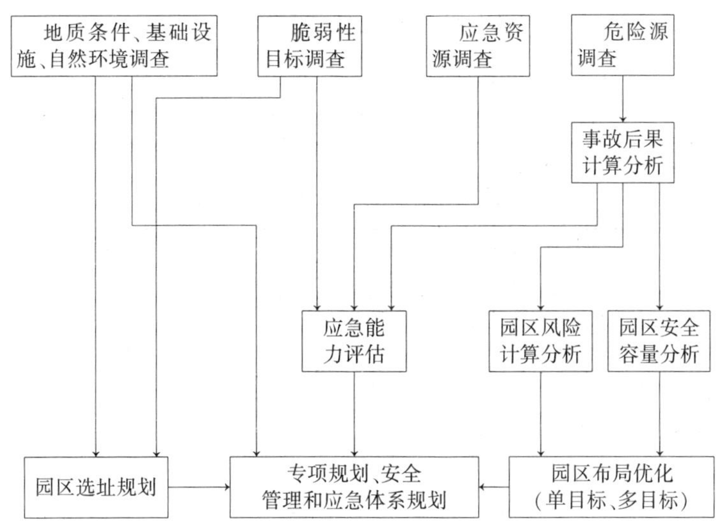

图 7—4　工业园区安全规划的基本程序

（3）园区风险分析。通过区域定量风险评价，估计事故后果的大小及波及范围，得到个人风险等值线分布及社会风险曲线，进而对园区安全容量进行分析。

（4）园区选址安全规划。依据国家和区域产业规划、城市发展规划以及国家有关法律、法规和标准规范，从地理位置、地质条件、自然环境、社会经济条件等方面对选址进行安全性分析和论证。

（5）园区布局优化、专项规划、园区安全管理和应急体系规划。按照基地化、一体化、集约化等原则，对园区功能区优化布局，并在此基础上，实施消防、应急等专项规划及安全管理模式的选择。

3. 安全规划准则

安全规划的立足点是保护人和社会的安全。笔者依据保护对象的脆弱性，提出了以脆弱性对象为核心的安全规划准则，依照不同人群针对事故后果的脆弱性，提出工业园区及其周边脆弱性目标的分级原则，见表 7—3。

表 7—3　　脆弱性目标分级原则

脆弱性级别	确定脆弱性的一般原则	场所举例
Ⅰ	工业园区内部人员	园区内部企业
Ⅱ	工业园区外部工厂人员	园区外部的工厂、仓储区等
Ⅲ	一般公众	居住区、商场等
Ⅳ	公众中的敏感人群	党政机关、军事禁区、学校、医院、敬老院、监狱、幼儿园等
Ⅴ	大量Ⅲ级、Ⅳ级的目标	大型居住区、大型体育场馆、影剧院等

依据表 7—4 及表 7—5 进行园区选址、布局优化、专项规划、应急规划等工作。

表 7—4　　脆弱性目标分区准则

后果伤害分区	高致死区	出现致死区	重伤区	轻伤区	安全区
脆弱性目标级别	Ⅰ	Ⅰ、Ⅱ	Ⅰ、Ⅱ、Ⅲ	Ⅰ、Ⅱ、Ⅲ、Ⅳ	Ⅰ、Ⅱ、Ⅲ、Ⅳ、Ⅴ

表 7—5　　脆弱性目标可容许个人风险标准

危险化学品单位周边重要目标和敏感场所类别	可容许风险（每年）
（1）高敏感场所（如学校、医院、幼儿园、养老院等） （2）重要目标（如党政机关、军事管理区、文物保护单位等） （3）特殊高密度场所（如大型体育场、大型交通枢纽等）	$<3\times10^{-7}$
（1）居住类高密度场所（如居民区、宾馆、度假村等） （2）公众聚集类高密度场所（如办公场所、商场、饭店、娱乐场所等）	$<1\times10^{-6}$

4. 安全规划的方法

化工园区安全规划的基本思想是“分区制”实现“分区”。目前，国内外安全规划方法可归纳为 3 类，即安全距离法、基于后果的方法和基于风险的方法。

（1）安全距离法。安全距离法起源较早，大约出现在 1810 年左右。该方法根据历史的经验或专家判断，列出不同工业活动或设施与居民住宅、公共区以及其他重要区域之间的安全距离，安全距离的大小取决于工业活动类型或危险物质的性质与数量。该方法通常以表格方式罗列工业活动的类别以及相应的安全分隔距离，工业活动分类有粗有细：有的粗分类别，如“无机化工”“有机化工”等，不说明使用的危险物质名称和数量；在细致分类的情况下，安全距离的确定既考虑危险物质的数量，也考虑其他安全相关因素，如地上液化石油气（LPG）储罐，储量在 200～500 m^3 之间等，但对具体的设计、安全措施及具体细节不作考虑。

1）表 7—6 是芬兰政府建议的安全距离表。

表 7—6　　芬兰政府建议的安全距离

物质	容器或储库大小	安全距离（m）	
		至公用道路、工地边界	至住宅区，公众使用或自然敏感区域
液化石油气	5 t	5	15～35
	5～50 t	10	35～50
	50～200 t	25	50～25
	>200 t	需进行安全分析	需进行安全分析
硝酸铵	1～5 t	后栏中距离的 2/3	100
	5～10 t		150
	10～15 t		200
	15～30 t		250
	30～50 t		300
	50～100 t		350
	>100 t		400

续表

物质	容器或储库大小	安全距离（m）	
		至公用道路、工地边界	至住宅区，公众使用或自然敏感区域
氨	>10 t	400～600	
氢	>120 kg	150	
（工艺单元中的）不稳定气体或可燃液体	5 000 m^3	350	
（工艺单元中的）其他可燃气体或液体	5 000 m^3	130	
（罐中）可燃液体	200 m^3	55	80

2）图 7—5 是德国的重大危险源安全距离确定方法，安全距离与危险物质及其储量有关，规划时按重大危险源的等级确定安全距离，Ⅳ级重大危险源的安全距离最大。

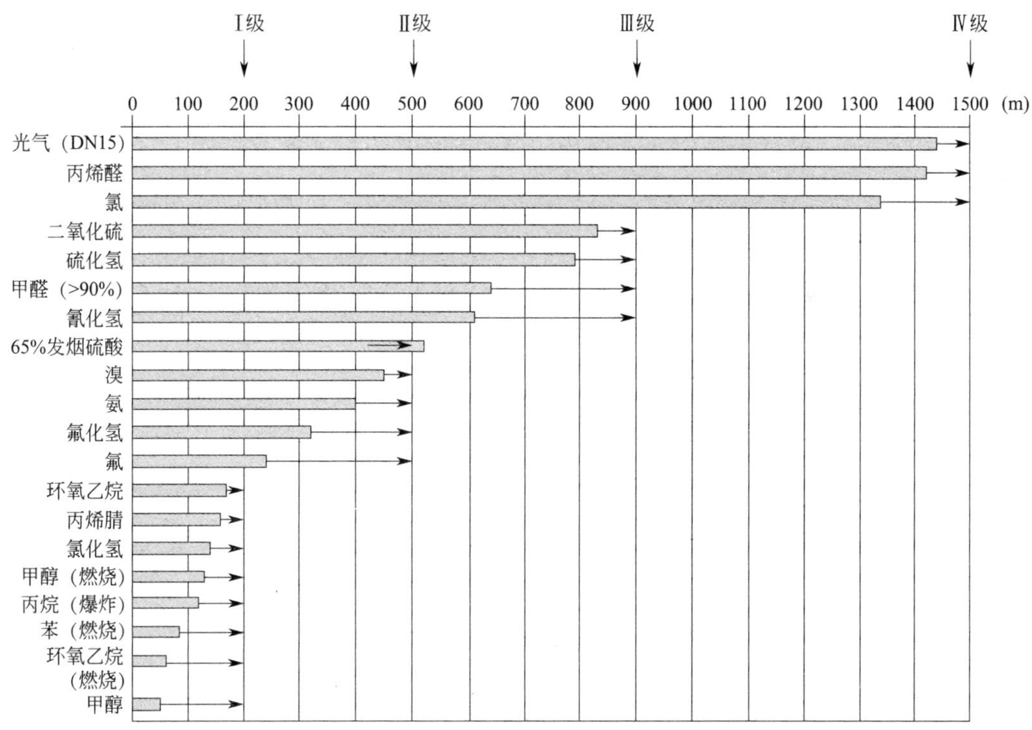

图 7—5　德国重大危险源安全距离

3）我国有多个表述安全距离的术语，见表 7—7，尽管术语称谓不同，但其内涵是一致的。

表 7—7 我国有关安全距离的术语

相关概念	概念来源	应用范围	距离起止点	防护目的	防护目标
外部距离/外部最小允许距离	GB 50089、GB 50161	民用爆破器材及烟花爆竹企业	危险设施边缘到防护目标边缘	人员生命财产安全	居住区、工业企业和其他等设施
防火间距	GB 50016 等工程标准	所有工业企业	危险设施边缘到防护目标边缘	人员生命财产安全	居住区、工业企业和其他等设施
安全防护距离	GB 19041	光气及光气化产品企业	危险设施边缘到防护目标边缘	人员生命安全	居住区、交通要道
安全距离	GB 50074	石油库企业	危险设施边缘到防护目标边缘	人员生命财产安全	居住区、工业企业和其他等设施

4）表 7—8 摘自 GB 50160—2008《石油化工企业设计防火规范》，表中安全距离范围在 20~120 m 之间。

表 7—8 石油化工企业生产区与周边建筑的安全距离

防火间距/m			
	石油化工企业生产区		
相邻工厂或设施	液化烃罐组	可能携带可燃液体的高架火炬	甲、乙类工艺装置或设施
居住区、公共福利设施、村庄	120	120	120
相邻工厂（围墙）	120	120	50
国家铁路线（中心线）	55	80	45
厂外企业铁路线（中心线）	45	80	35
国家或工业区铁路编组站（铁路中心线或建筑物）	55	80	45
厂外公路（路边）	25	60	20
变配电站（围墙）	80	120	50
架空电力线路（中心线）	1.5 倍塔杆高度	80	1.5 倍塔杆高度
Ⅰ、Ⅱ级国家架空通信线路（中心线）	50	80	40
通航江、河、海岸边	25	80	20

5）GB 50253—2014《输油管道工程设计规范》中，规定埋地输油管道同地面建（构）筑物的最小间距应符合下列条件：

①原油、成品油管道与城镇居民点或重要公共建筑的距离不应小于 5 m。

②原油、成品油管道临近飞机场、海（河）港码头、大中型水库和水工建（构）筑物敷设时，间距不宜小于 20 m。

③输油管道与铁路并行敷设时，管道应敷设在铁路用地范围边线 3 m 以外，且原油、成品油管道距铁路线不应小于 25 m、液化石油气管道距铁路线不应小于 50 m。如受制于地形或其他条件限制不满足本条要求时，应征得铁路管理部门的同意。

④输油管道与公路并行敷设时，管道应敷设在公路用地范围边线以外，距用地边

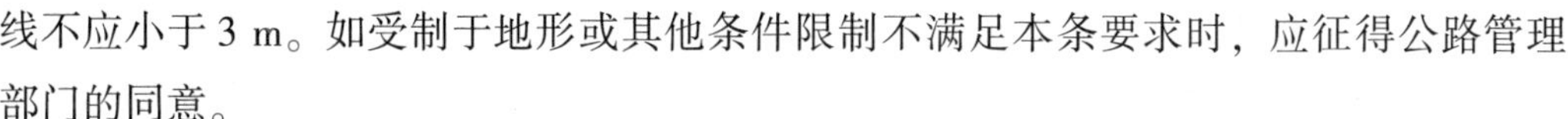

线不应小于 3 m。如受制于地形或其他条件限制不满足本条要求时，应征得公路管理部门的同意。

⑤原油、成品油管道与军工厂、军事设施、炸药库、国家重点文物保护设施的最小距离应同有关部门协商确定。液化石油气管道与军工厂、军事设施、炸药库、国家重点文物保护设施的距离不应小于 100 m。

⑥液化石油气管道与城镇居民点、重要公共建筑和一般建（构）筑物的最小距离应符合现行国家标准《城镇燃气设计规范》（GB 50028）的有关规定。

上述规定中的距离，对于城镇居民点，由边缘建筑物的外墙算起；对于单独的学校、医院、军工厂、机场、码头、港口、仓库等，应由划定的区域边界线算起。

6）管道与架空输电线路平行敷设时，其距离应符合国家标准《66 kV 及以下架空电力线路设计规范》（GB 50061）及《110～750 kV 架空输电线路设计规范》（GB 50545）的有关规定。管道与干扰源接地体的距离应符合国家标准《埋地钢质管道交流干扰防护技术标准》（GB/T 50698）的有关规定。埋地输油管道与埋地电力电缆平行敷设的最小距离，应符合国家标准《钢质管道外腐蚀控制规范》（GB/T 21447）的有关规定。

7）输油管道与已建管道并行敷设时，土方地区管道间距不宜小于 6 m，如受制于地形或其他条件限制不能保持 6 m 间距时，应对已建管道采取保护措施。石方地区与已建管道并行间距小于 20 m 时不宜进行爆破施工。

8）同期建设的输油管道，宜采用同沟方式敷设；同期建设的油、气管道，受地形限制时局部地段可采用同沟敷设，管道同沟敷设时其最小净间距不应小于 0.5 m。

9）管道与通信光缆同沟敷设时，其最小净距（指两断面垂直投影的净距）不应小于 0.3 m。

由于我国不同标准规范对安全距离的规定不一致，给安全规划造成一定困惑。为此，2015 年 4 月 10 日，安监总局办公厅《关于外部安全防护距离问题的复函》（安监总厅管三函〔2015〕46 号）进一步明确了外部安全防护距离的概念。外部安全防护距离是指危险化学品生产、储存装置危险源在发生火灾、爆炸、有毒气体泄漏时，为避免事故造成防护目标处人员伤亡而设定的安全防护距离，不同于为避免正常生产过程中污染物长期排放对周边人员造成健康影响而设定的卫生防护距离。审查危险化学品企业安全生产许可条件时，其外部安全防护距离应由可接受风险标准确定。

（2）基于后果的方法。该方法是 20 世纪 70 年代后出现的。该方法做如下假设：如果现有的保护措施能够充分保护人群免受最坏事故的影响，那么也能够充分保护人群免受任何较轻事故的影响。因此，有时也称之为“最坏假想事故情景”方法，也称之为“确定性方法”。以各种“最坏假想事故情景”模型为基础，计算出与潜在事故发生可能性无关的死亡或各种伤害的半径，然后根据这个距离分区，在这个区域内会造成死亡或伤害，区域之外则不会造成相应后果。基于后果的方法是系统理论用于风险分析的产物，因而其计算过程和计算结果都是系统确定的、令人信服的。但是由于“最坏假想事故情景”很难准确确定，因而其缺点主要是“出发点”的不确定性。

如图 7—6 所示，首先根据防备能力和最坏事故情景，计算出两个距离：R_1（事故发生时出现第一个人死亡的距离）和 R_2（事故发生时出现人身不可恢复损害的距离）。然后分为 3 个区域：Z_1、Z_2 和 Z_3。Z_1 区（$R<R_1$）只允许建造人口密度较小工业设施，Z_2 区（$R_1<R<R_2$）允许建造有限人口密度的建筑，但需要采取一定的技术措施来控制事故的发生频率，Z_3 区（$R>R_2$）的开发不受限制。美国以及欧盟的多数国家使用基于后果的方法。

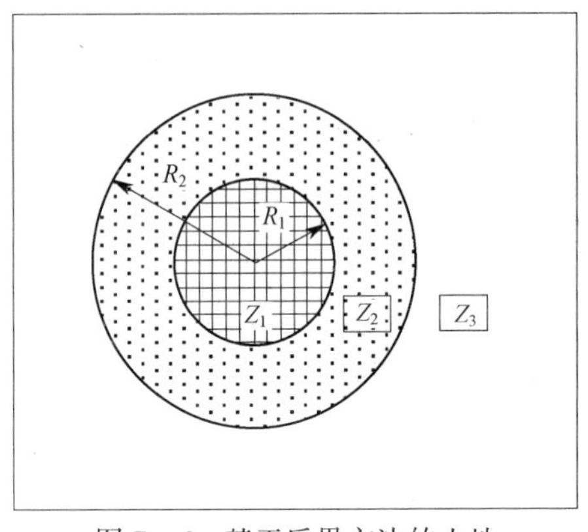

图 7—6　基于后果方法的土地利用安全规划分区方法

（3）基于风险的方法。1974 年美国拉姆逊教授（Norman Carl Rasmussen）首先将该方法应用到核能发电厂的风险评价中。之后被迅速推广到了其他行业。基于风险的方法，也称概率风险评价（PRA），其评价所有事故的后果严重度及其发生的可能性，综合给出所评价对象或区域的个人风险和社会风险。个人风险用风险等值廓线表示，社会风险常用 $F-N$ 曲线表示。计算社会风险时既要考虑设施附近的人口密度，还要考虑不同时间的人员变动以及应急措施等因素。社会风险标准常用作个人风险标准的增补标准。

表 7—9、表 7—10、表 7—11、表 7—12 示例了国内外部分权威部门和机构颁布的场内个人风险标准、场外个人风险标准、社会风险标准。

表 7—9　　场内个人风险标准

权威部门和应用标准	不可接受风险（每年）	可接受风险（每年）
英国安全卫生部（现有危险性设施）	1×10^{-3}	1×10^{-6}
壳牌石油公司（陆上和海上设施）	1×10^{-3}	1×10^{-6}
英国石油公司（陆上和海上设施）	1×10^{-3}	1×10^{-5}
Norsk Hydro 公司（陆上设施）	1×10^{-3}	—
ICI 公司（陆上设施）	—	3.3×10^{-5}
挪威石油公司（陆上设施）	—	8.8×10^{-5}
Rohm & Haas 公司（陆上设施）	—	1×10^{-7}

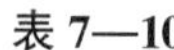

表 7—10　　场外个人风险标准

权威部门和应用标准	不可接受风险（每年）	可接受风险（每年）
荷兰（已建设施或结合新建设施）	1×10^{-6}	1×10^{-8}
英国（已建危险工业）	1×10^{-5}	1×10^{-8}
英国（新建核能发电厂）	1×10^{-4}	1×10^{-6}
英国（新建危险物品运输）	1×10^{-5}	1×10^{-6}
英国（靠近已建设施的新民宅）	1×10^{-4}	1×10^{-6}
新加坡（新建和已建设施）	1×10^{-5}	—
马来西亚（新建和已建设施）	1×10^{-5}	1×10^{-6}
文莱（已建设施）	1×10^{-4}	1×10^{-6}
文莱（新建设施）	1×10^{-5}	1×10^{-7}
澳大利亚西部（新建设施）	1×10^{-6}	—
加利福尼亚，美国（新建设施）	1×10^{-5}	1×10^{-7}

表 7—11　　中国颁布的可接受个人风险标准

防护目标	可接受个人风险标准（概率值）	
	新建装置（每年）≤	在役装置（每年）≤
低密度人员场所（人数<30 人）：单个或少量暴露人员	1×10^{-5}	3×10^{-5}
居住类高密度场所（30 人≤人数<100 人）：居民区、宾馆、度假村等 公众聚集类高密度场所（30 人≤人数<100 人）：办公场所、商场、饭店、娱乐场所等	3×10^{-6}	1×10^{-5}
高敏感场所：学校、医院、幼儿园、养老院、监狱等 重要目标：军事禁区、军事管理区、文物保护单位等 特殊高密度场所（人数≥100 人）：大型体育场、交通枢纽、露天市场、居住区、宾馆、度假村、办公场所、商场、饭店、娱乐场所等	3×10^{-7}	3×10^{-6}

资料来源：《危险化学品重大危险源监督管理暂行规定》（国家安全生产监督管理总局第 40 号令，2011）。

表 7—12　　社会风险标准

国家或机构	最大容许概率 $N=1$	可忽略风险概率 $N=1$	$F-N$ 曲线斜率	边界点
荷兰	10^{-3}	10^{-5}	−2	1 000
英联邦国家	10^{-1}	10^{-4}	−1	—
丹麦	10^{-2}	10^{-4}	−2	—
澳大利亚	10^{-2}	10^{-4}	−2	—
中国	10^{-3}	10^{-5}	−1	1 000

以上三类方法中，安全距离法的优点是简单明了，便于应用和管理，可按不同危

险物品的性质、数量或危险设施的类型编制成安全距离手册或标准，便于规划、设计、安全监管部门以及企业检查和应用。其不足之处是建立在经验基础之上，没有考虑设施的安全管理水平和本质安全度等方面的差别。

基于事故后果的方法主要依据伤害能量大小和伤害准则确定伤害范围。其优点是可定量给出不同条件下最严重事故伤害的半径，进行土地使用安全规划时决策方便，具有可操作性。缺点是需要专业人员在数据库支持下完成，计算过程较为复杂。

定量风险评价方法可定量给出事故后果严重度和发生概率，但计算过程复杂，且需建立在具有多方面数据库的基础上，由风险评价专业人员完成。尽管广泛应用定量风险评价方法还有困难，但多数发达国家推荐或强制推广基于风险的安全规划方法，我国要求重大危险源设施需进行定量风险评价，并在此基础上进行规划和监管。

第四节　化工园区安全管理信息化建设

一、智慧化工园区新模式

为了切实落实国家关于化工园区安全管理的一系列法规要求，进一步加强化工园区安全管理，必须加强化工园区安全管理信息化建设，走智慧化工园区发展模式的道路。

目前，我国仍有部分化工园区的管理方式比较粗放，园区对于企业的管理大多局限于安全、环境等方面，没有覆盖到节能管理、空间管理、运营管理等领域，在管理方式上处于被动状态，不能针对园区内各类情况很快调整管理策略。随着信息化技术的快速发展，新时代的化工园区需要更加注重管理的效率和内容。如何利用好信息化技术支撑园区的发展战略、满足园区内企业智能化发展需求、进一步提升园区的管理效率，可谓是化工园区未来发展所面临的共同课题。在这种时代背景下，智慧化工园区发展模式应运而生，并成为实现园区现代化的重要战略途径之一。

智慧化工园区建设，旨在以新一代信息技术为手段，以智慧应用为支撑，全面整合园区内外资源，实现园区基础设施智能化、公共管理精细化、公共服务便捷化、资源利用绿色化、产业发展智能化，促进园区发展向产业集聚型、生态环保型转变。这项建设，对于拉动产业经济，刺激行业发展，推进企业“两化”深度融合及转型升级都具有重要的作用。

化工园区的智慧化转型及智能化探索上主要面临4个方面的动力：一是政府的倡导与政策方面的支持，包括在政府投资中，明显看到对智慧城市、智慧园区的投资不断加大；二是智能化已经被社会各个层面所认同，社会资源也呈现出向化工园区智慧化转移的趋势；三是新材料、新技术的层出不穷为化工园区智慧化转型提供了技术动力；四是化工园区自身升级的需求，智慧化迎合了时代发展的脚步。

智慧化工园区建设的主要意义可以分为两个层面：一是直接为园区管委会服务，进一步提升园区内部的政务管理能力，丰富管理者的决策依据，实现园区内企业、项目、人才以及安全、环保、消防、应急、医疗防护等信息共享；二是通过与企业、城市各相关信息系统的连通，为城市、园区、企业运营做好统计分析、监测预警、循环经济、战略发展等决策服务，加强环境保护、风险防控与事故应急响应能力，促进园区更通畅的和周边社会、社区连接，为提升入园企业的竞争力和园区的综合管理能力和监控与应急处置能力提供信息化支撑。

我国智慧化工园区的建设尚处起步阶段，智能化水平及安全、环保管控水平还有很大的提升空间。上海化学工业经济技术开发区、南京化学工业园区、惠州大亚湾经济技术开发区、宁波石化经济技术开发区等传统大中型化工园区已具备一定基础，正在以高起点开展智慧化工园区的建设。一些中小型化工园区业已认识到园区信息化、智慧化的重要意义，逐渐加大投入开启智慧化工园区建设。

二、全国化工园区应急管理信息普查

2016年3月21日，为全面掌握全国化工园区应急管理基本情况，加强对化工园区应急管理工作的监督指导，确保应急状态下的应急救援与处置工作顺利进行，国家安全生产应急救援指挥中心下发《关于报送化工园区应急管理基本信息的通知》（应指综协调〔2016〕2号），决定开展全国化工园区应急管理基本信息普查工作。主要包括以下三方面的应急管理信息：

1. 园区及所属企业基本信息

园区及所属企业基本信息主要包括：园区简介、园区区域位置图、园区平面布置图（CAD版），包含园区内企业平面布置信息、道路信息、园区周边最少2 km范围内的社会目标信息。据此所制定的园区企业应急管理基本信息详见表7—13。

2. 园区应急资源基本信息

（1）化工园区及所属企业配置的应急物资装备，详见表7—14。

（2）园区内的应急避难场所（提供文字说明并在园区平面布置图中标示）。

（3）园区内及周边应急队伍的基本信息，详见表7—15。

表 7—13　　　　园区内企业应急管理基本信息

所在省份				所在园区			
主要负责人		联系电话		安全负责人		联系电话	
建设状态	□已投产 □在建	开业（投产）时间		占地面积（m^2）		从业人员数	
危险化学品单位类型	□生产单位　□使用单位　□储存单位　□经营单位　□运输单位 □其他					企业专职消防队	□有 □无
安全管理机构	□有 □无	专职安全管理人员人数		兼职安全管理人员人数		企业专职应急救援队	
安全许可证初次领证时间（换证时间）				安全生产标准化达标情况			
消防设施	□火灾自动报警系统　□自动喷水灭火系统　□防火卷帘　□消火栓 □灭火器　□其他					重点消防单位	□是 □否
生产（经营）情况及其规模							

填表人姓名：　　　　填表人联系方式：　　　　填表日期：　　　　单位盖章

注：1. 单位名称：格式为 A-B，其中 A 为企业全称，B 为企业简称。

2. 企业专职应急救援队：填写专职应急救援队伍类型，如堵漏抢险队等。如有，同时填写表 7—15，详述应急救援队伍力量。

3. 生产（经营）情况及其规模：应填写企业主要原料年用量、产品年生产量，储存场所和设施基本情况、容纳能力（包括罐容、仓库面积、储存物料等）。

表 7—14　　　　企业/园区应急资源信息

分类	设备名称	型号/规格	数量	分类	设备名称	型号/规格	数量	分类	设备名称	型号/规格	数量	分类	设备名称	型号/规格	数量
消防设施与设备	移动式消防泵			泄漏控制设备	事故应急池			个体防护设备	防火服			大型应急设备	大型拖车		
	移动式消防炮				堵漏器材				隔热服				应急发电车		
	干粉储存设施				吸油棉（毡）				防化服				起重机		
	泡沫储存设施				围油栏				空气呼吸器				人员疏散车辆		
	消防水池				便携可燃、有毒气体检测报警仪				防毒面具				便携式发动机		
	其他				其他				其他				其他		
工程破拆设备	千斤顶			警戒管制设备	警戒绳带			通信联络设备	通信车			医疗救护设备	救护车		
	破拆枪、液压剪				路障				防爆对讲机				洗消器材		
	破裂机				闪光灯、警告牌				扩音器				人工呼吸器		
	其他				其他				其他				其他		

注：1. 本表由园区内各企业和园区分别填写，企业表包括各企业应急资源信息，园区表应在园区管理的应急资源的基础上对园区内企业应急资源进行汇总，提供园区内全部应急资源汇总表。

2. 各类别设置“其他”项，用以填写列出项目之外的应急资源。

3. 表格不够可复印。

表 7—15　　园区内及周边应急救援队伍基本信息

<table>
<tr><td colspan="2">应急救援队伍名称</td><td colspan="3"></td><td colspan="3">隶属单位名称</td><td colspan="3"></td></tr>
<tr><td colspan="2">详细地址</td><td colspan="3"></td><td colspan="3">专职队员总数</td><td colspan="3"></td></tr>
<tr><td colspan="2">水溶性泡沫库存量（t）</td><td colspan="3"></td><td colspan="3">抗溶性泡沫库存量（t）</td><td colspan="3"></td></tr>
<tr><td colspan="2">二氧化碳存量（t）</td><td colspan="3"></td><td colspan="3">干粉库存量（t）</td><td colspan="3"></td></tr>
<tr><td>消防车序号</td><td>型号</td><td>车牌号</td><td>额定工作压力（MPa）</td><td>射程（m）</td><td>水罐容量（t）</td><td>泡沫容量（t）</td><td>干粉容量（t）</td><td>其他灭火剂储量（t）</td><td>最高车速（km/h）</td><td>购置日期（年/月）</td></tr>
<tr><td></td><td></td><td></td><td></td><td></td><td></td><td></td><td></td><td></td><td></td><td></td></tr>
<tr><td></td><td></td><td></td><td></td><td></td><td></td><td></td><td></td><td></td><td></td><td></td></tr>
<tr><td></td><td></td><td></td><td></td><td></td><td></td><td></td><td></td><td></td><td></td><td></td></tr>
</table>

注：1. 本表以园区内及周边各应急队伍为单位填写。

2. 应急队伍名称格式为 X-Y，其中 X 为应急队伍名称、Y 为所在园区。

3. 表格不够可复印。

（4）园区内及周边的气防站、医疗资源等专业应急力量的基本信息（包括名称、简介、应急专业领域、应急力量、联系电话等）。

3. 应急联动机制基本信息

应急联动机制基本信息包括：园区事故灾难应急预案；园区应急联动机制信息等。

三、化工园区安全管理信息化建设实例：南京化工园区“三个一”安全生产监管体系

南京化工园区自 2015 年起，借助信息化、科技化的手段，建立起园区“一表清、一网控、一体防”的智能综合监管新模式。该园区是经国家批准、以发展现代化工为主的特色化工园区，是危化品仓储物流企业、石油化工和精细化工企业集聚度最高的园区之一。2014 年被国家安全生产监督管理总局认定为 60 个危险化学品安全生产重点县（市、区）之一，现有各类企业 2 000 余家，其中生产、储存、使用危险化学品企业 126 家，是全国企业数量较多的化工园区。园区的安全生产工作呈现“六多一复杂”的特点，即危险化学品企业数量多、构成“两重点、一重大”企业多、涉及危险化学品种类多、特种设备保有量多、驻区大企业多、改扩建项目较多、安全生产监管对象复杂。

1. “一表清”

即该园区安全信息电子档案“一表清”。园区建立了安全生产监管一览表，表格分为总表及分表，搜集、整理和录入企业安全生产基础数据、政府监管等方面的数据。以便实时了解每家企业的基本情况和安全生产数据信息。总表内容包括 20 个大类，90

个子项。20 个大类涵盖了企业性质、建设项目、危险类型、基础管理、重点部位关键岗位、工艺设备、职业卫生、安全培训、承包商管理、直接作业环节、消防安全、事故处理、应急救援体系、应急管理、公共区域管理管线、长输管线、危险化学品运输、封闭化管理、危险化学品企业整治、绿化隔离带建设各类信息。

建立了“一表清”系统后，公共区域安全管理、危化品行业整治、封闭管理和企业内部管理的各个监管环节与内容都可以在表里体现，企业的信息更加清晰和具体，可以及时了解企业基本情况和安全数据的变更，为日常监管工作提供了数据保障。

园区安全生产监督管理局依据“一表清”总表内容及企业各项基础资料，将园区 135 km^2 范围内重点企业、道路以及设施信息全面标注，构建安全生产监管体系电子地图系统，图中标识出每家企业所属各类房屋、设施设备、危险装置以及园区公共管廊、交通路网等的位置，鼠标点哪里，哪里就会显示该处企业的概况、涉及危险化学品种类、涉及重大危险源名称与位置、各类事故应急救援预案与相关设备设施位置等。

“一表清”系统中还嵌入了公共资源共享平台，安全生产法律法规、安全监管专家名单等信息都可以在这个平台中查询到，方便企业的安全文化建设与日常监管。企业生产经营活动的审批、申报等流程也可以在这个系统上完成，节省了企业的时间和精力，在提高生产效率的同时，有更多的精力投入安全生产保障中去。在公共资源共享平台的基础上延伸开发企业安全生产诚信平台，营造区域整体安全生产氛围。

2. “一网控”

即安全监管“一网控”。园区整合现有安全生产信息管理平台，结合获取的“一表清”数据基础，从企业动态监测、实时报知、联动接出警、舆情监控、视频监控、隐患排查、应急物资调配等方面，开发完善化工园区安全生产预测预警共享网络，形成了企业端、政府端等多主体协同使用系统平台，具体分为：政府部门联动接出警平台、实时视频监控平台、现场实时报知平台、企业动态监测报警平台、企业隐患排查监控平台、智能卡口监控平台、特种设备监控管理平台、新闻媒体网络监控平台和应急物资装备调配平台九大平台，组成了“一网九平台”的“纵向到底、横向到边”的预测预警共享网络格局，对园区的安全监管实现了“一网控”。通过“一网九平台”，实现了对园区企业安全生产全区域、全时段、全方位、可视化的安全监管。

化工园区应急指挥中心可通过覆盖化工园区的高空瞭望监控摄像头，对园区内重大危险源、道路交通、公共管廊、长输管线以及其他公共区域的安全情况实时监控，并能进行数据处理分析，实现预测预警。一旦发生事故，“一网控”的报警平台会通过短信收发、电话报警、微信等通知手段，实现安监、环保、消防、公安、社会事业、公用公司等部门联动接警、出警，协同执法以及事故应急救援处置。基于化工园区 GIS 地图，系统还建立了区域应急物资装备分布图，并依托规模以上企业，建立 4~5 个调配分拨中心，进行统一监控，将包括医疗、消防等应急物资实时、快速地转运至事故地点，及时救援。

同时，园区安保队伍、公共管廊巡检员、企业保安、企业安管人员等80多人组建了信息员队伍，对园区内的管廊、卡口、企业安全生产情况进行24 h的巡检。只要一有险情，信息员就会立即通过现场实时报知系统报送信息，实现了企业及园区公共区域安全信息的实时报知，消除了摄像头监控不到的盲点。

3. “一体防”

即“三级联动”齐抓共管，形成园区安全“一体防”。园区构建了“园区总揽协调、部门联动协作、企业自主能动”的三级安全管理“防护网”，出台了园区安全生产“党政同责、一岗双责、失职追责”暂行规定，年初层层签订责任书，年内定期分析形势、部署任务，年终从严考核兑现奖惩。园区管委会与上级政府部门、园区部门与街道、社区与企业，充分建立、健全各级安全生产责任制度及职责，联动一体，形成三级安全生产责任体系。

安全生产“一体防”体系主要是由三层防控组成，实现层级管理：企业与社区是第一层防控，主要负责事故预防与应急自救，涵盖安全生产标准化体系、过程安全管理、职业卫生管理、应急救援、安全社区工作等；园区部门与街道主要负责日常监管与应急救援，包括危险化学品监管、行政审批备案、行政执法检查、“12345”安全专线、事故应急救援、事故调查等，形成第二层“防控网”；最后一道管控关口是园区管委会与上级政府部门，负责上级督查与资源调配，涵盖国家、省、市级安全工作督查，重大隐患挂牌督办，管委会、安委会工作，应急资源调配等。

企业严格过程安全管理、职业卫生管理、配备应急资源；园区监管部门、各街道严格审批、检查、监管，督促企业建立长效管理机制；园区管委会、上级政府部门监督下级监管部门，合理协调配备足量的应急救援力量、资源，逐级完善园区管委会与上级政府部门、园区部门与街道、社区与企业三层防控体系，为园区安全生产织了一张严密的“安全防控网”。

第八章
化工安全评价技术

第一节　化工安全评价技术概述

一、危险化学品安全评价

安全评价在欧美各国通常称为“风险评估”或“风险评价”，一般来说，“安全评价”与“风险评价”是同义语。风险管理包括3个连续的步骤：风险分析、评价和控制，它们不断循环，使现实风险持续保持在可控状态。其中，安全评价（风险评价）是核心环节。

1964年，美国道（DOW）化学公司根据化工生产的特点首先开发出“火灾、爆炸危险指数评价法”，用于对化工装置进行风险评价，该方法已修订6次，已发展到第七版。20世纪60年代，英国帝国化学公司提出危险与可操作性分析（HAZOP），目前该评价方法广泛应用于化工工艺过程的安全分析。1974年，英国帝国化学公司（ICI）蒙德（Mond）部在道化学公司评价方法的基础上提出了“蒙德火灾、爆炸、毒性指标评价法”。1976年，日本劳动省颁布了“化工厂安全评价六阶段法”。1978年，英国政府对Canvey岛的研究计划，首次采用定量风险评价的方法对工业设施进行评价。1980年，荷兰政府对Rijnmond地区的6个固定设施进行了定量风险评价研究。由于分析评价技术的发展，风险评价已在现代生产经营单位安全管理中占有优先的地位。

在我国，《安全生产法》规定：矿山、金属冶炼建设项目和用于生产、储存、装卸危险物品的建设项目，应当按照国家有关规定进行安全评价。《危险化学品管理条例》在规定了对危险化学品各环节管理和监督办法等的同时，提出了“生产、储存、使用剧毒化学品的单位，应当对本单位的生产、储存装置每年进行一次安全评价；生产、储存、使用其他危险化学品的单位，应当对本单位的生产、储存装置每两年进行一次安全评价”的要求。

二、安全评价分类

安全评价是以实现安全为目的，应用安全系统工程原理和方法，辨识与分析工程、系统、生产经营活动中的危险、有害因素，预测发生事故造成职业危害的可能性及其严重程度，提出科学、合理、可行的安全对策措施建议，做出评价结论的活动。安全评价可针对一个特定的对象，也可针对一定区域范围。安全评价是安全系统工程的重要组成部分，安全评价应当贯穿于工程、系统的规划、设计、建设、竣工、运行和退役整个生命周期的各个阶段。

根据 AQ 8001—2007《安全评价通则》，安全评价按照实施阶段的不同分为三类，即安全预评价、安全验收评价和安全现状评价。

1. 安全预评价

安全预评价是指在建设项目可行性研究阶段、工业园区规划阶段或生产经营活动组织实施之前，根据相关的基础资料，辨识与分析建设项目、工业园区、生产经营活动潜在的危险、有害因素，确定其与安全生产法律法规、规章、标准、规范的符合性，预测发生事故的可能性及其严重程度，提出科学、合理、可行的安全对策措施建议，做出安全评价结论的活动。

2. 安全验收评价

安全验收评价是指在建设项目竣工后正式生产运行前或工业园区建设完成后，通过检查建设项目安全设施与主体工程同时设计、同时施工、同时投入生产和使用的情况或工业园区内的安全设施、设备、装置投入生产和使用的情况，检查安全生产管理措施到位情况，检查安全生产规章制度健全情况，检查事故应急救援预案建立情况，审查确定建设项目、工业园区建设满足安全生产法律法规、规章、标准、规范要求的符合性，从整体上确定建设项目、工业园区的运行状况和安全管理情况，做出安全验收评价结论的活动。

3. 安全现状评价

安全现状评价是指针对生产经营活动中、工业园区内的事故风险、安全管理等情况，辨识与分析其存在的危险、有害因素，审查确定其与安全生产法律法规、规章、标准、规范要求的符合性，预测发生事故或造成职业危害的可能性及其严重程度，提出科学、合理、可行的安全对策措施建议，做出安全现状评价结论的活动。安全现状评价既适用于对一个生产经营单位或一个工业园区的评价，也适用于某一特定的生产方式、生产工艺、生产装置或作业场所的评价。

三、安全评价程序

安全评价程序主要包括：前期准备，危险、有害因素识别与分析，划分评价单元，定性、定量评价，提出安全对策措施建议，形成安全评价结论，编制安全评价报告。

1. 前期准备

前期准备的内容包括：明确被评价对象和范围；组建评价组；收集国内外相关法律法规、标准、规章、规范；收集并分析评价对象的基础资料、相关事故案例；对工程或系统、工程实际情况进行实地调查等内容。

2. 危险、有害因素识别与分析

根据被评价的工程、系统的周边环境、平立面布局、生产工艺流程、辅助生产设施、公用工程、作业环境、场所特点或功能分布等情况，识别和分析危险、有害因素，确定危险、有害因素存在的部位、存在的方式、事故发生的途径及其变化的规律。

3. 划分评价单元

在系统或工程相当复杂的情况下，为了安全评价的需要，可以按照自然条件、工艺条件、生产场所、危险与有害因素类别等划分评价单元。评价单元应该相对独立且具有明显的特征界限、便于实施评价为原则。

4. 定性、定量评价

在危险、有害因素识别和分析的基础上，根据评价的目的、要求和评价对象的特点、工艺、功能或活动分布，选择科学、合理、适用的评价方法，对工程、系统发生事故的可能性和严重程度进行定性、定量评价。

5. 提出安全对策措施建议

依据危险、有害因素辨识结果与定性、定量评价结果，遵循针对性、技术可行性、经济合理性的原则，提出消除或减弱危险、有害因素的技术和管理措施。对策措施建议应具体翔实、具有可操作性。按照针对性和重要性的不同，措施和建议可分为应采纳和宜采纳两种类型。

6. 安全评价结论

安全评价机构应根据客观、公正、真实的原则，严谨、明确地做出安全评价结论。安全评价结论的内容应包括：高度概括评价结果；从风险管理角度给出评价对象在评价时与国家有关安全生产的法律法规、标准、规章、规范的符合性结论；给出事故发生的可能性和严重程度的预测性结论；采取安全对策措施后的安全状态等。

7. 安全评价报告的编制

依据安全评价的结果编制相应的安全评价报告。安全评价报告是安全评价过程的具体体现和概括性总结，是评价对象实现安全运行的技术性指导文件，对完善自身安全管理、应用安全技术等方面具有重要作用。安全评价报告作为第三方出具的技术性咨询文件，可为政府安全生产监管、监察部门、行业主管部门等相关单位对评价对象的安全行为进行法律法规、标准、行政规章、规范的符合性判别所用。

安全评价报告应全面、概括地反映安全评价过程的全部工作，文字应简洁、准确，提出的资料清楚可靠，论点明确，利于阅读和审查。

四、安全评价方法

安全评价方法是进行定性、定量安全评价的工具，安全评价内容十分丰富，安全评价目的和对象的不同，安全评价的内容和指标也不同。目前，安全评价方法有很多种，常见的安全评价方法有：安全检查法（Safety Review，SR）、安全检查表法（Safety Checklist Analysis，SCA）、危险指数法（Risk Rank，RR）、预先危险分析法（Preliminary Hazard Analysis，PHA）、故障假设分析法（What...If）、故障假设分析/检查表分析法（What...If/Checklist Analysis）、危险与可操作性分析法（Hazard and Operability Study，HAZOP）、保护层分析（Layer of Protection Analysis，LOPA）、故障类型和影响分析法（Failure Mode Effects Analysis，FMEA）、故障树分析法（Fault Tree Analysis，FTA）、事件树分析法（Event Tree Analysis，ETA）、人员可靠性分析法（Human Reliability Analysis，HRA）、作业条件危险性评价法（Job Risk Analysis，LEC）、定量风险评价法（Quantitative Risk Analysis，QRA）等，每种评价方法都有其适用范围和应用条件。在进行安全评价时，应该根据安全评价对象和要实现的安全评价目标，选择适用的安全评价方法。化工行业适用的众多安全评价方法中，HAZOP 分析及 LOPA 分析方法占据重要地位。

第二节　HAZOP 分析

一、简介

HAZOP 分析（Hazard and Operability Studies）是化工和石化行业应用最广泛的风险分析方法。HAZOP 分析是完善工艺安全管理（PSM）的基础，它是以研究工艺参数偏差的原因及偏差对整个系统的影响为出发点，全面系统地辨识设计和运行中可能导致安全或操作中的问题、缺陷，评价其后果严重度，并提出消减风险的建议、对策。

HAZOP 分析集工艺、设备、自控、安全等专业人员和操作人员的集体智慧，是系统查找化工装置设计阶段、运行过程安全风险的重要技术手段。HAZOP 技术既能够指导化工工艺设计人员及早发现设计阶段存在的安全风险，从而完善设计，从源头上提高化工过程本质安全水平，也能指导生产管理和操作人员查找在役化工装置可能存在的安全风险，及早采取措施，防范事故发生。HAZOP 技术以其科学、全面、系统等突出特点，一经出现，就迅速在国外流程生产企业得到了普遍应用。目前发达国家的化工建设项目在设计阶段已全部进行 HAZOP 分析，要求在役化工装置 5 年左右也必须进行一次 HAZOP 分析。HAZOP 的原理与方法，不仅得到国际化工界的普遍认可，而且还在航空航天、核工业、汽车制造等领域得到了广泛的应用。

为了促进 HAZOP 分析方法的推广和应用，2013 年国家安全生产监督管理总局发布行业标准 AQ/T 3049—2013《危险与可操作性分析（HAZOP 分析）应用导则》。该标准等同翻译了国际电工委员会 IEC 61882：2001《Hazard and Operability Studies (HAZOP)-Application guide》《危险与可操作性分析（HAZOP 分析）应用导则》。该标准可统一安全工作者对 HAZOP 方法内涵的认识，提高 HAZOP 技术应用水平，为国内各行业开展 HAZOP 分析提供技术指导，同时为 HAZOP 分析的规范化和标准化奠定基础。

二、基本术语和定义

1. 特性（Characteristic）

要素的定性或定量性质。

注：如压力、温度和电压。

2. 设计目的（意图）（Design Intent）

设计人员期望或规定的各要素及特性的作用范围。

3. 偏差（Deviation）

设计目的（意图）的偏离。

4. 要素（Element）

系统一个部分的构成因素，用于识别该部分的基本特性。

注：要素的选择取决于具体的应用，包括所涉及的物料、正在开展的活动、所使用的设备等。物料应取其广义，包括数据、软件等。

5. 引导词（Guide Word）

一种特定的用于描述对要素设计目的（意图）偏离的词或短语。

6. 危害（Harm）

人员身体伤害、健康损害、财产损失或环境破坏。

7. 危险（Hazard）

潜在的危害。

8. 部分（Part）

当前分析的对象，该对象是系统的一个部分。

注：一个部分可能是物理的（如硬件）或者逻辑的（如操作步骤）。

9. 风险（Risk）

危害发生的可能性和严重性的结合。

三、HAZOP分析的目的和原则

1. 目的

HAZOP采用结构化和系统化方式分析给定系统，其目的是：

（1）识别系统中潜在的危险。这些危险既包括与系统临近区域密切相关的危险，也包括一些影响范围更广的危险，如某些环境危害。

（2）识别系统中潜在的可操作性问题，尤其是识别可能导致各种事故的生产操作失误与设备故障。

HAZOP分析的重要作用在于，通过结构化和系统化的方式识别潜在的危险与可操作性问题，分析结果有助于确定合适的补救措施。

2. HAZOP分析原则

（1）概述。HAZOP分析是对危险与可操作性问题进行详细识别的过程，由一个小组完成。HAZOP分析包括辨识潜在的偏离设计目的的偏差、分析其可能的原因并评估相应的后果。HAZOP分析的主要特征包括：

1）HAZOP分析是一个创造性过程。通过应用一系列引导词来系统地辨识各种潜在的偏差，对确认的偏差，激励HAZOP小组成员思考该偏差发生的原因以及可能产生的后果。

2）HAZOP分析是在一位训练有素、富有经验的分析组长引导下进行的，组长须通过逻辑分析思维确保对系统进行全面的分析。分析组长宜配有一名记录员，记录识别出来的各种危险和（或）操作扰动，以备进一步评估和决策。

3）HAZOP分析小组由多专业的专家组成，他们具备合适的技能和经验，有较好的直觉和判断能力。

4）HAZOP分析应在积极思考和坦率讨论的氛围中进行。当识别出一个问题时，应做好记录以便后续的评估和决策。

5）对识别出的问题提出解决方案并不是HAZOP分析的主要目标，但是一旦提出解决方案，应做好记录供设计人员参考。

HAZOP 分析包括 4 个基本步骤，如图 8—1 所示。

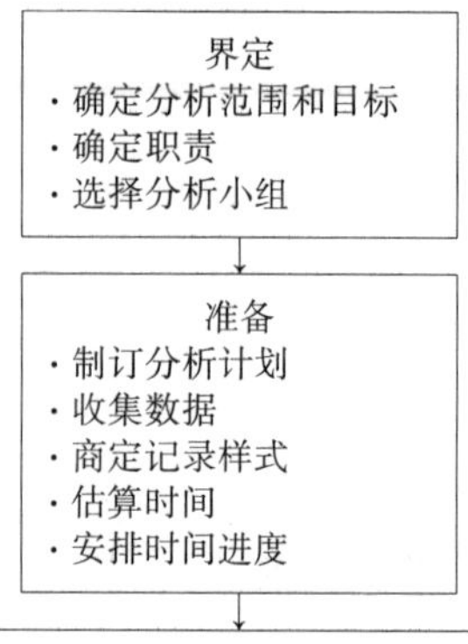

分析
· 将系统分解为若干部分
· 选择某一部分并明确设计目的
· 对每个要素使用引导词确定偏差
· 识别原因和后果
· 确定是否存在重大问题
· 识别保护、检测和显示装置
· 确定可能的补救/减缓措施(可选)
· 对建议措施达成一致意见
· 依次对每个要素重复以上步骤,然后对系统每个部分重复以上步骤

文档和跟踪
· 记录分析情况
· 签署分析资料
· 完成分析报告
· 跟踪措施的执行情况
· 需要时重新分析系统某些部分
· 完成最终输出报告

图 8—1　HAZOP 分析程序

（2）分析原则。HAZOP 分析的基础是“引导词检查”，它是对系统与设计目的偏差的缜密查找过程。为便于分析，可将系统分成多个部分，并充分明确各部分的设计目的。所选部分的大小取决于系统的复杂性和危险的严重程度。为加快分析进程，复杂或高危险系统可分成较小的部分，简单或低危险系统可分成较大的部分。系统特定部分的设计目的可通过各种要素来表示，要素既代表了该部分的自然划分，也体现了该部分的基本特性。分析要素的选择在某种程度上是一种主观决定，为达到分析目的，可根据不同的应用目的选择不同的要素。要素可能是工艺程序中不连续的步骤或阶段，或是控制系统中的单独信号和设备元件，或是工艺过程或电子系统中的设备或零部件等。

有些情况下，可以按如下顺序表示系统某一部分的功能：物料的输入、物料的处理、产物的输出。

因此，设计目的将包含以下要素：物料、生产活动以及可视为该部分要素的输入原料和输出产品。要素常通过定量或定性的特性做更明确的定义。例如，在化工系统中，“物料”要素可以进一步通过温度、压力和成分等特性定义。对于“运输活动”要素，可通过行驶速率或乘客数量等特性定义。对基于计算机的系统，信息（不是物料）可作为各部分的要素。HAZOP 小组使用预先确定的“引导词”，对每种要素（和相关的特性）进行分析，通过问询过程，识别并确认会导致不利后果的偏差。引导词的作用是激发分析人员的想象性思维，使其专注于分析，提出观点并进行讨论，从而尽可能使分析完整全面。基本引导词及其含义见表 8—1。

表 8—1　　基本引导词及其含义

引导词	含义	引导词	含义
无，空白（NO 或者 NOT）	设计目的的完全否定	部分（PARTOF）	性质的变化/减少
多，过量（MORE）	量的增加	相反（REVERSE）	设计目的的逻辑取反
少，减量（LESS）	量的减少	异常（OTHERTHAN）.	完全替代
伴随（ASWELLAS）	性质的变化/增加		

与时间和先后顺序（或序列）相关的引导词及其含义见表 8—2。

表 8—2　　与时间和先后顺序（或序列）相关的引导词及其含义

引导词	含义	引导词	含义
早（EARLY）	相对于给定时间早	先（BEFORE）	相对于顺序或序列提前
晚（LATE）	相对于给定时间晚	后（AFTER）	相对于顺序或序列延后

上述引导词有多种解释。除上述引导词外，还可能有对辨识偏差更有利的其他引导词，这类引导词如果在分析开始前已经进行了定义，就可以使用。选定系统的一部分进行分析，将该部分的设计目的分为几个单独的要素。然后，将所有相关的引导词应用于每个要素，从而系统地完成对偏差的全面分析。运用一个引导词，分析某种偏差的可能原因和后果，也可以检查故障检测或显示装置。按确定的格式，记录分析结果。

引导词/要素的组合可视为一个矩阵，其中，引导词定义为行，要素定义为列，所形成的矩阵中每个单元都是特定引导词/要素的组合。为全面进行危险识别，要素及关联特性应涵盖设计目的的所有相关方面，引导词应能引导出所有偏差。并非所有组合都会给出有意义的偏差，因此，考虑所有引导词/要素的组合时，矩阵可能会出现空格。矩阵中各单元的分析顺序有两种，一种是逐列，也就是要素优先；另一种是逐行，也就是引导词优先。两种顺序的分析见图 8—2 和图 8—3。原则上，两种分析的结果应相同。

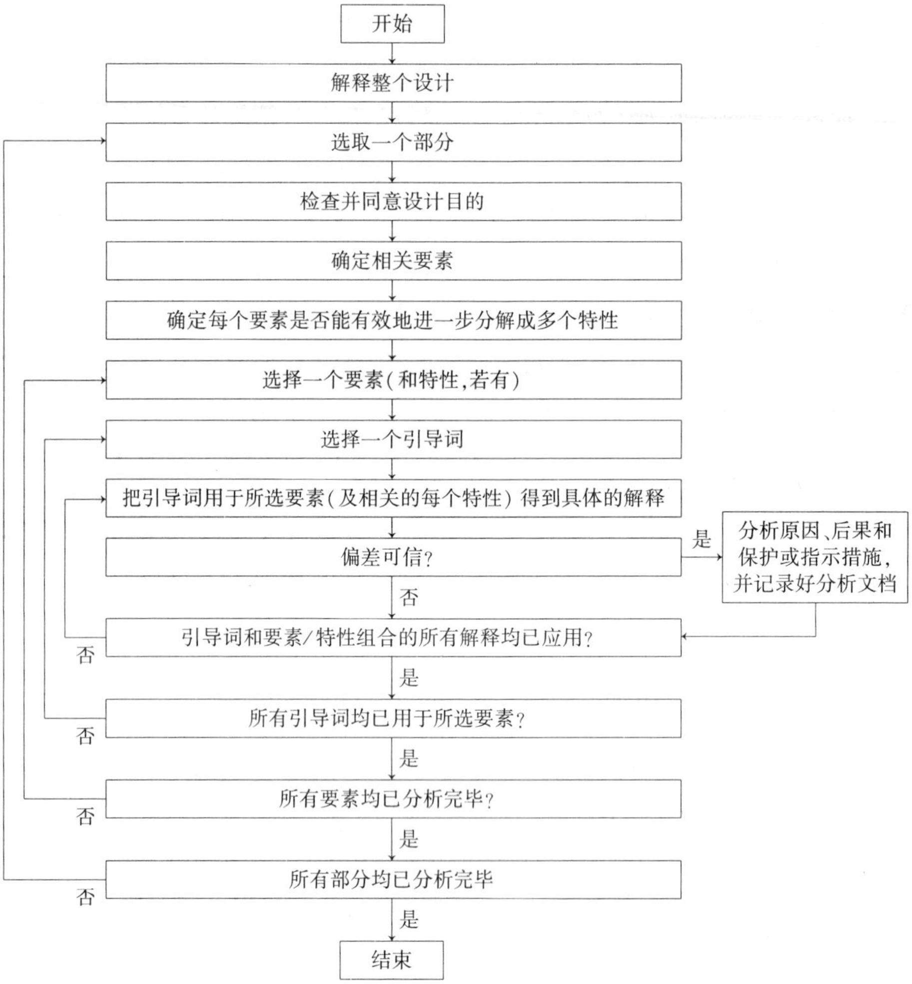

开始

解释整个设计

选取一个部分

检查并同意设计目的

确定相关要素

确定每个要素是否能有效地进一步分解成多个特性

选择一个要素（和特性，若有）

选择一个引导词

把引导词用于所选要素（及相关的每个特性）得到具体的解释

偏差可信？ 是 → 分析原因、后果和保护或指示措施，并记录好分析文档

否

引导词和要素/特性组合的所有解释均已应用？ 否

是

所有引导词均已用于所选要素？ 否

是

所有要素均已分析完毕？ 否

是

所有部分均已分析完毕 否

是

结束

图 8—2　HAZOP 分析程序流程——“要素优先”顺序

四、设计描述

1. 概述

对需分析的系统进行准确且全面的设计描述是完成 HAZOP 分析任务的先决条件。设计描述应充分描述所分析的系统及其组成部分和要素，并识别其特性。设计描述可以是对物理设计或逻辑设计的描述，其描述内容应清晰。

设计描述应以定性或定量的方式表述各部分和要素的系统功能。此外，设计描述还应描述分析系统和其他系统、系统和操作者/用户以及系统和环境的相互作用。系统各要素或特性与其原设计目的的一致性决定了系统操作的正确性，在有些情况下还决定了系统的安全性。系统的描述包括两个基本方面：系统要求；设计的物理描述和（或）逻辑描述。

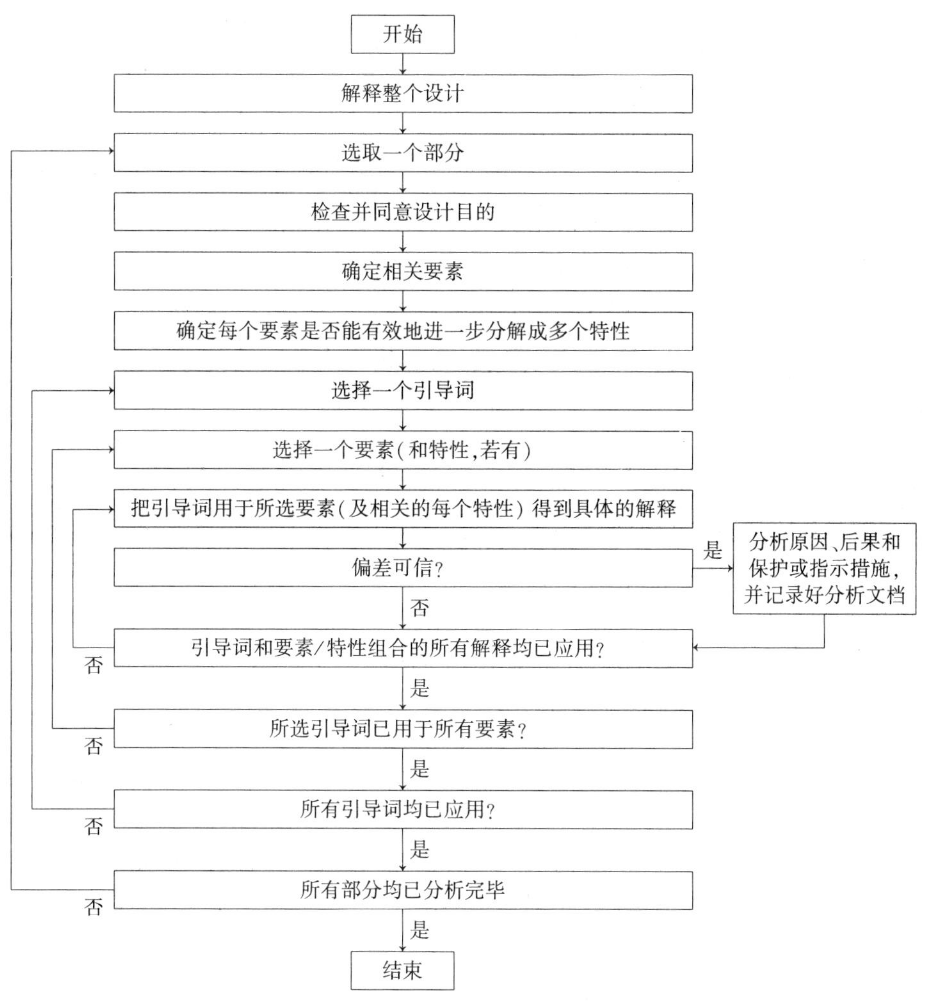

图 8—3　HAZOP 分析程序流程——“引导词优先”顺序

HAZOP 分析结果的质量取决于设计描述（包括设计目的）的完整性、充分性和准确性。因此，在准备信息资料时应注意：如果 HAZOP 分析在系统运行、停用和拆除阶段进行，应注意确保对体系所做过的任何变更均体现在设计描述中。开始分析前，分析小组应再次审查信息资料，若有必要，应进行修改。

2. 设计要求和设计目的

设计要求是系统必须满足的定性和定量要求，是系统的设计目的和系统设计的依据。用户可能遇到的所有合理使用情形和误用情形都应予以识别。设计要求和最终设计目的应满足用户要求。

设计人员根据设计要求进行系统设计，即实现系统配置，分配子系统和组件的具体功能。组件可以是指定的或挑选的。设计人员不仅应考虑设备具有哪些功能，还应确保设备在非正常条件下不会失效，并在规定的使用期限内运行正常。应辨识出不安全行为或特性，以便在设计中予以排除，或通过适当的设计降低其影响。上述信息为确定待分析部分的设计目的提供了基础。

“设计目的”构成分析的基准，应尽可能准确完整。设计目的的验证（参见IEC 61160）虽然不在HAZOP分析的范围之内，但分析组长应确认设计目的准确完整，使分析顺利进行。通常，设计文件中的设计目的叙述多局限于正常运行条件下系统的基本功能和参数，而很少涉及可能发生的非正常运行条件和不利的活动（如强烈的振动、管道的水击、可能引发失效的电涌）。但是，在HAZOP分析期间，对这些非正常条件和不利活动应予以识别和考虑。此外，设计目的的描述中也未明确说明功能失效机理，如老化、腐蚀和侵蚀，以及造成材料特性失效的其他机理。但是，在HAZOP分析期间必须使用合适的引导词对这些因素进行识别和考虑。

系统预期使用年限、可靠性、可维护性、维修保障以及进行维护期间可能遇到的危险，只要它们在HAZOP分析的范围之内，也应予以识别和考虑。

五、HAZOP的应用

1. 概述

HAZOP技术最初是化学行业用来分析流体介质处理和物料输送中的安全问题所开发的技术。但是近几年，它的应用范围逐步扩大，例如：①软件应用，包括可编程电子系统；②人员输送系统，如公路、铁路；③检查不同的操作顺序和操作程序；④评价不同行业的管理程序；⑤评价特定的系统，如医疗设备。

HAZOP尤其适用于识别系统（现有或拟建）的缺陷，包括物料输送、人员流动或数据传输，按预定工序运行的事件和活动或该工序的控制程序。HAZOP还是新系统设计和开发所需的重要工具，也可以有效地用于分析一个给定系统在不同运行状态下的危险和潜在问题，如开车、备用、正常运行、正常停车和紧急停车等。HAZOP不仅能运用到连续过程，也可用于间歇和非稳态过程及工序。HAZOP可视为价值工程和风险管理整个过程不可分割的一部分。

2. 与其他分析方法的关系

HAZOP可以和其他可靠性分析方法联合使用，如FMEA（失效模式和效应分析，参见GB/T 7826）和FTA（故障树分析，参见GB/T 7829）。这种联合使用方式可用于下列情况：

（1）当HAZOP分析明确表明设备某特定部分的性能至关重要，需要深入研究时，采用FMEA对该特定部分进行研究，有助于对HAZOP分析进行补充；

（2）在通过HAZOP分析完单个要素/单个特性的偏差后，决定使用FTA评价多个偏差的影响或使用FTA量化失效的可能性。

HAZOP本质上是以系统为中心的分析方法，而FMEA是以元件为中心的分析方法。FMEA由一个元件可能发生的故障开始，进而分析整个系统的故障后果，因此，FMEA是从原因到后果的单向分析。HAZOP分析的理念则不同，它是识别偏离设计目的的可能偏差，然后从两个方向进行分析，一个方向查找偏差的可能原因，另一个方向推断其后果。

3. HAZOP的局限性

尽管已证明HAZOP在不同行业都非常有用，但该技术仍存在局限性，在考虑潜在应用时需要注意：

（1）HAZOP作为一种危险识别技术，它单独地考虑系统各部分，系统地分析每项偏差对各部分的影响。有时，一种严重危险会涉及系统内多个部分之间的相互作用。在这种情况下，需要使用事件树和故障树等分析技术对该危险进行更详细的研究。

（2）与任何识别危险及可操作性问题所用的技术一样，HAZOP分析也无法保证能识别所有的危险或可操作性问题。因此，对复杂系统的研究不应完全依赖HAZOP，而应将HAZOP与其他合适的技术联合使用。在全面而有效的安全管理系统中，将HAZOP与其他相关分析技术进行协调使用是必要的。

（3）很多系统是高度关联的，某一系统产生某个偏差的原因可能源于其他系统。这时，仅在一个系统内采取适当的减缓措施可能不一定消除其真正的原因，事故仍会发生。很多事故的发生是因为一个系统内做小的局部修改时未预见到由此可能引发的另一系统的连锁效应。这种问题可通过从系统一个部分的各种偏差对到另一个部分的潜在影响进行分析得以解决，但实际上很少这样做。

（4）HAZOP分析的成功很大程度上取决于分析组长的能力和经验，以及小组成员的知识、经验和合作。

（5）HAZOP仅考虑出现在设计描述上的部分，无法考虑设计描述中没有出现的活动和操作。

4. 系统生命周期不同阶段的危险识别研究

HAZOP分析是一种结构化的危险分析工具，最适用于在设计阶段对生产设施进行分析或者在现有设施做出变更时进行分析。以下详细介绍系统生命周期不同阶段HAZOP和其他分析方法的应用。

（1）概念和定义阶段。在系统生命周期的这一阶段，将确定设计概念和系统主要部分，但开展HAZOP分析所需的详细设计和文档并未形成。然而，有必要在此阶段识别出主要危害，以便在详细设计过程中加以考虑，并有利于随后进行的HAZOP分析。为开展上述研究，应使用其他一些基本方法（关于这些方法的描述，参见IEC 60300—3—9）。

（2）设计和开发阶段。在系统生命周期的这一阶段，形成详细设计，并确定操作方法，编制完成设计文档。设计趋于成熟，基本固定。开展 HAZOP 分析的最佳时机是在设计固定不变之前。在此阶段，设计信息足够详细，便于通过 HAZOP 问询方式得到有意义的答案。HAZOP 分析完成后，为评估系统设计变更对系统的影响，应建立系统设计变更管理系统。该系统应该在系统整个生命周期都起作用。

（3）制造、安装和试运行阶段。如果系统试运行和操作有危险，或正确的操作步骤和说明至关重要，或后期阶段出现设计目的的较大变动时，建议在系统开车前进行一次 HAZOP 分析。此时，应结合试运行和操作说明等数据资料开展 HAZOP 分析。此外，HAZOP 分析还应重新检查早期分析时发现的所有问题，以确保它们得到解决。

（4）生产和维护阶段。对于那些影响系统安全、可操作性或影响环境的变更，应考虑在变更前进行 HAZOP 分析。此外，应对系统进行定期检查，消除日常细微改动带来的影响。在进行 HAZOP 分析时，应确保在分析中使用最新的设计文档和操作说明。

（5）停用和处理阶段。在本阶段可能发生正常运行阶段不会出现的危险，所以本阶段可能需要进行危险分析。如果存有以前的分析记录，则可以迅速完成本阶段的分析。在系统整个生命周期都应保存好分析记录，以确保能迅速解决停用和处理阶段出现的问题。

六、HAZOP 分析程序

1. 分析启动

分析通常由项目负责人（本标准指项目经理）启动。项目经理应确定开展分析的时间，指派 HAZOP 分析组长，并提供开展分析必需的资源。由于法律规定或用户政策要求，通常在正常的项目计划期间已确定需要开展此类分析。在 HAZOP 分析组长的协助下，项目经理应明确分析的范围和目标。分析开始前，项目经理应指派具有适当权限的人负责确保分析得出的建议或措施得以执行。

2. 确定分析范围和目标

分析范围和目标互相关联，应同时确定。两者应有清晰的描述，以确保：明确系统边界，以及系统与其他系统和周围环境之间的界面；分析小组注意力集中，不关注与分析范围和目标无关的区域。

（1）分析范围。分析范围取决于多种因素，主要包括：系统的物理边界；可用的设计描述及其详细程度；系统已开展过的任何分析的范围，不论是 HAZOP 分析还是其他相关分析；适用于该系统的法规要求。

（2）分析目标。通常，HAZOP 分析追求识别所有危险与可操作性问题，不考虑这些问题的类型或后果大小。将 HAZOP 分析的焦点严格地集中于辨识危险，能够节省精力，并在较短的时间内完成。

在确定分析目标时应考虑以下因素：

1）分析结果的应用目的。

2）分析处于系统生命周期的哪个阶段。

3）可能处于风险中的人或财产，如员工、公众、环境、系统。

4）可操作性问题，包括影响产品质量的问题。

5）系统所要求的标准，包括系统安全和操作性能两个方面的标准。

3. 分工和职责

安排 HAZOP 分析工作时，项目经理应明确规定 HAZOP 小组的分工和职责，并得到 HAZOP 分析组长的同意。HAZOP 分析组长应检查设计，确定可用的项目信息和 HAZOP 分析小组成员所需的技能。分析组长应制订项目 HAZOP 活动计划，做好项目进度安排，确保 HAZOP 各项建议能及时执行。

分析组长负责建立一个适当的交流机制，用于传递 HAZOP 分析的结果。项目经理负责对分析结果进行跟踪调查，并对设计小组的执行决策结果进行妥善存档。

项目经理和分析组长应确定 HAZOP 分析是仅限定于识别危险和问题（这些问题随后将反馈给项目经理和设计团队进行解决），还是 HAZOP 分析需要提出可能的补救/减缓措施。若是后一种情况，需要协定以下两方面的责任和机制：补救/减缓措施的优先选择；采取行动的适当授权。

HAZOP 分析需要小组成员的共同努力，每个成员均有明确的分工。只要小组成员具有分析所需要的相关技术、操作技能以及经验，HAZOP 小组应尽可能小。通常一个分析小组至少 4 人，很少超过 7 人。小组越大，进度越慢。当系统由承包商设计时，HAZOP 小组应包括承包商和业主两方的人员。

小组成员的分工建议如下：

（1）分析组长：与设计小组和本工程项目没有紧密关系；在组织 HAZOP 分析方面受过训练、富有经验；负责 HAZOP 小组和项目管理人员之间的交流；制订分析计划；同意分析小组的人员构成；确保有足够的设计描述和资料提供给分析小组；建议分析中使用的引导词，并解释引导词—要素/特性；引导分析；确保分析结果的记录。

（2）记录员：进行会议记录；记录识别出的危险和问题、提出的建议以及进行后续跟踪的行动；协助分析组长编制计划，履行管理职责；某些情况下，分析组长可兼任记录员。

（3）设计人员：解释设计及其设计描述。解释各种偏差产生的原因以及相应的系统响应。

（4）业主（用户）：说明分析要素的操作环境、偏差的后果、偏差的危险程度。

（5）专家：提供与系统和分析相关的专业知识。可邀请专家协助分析小组进行部分分析。

（6）维护人员：维护人员代表（若需要）。

HAZOP 分析通常需要考虑设计者和业主（用户）的观点。然而，在系统生命周期不同阶段，适合 HAZOP 分析的小组成员可能是不同的。

对 HAZOP 小组的人员应进行 HAZOP 培训，使 HAZOP 小组所有成员具备开展 HAZOP 分析的基本知识，以便高效地参与 HAZOP 分析。

4. 准备工作

（1）概述。HAZOP 分析组长负责以下准备工作：

1）获得系统信息。

2）将信息转换成适当的形式。

3）计划 HAZOP 会议的顺序。

4）安排必要的 HAZOP 会议。

此外，分析组长可以安排人员对相关数据库进行查询，收集采用相同或相似的技术出现过的事故案例。

HAZOP 分析组长负责确保具有可用的、充分的系统设计描述。如果设计描述有缺陷或不完整，分析开始前应进行修正补充。在分析的计划阶段，熟悉系统设计的人应在设计描述中确定系统各个部分、要素及其特性。

分析组长负责制订 HAZOP 分析计划，应包括以下内容：

1）分析目标和范围。

2）分析成员的名单。

3）详细的技术资料。

应提供合适的房间设施、可视设备及记录工具，以便会议有效地进行。第一次会议前，宜对分析对象开展现场调查，分析组长应将包含分析计划及必要参考资料的简要信息包分发给分析小组成员，便于他们提前熟悉内容。

HAZOP 分析的成功很大程度上依赖于小组成员的机敏和专注度，因此，分析组长应负责限制每节 HAZOP 会议持续时间以及安排适当的会议时间间隔。

（2）设计描述。通常，设计描述文件是下列具有清晰且唯一的审批签署和日期标识的文件。

1）对于所有系统：设计要求和描述、流程图、功能块图、控制图、电路图表、工程数据表、布置图、公用工程说明、操作和维护要求。

2）对于过程流动系统：管道和仪表流程图（P & ID）、材料规格和标准设备、管道和系统的平面布置图。

3）对于可编程的电子系统：数据流程图、面向对象的设计图、状态转移图、时序图、逻辑框图。

此外，也应提供如下信息：分析对象的边界以及各个边界的分界面；系统运行的环境条件；操作和维护人员的资质、技能和经验；程序和（或）操作规程；操作和维护经验、类似系统存在的已知危害。

（3）引导词和偏差。在 HAZOP 分析的计划阶段，HAZOP 分析组长应提出要使用的引导词的初始清单。分析组长应针对系统所提出的引导词进行验证并确认其适宜性。应仔细考虑引导词的选择，如果引导词太具体可能会影响审查思路或讨论，如果引导词太笼统可能又无法有效地集中到 HAZOP 分析中。不同类型的偏差和引导词及其示例见表 8—3。

表 8—3　　偏差及其相关引导词的示例

偏离类型	引导词	过程工业实例	可编程电子系统实例（PES）
否定	无，空白（NO）	没有达到任何目的，如无流量	无数据或控制信号通过
量的改变	多，过量（MORE）	量的增多，如温度高	数据传输比期望的快
	少，减量（LESS）	量的减少，如温度低	数据传输比期望的慢
性质的改变	伴随（AS WELL AS）	出现杂质 同时执行了其他的操作或步骤	出现一些附加或虚假信号
性质的改变	部分（PARTOF）	只达到一部分目的，如只输送了部分流体	数据或控制信号不完整
替换	相反（REVERSE）	管道中的物料反向流动以及化学逆反应	通常不相关
	异常（OTHER THAN）	最初目的没有实现，出现了完全不同的结果。如输送了错误物料	数据或控制信号不正确
时间	早（EARLY）	某事件的发生较给定时间早，如冷却或过滤	信号与给定时间相比来得太早
	晚（LATE）	某事件的发生较给定时间晚，如冷却或过滤	信号与给定时间相比来得太晚
顺序或序列	先（BEFORE）	某事件在序列中过早地发生，如混合或加热	信号在序列中比期望来得早
	后（LATE）	某事件在序列中过晚地发生，如混合或加热	信号在序列中比期望来得晚

引导词—要素/特性组合在不同系统的分析中、在系统生命周期的不同阶段以及当用于不同的设计描述时可能会有不同的解释。有些组合在既定系统的分析中可能没有意义，应不予考虑。应明确并记录所有引导词—要素/特性组合的解释。如果某组合在设计中有多种解释，应列出所有解释。另外，有时会出现不同的组合具有相同的解释。在这种情况下，应进行适当的相互参考。

5. HAZOP 分析

按照 HAZOP 分析计划，组织分析会议，在分析组长领导下组织讨论。HAZOP 分析会议开始时，分析组长或熟悉分析系统的过程及问题的小组成员应进行以下工作：

（1）概述 HAZOP 分析计划，确保 HAZOP 分析成员熟悉系统以及分析目标和范围。

（2）概述系统设计描述，解释会议中要使用的分析要素和引导词。

（3）审查已知的危险和操作性问题及潜在的关注区域。

分析应沿着与分析主题相关的流程或顺序，并按逻辑顺序从输入到输出进行分析。HAZOP 等危险识别技术的优势源自规范化的逐步分析过程。分析顺序有两种：要素优先和引导词优先，分别如图 8—2 和图 8—3 所示。“要素优先”顺序可描述如下：

（1）分析组长选择系统设计描述的某一部分作为分析起点，并做出标记。随后，解释该部分的设计目的，确定相关要素以及与这些要素有关的所有特性。

（2）分析组长选择其中一个要素，与小组商定引导词应直接用于要素本身还是用于该要素的单个特性。分析组长确定首先使用哪个引导词。

（3）将选择的引导词与分析的要素或要素的特性相结合，检查其解释，以确定是否有合理的偏差。如果确定了一个有意义的偏差，则分析偏差发生的原因及后果。有些应用中会发现，按照后果的潜在严重性或根据风险矩阵得到的相对风险等级对偏差进行分类是有用的。风险矩阵的使用在 IEC 60300—3—9 中有进一步论述。

（4）分析小组应识别系统设计中对每种偏差现有的保护、检测和显示装置（措施），这些保护措施可能包含在当前部分或者是其他部分设计目的的一部分。在识别危险或可操作性问题时，不应考虑已有的保护措施及其对偏差发生的可能性或后果的影响。

（5）分析组长应对记录员记录的文档结果进行总结。当需要进行相关后续跟踪工作时，也应记录完成该工作负责人的姓名。

（6）对于该引导词的其他解释，重复以上（3）~（5）过程；然后依次将其他引导词和要素的当前特性相结合，进行分析；接着对要素的每个特性重复（3）~（5）过程（前提是对要素当前特性的分析达成了一致意见）；然后是对分析部分的每个要素重复（2）~（5）过程。一个部分分析完成后，应标记为——完成‖。重复进行该过程，直到系统所有部分分析完毕。

引导词应用的另一种方法是将第一个引导词依次用于分析部分的各个要素。这一步骤完成后，进行下一个引导词分析，再一次把引导词依次用于所有要素。重复进行该过程，直到全部引导词都用于分析部分的所有要素，然后再分析系统下一部分见图 8—3。

在进行某一分析时，分析组长及其 HAZOP 小组成员应决定选择“要素优先”还是“引导词优先”。HAZOP 分析的习惯会影响分析顺序的选择。此外，影响这一决定的其他因素还包括：所涉及技术的性质、分析过程需要的灵活性以及小组成员接受过的培训。

七、分析文档

1. 概述

HAZOP 的主要优势在于它是一种系统、规范且文档化的方法。为从 HAZOP 分析中得到最大收益，应做好分析结果记录、形成文档并做好后续管理跟踪。HAZOP 分析组长负责确保每次会议均有适当的记录并形成文件。记录员应了解与 HAZOP 分析主题相关的技术知识，具备语言才能、良好的听力与关注细节的能力。

2. 记录样式

HAZOP 记录有两种基本样式：完整记录和“问题记录”。应在会议前确定好记录方法，记录员随后据此进行记录。

(1) 完整记录指将每个引导词—要素/特性组合应用于设计描述上每个部分或要素，对得到的所有结果进行记录。这种方法虽然烦琐，但可证明该分析非常彻底，能够符合最严格的审查要求。

(2) “问题记录”只记录识别出的危险与可操作性问题以及后续行动。“问题记录”会使记录文件更容易管理。但是，这种记录方法不能彻底地记录分析过程，因此在审核时作用较小。此外，在以后的某些研究中，还会再次进行相同的分析。因此，“问题记录”法是 HAZOP 记录的最低要求，使用时应谨慎。

在确定采取的记录样式时，应考虑的因素有：规章要求、合同要求、用户政策、跟踪和审核需要、所关注系统的风险等级、可用的时间和资源。

3. 记录形式

可用的记录形式有多种，如：

(1) 在准备好的表格上进行手工记录，这种形式尤其适合小型研究，只要满足清晰易读的基本要求。

(2) 手稿式 HAZOP 记录可以在会后进行文字处理，并生成质量良好的副本，供分发使用。

(3) 可在会议期间使用具有标准字处理或电子表格处理软件的便携式电脑，生成工作表。

(4) 可使用各种复杂程度的特定计算机软件，协助记录 HAZOP 分析结果。借助投影仪，使用软件包显示分析记录有助于节省分析成本。

4. HAZOP 工作表

应制定记录分析结果和跟踪结果的工作表。不论采取何种报告形式，工作表应包括下文所述的基本特征以满足特定要求。工作表的版面设计各有不同，取决于它是手工的还是电子化的。手写完成的工作表通常包括表头和表列。表头中可包括下列信息：

项目、分析对象、设计目的、分析的系统部分、小组成员、分析的图纸或文件、日期和页码等。

5. 分析报告

HAZOP 分析的报告应包括以下内容：

（1）识别出的危险与可操作性问题的详情，以及已有的探测和（或）减缓措施的细节。

（2）如果有必要，对需要采取不同技术进行深入研究的设计问题提出建议。

（3）对分析期间所发现的不确定情况的处理。

（4）基于分析小组具有的系统相关知识，对发现的问题提出的减缓措施建议（若在分析范围内）。

（5）对操作和维护程序中需要阐述的关键点的提示性记录。

（6）参加每次会议的小组成员名单。

（7）系统中已做 HAZOP 分析的内容说明及未做 HAZOP 部分的原因。

（8）分析小组使用的所有图纸、说明书、数据表和报告等的清单（包括引用的版本号）。使用“问题记录”法时，上述 HAZOP 报告的内容将非常简明地包含于 HAZOP 工作表中。使用完整记录法时，HAZOP 报告的内容需要从整个 HAZOP 分析工作表中“提取”。

6. 报告要求

记录的信息应符合以下要求：

（1）应分条记录每一个危险与可操作性问题。

（2）应记录所有的危险和可操作性问题以及它们产生的原因，不考虑系统中已有的保护或报警装置。

（3）应记录分析小组提出的需要会后研究的每个问题以及负责答复这些问题的人员姓名。

（4）应采用一种编号系统以确保每个危险、可操作性问题、疑问和建议等有唯一的标示。

（5）HAZOP 分析文件应存档以备需要时检索，并可作为系统危险日志（若存在）的参考。

HAZOP 最终报告的发送对象取决于业主的内部政策或规章要求，但一般应包括项目经理、分析组长以及后续行动/建议的负责人。

7. 最终报告内容

应编制 HAZOP 分析的最终报告，内容包括：概要；结论；范围和目标；逐条列出的分析结果；HAZOP 工作表；分析中使用的图纸和文件清单；在分析过程中用到的以往研究成果、基础数据等。

8. 文档签署

HAZOP 分析结束时，应生成 HAZOP 分析报告并经小组成员一致同意。若 HAZOP 小组不能达成一致意见，应记录原因。

八、后续跟踪和职责

HAZOP 分析的目的并非要对系统进行重新设计。通常，分析组长没有权限要求 HAZOP 分析小组提出的建议能得到执行。

依据 HAZOP 报告提出的危害辨识结果，项目经理应在完成系统的重大设计变更（修订）文件后，在执行设计变更前，考虑再召集 HAZOP 小组对重大设计变更进行分析，以确保不会出现新的危险与可操作性问题或维护问题。

在某些情况下，项目经理可授权 HAZOP 小组提出建议并开展设计变更。在这种情况下，可要求 HAZOP 小组完成以下工作：

（1）在关键问题上达成一致意见，以修改设计或操作和维护程序。

（2）核实将进行的修改和变更，并向项目管理人员通报，申请批准。

（3）对将进行的修改部分（包括系统界面）开展进一步的 HAZOP 分析。

九、审查

HAZOP 分析的程序和结果可接受业主（用户）内部或法律规定的审查。须审查的标准和事项应在业主（用户）的程序文件中列明，其中包括：人员、程序、准备工作、记录文档和跟踪情况。审查还应包括对技术方面的全面检查。

第三节　保护层分析（LOPA）方法

一、简介

保护层分析（Layer of Protection Analysis，LOPA）是一种半定量的风险评估技术，通常使用初始事件频率、后果严重程度和独立保护层（IPL）失效频率的数量级大小来近似表征场景的风险。LOPA 在定性危害分析的基础上，进一步评估保护层的有效性，并进行风险决策的系统方法，其主要目的是确定是否有足够的保护层使过程风险满足企业的风险可接受标准。LOPA 适用于化工企业新建、改建、扩建和在役装置（设施）的风险分析。

实施纵深防御是高危险性行业实现安全的基本理念。纵深防御理念起源于核安全领域，后来，化工行业将纵深防御理念逐步发展为保护层（防护层，Layer of Protection）理论，又称屏障理论（模型），俗称洋葱模型。为了确保化工过程的安全性，一个典型的化工过程包含各种独立的保护层，如本质安全设计、基本过程控制系统（BPCS）、报警与人员干预、安全仪表功能（SIF）、物理保护（安全阀等）、释放后保护设施、工厂应急响应和社区应急响应等。这些保护层降低了事故发生的频率，限制并减轻事故后果严重度。在开展化工过程工艺危害分析时，保护层是否足够，能否有效防止事故的发生，是分析人员最为关注的一个问题。

尽管 HAZOP 分析是当前化工企业的安全评价中最有效和应用最广泛的安全评价方法，但是对于 HAZOP 分析识别出来的重大事故场景，分析人员难以准确地对其进行评价，需要进一步采取半定量的 LOPA 分析方法加以修改、补充和完善。为了进一步提升我国化工和石化行业的本质安全水平，2015 年，国家安全生产监督管理总局又发布行业标准 AQ/T 3054—2015《保护层分析（LOPA）方法应用导则》。该标准规定了化工企业采用 LOPA 方法的技术要求，包括 LOPA 基本程序、场景识别与筛选、初始事件确认、独立保护层评估、场景频率技术、风险评估与决策、LOPA 报告和 LOPA 后续跟踪及审查。

二、基本术语和缩略语

1. 基本术语

（1）场景（Scenario）：可能导致不期望后果的一种事件或事件序列。每个场景至少包含两个要素，即初始事件及其后果。

（2）初始事件（Initiating Event）：事故场景的初始原因。

（3）后果（Consequence）：事件潜在影响的度量，一种事件可能有一种或多种后果。

（4）保护层（Protection Layer）：能够阻止场景向不期望后果发展的设备、系统或行动。

（5）独立保护层（Independent Protection Layer）：能够阻止场景向不期望后果发展，并且独立于场景的初始事件或其他保护层的设备、系统或行动。

（6）保护层分析（Layer of Protection Analysis）：通过分析事故场景初始事件、后果和独立保护层，对事故场景风险进行半定量评估的一种系统方法。

（7）要求时的失效概率（Probability of Failure on Demand）：系统要求独立保护层起作用时，独立保护层发生失效，不能完成一个具体功能的概率。

（8）风险评估（Risk Assessment）：将风险分析的结果和风险可接受标准进行对比，进行风险决策的过程。

(9) 安全仪表功能 (Safety Instrumented Function)：为了达到功能安全所必需的具有特定安全完整性水平的安全功能。

(10) 安全关键设备 (Safety Critical Equipment)：可提供独立保护层降低场景风险等级，或将场景的风险由“不可接受风险”转变为“可接受风险”的工程控制设备。

(11) 使能必要事件或条件 (Enabling Event or Condition)：不直接导致场景的事件或条件，但是对于场景的继续发展，这些事件或条件应存在。

(12) 根原因 (Root Cause)：事故发生的根本原因。根原因通常是管理上存在的某种缺陷。

(13) 安全仪表系统 (Safety Instrumented System)：用来实现一个或几个仪表安全功能的仪表系统，可由传感器、逻辑控制器和最终元件的任何组合组成。

(14) 防护措施 (Safe Guard)：可能中断初始事件后的事件链或减轻后果的任何设备、系统或行动。

(15) “尽可能合理降低”原则 (As Low As Reasonably Practicable)：在当前的技术条件和合理的费用下，对风险的控制要做到在合理可行的原则下“尽可能地低”。

2. 缩略语

LOPA 分析常用的缩略语见表 8—4。

表 8—4　　LOPA 分析常用的缩略语

缩略语	解　释	全　称
ALARP	“尽可能合理降低”原则	As low as reasonably practicable
BPCS	基本过程控制系统	Basic process control system
HAZOP	危险与可操作性分析	Hazard and operability study
IE	初始事件	Initiating event
IPL	独立保护层	Independent protection layer
LOPA	保护层分析	Layer of protection analysis
P&ID	管道和仪表流程图	Piping and instrumentation diagram
PFD	要求时的失效概率	Probability of failure on demand
SIF	安全仪表功能	Safety instrumented function
SIL	安全完整性等级	Safety integrity level
SIS	安全仪表系统	Safety instrumented system

三、LOPA 基本程序

1. 基本程序

(1) 保护层分析 (LOPA) 是在定性危害分析的基础上，进一步评估保护层的有效性，并进行风险决策的系统方法。其主要目的是确定是否有足够的保护层使风险满足企业的风险标准。

（2）LOPA 基本流程如图 8—4 所示，主要过程包括：

1）场景识别与筛选。LOPA 通常评估先前危害分析研究中识别的场景。分析人员可采用定性或定量的方法对这些场景后果的严重性进行评估，并根据后果严重性评估结果对场景进行筛选。

2）初始事件（IE）确认。首先，选择一个事故场景，LOPA 一次只能选择一个场景；然后确定场景 IE。IE 包括外部事件、设备故障和人员行为失效。

3）独立保护层（IPL）评估。评估现有的防护措施是否满足 IPL 的要求是 LOPA 的核心内容。

4）场景频率计算。将后果、IE 频率和 IPL 的 PFD 等相关数据进行计算，确定场景风险。

5）风险评估与决策。根据风险评估结果，确定是否采取相应措施降低风险。然后，重复步骤 2）~步骤 5），直到所有的场景分析完毕。

6）后续跟踪与审查。LOPA 分析完成后，对提出降低风险措施的落实情况应进行跟踪。应对 LOPA 的程序和分析结果进行审查。

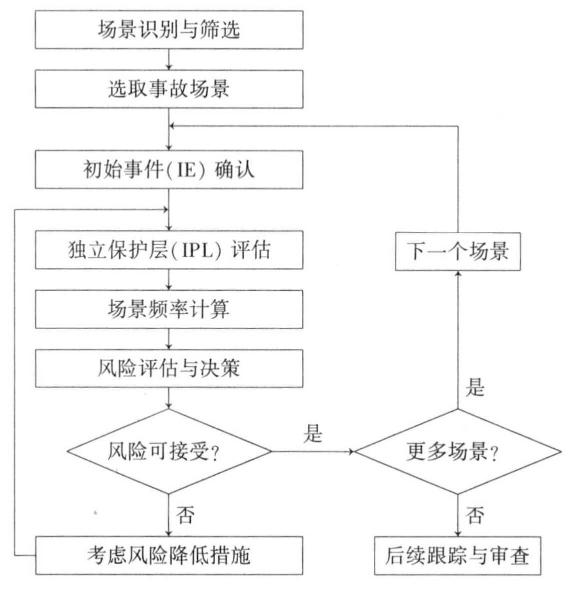

图 8—4　LOPA 基本程序

（3）在使用 LOPA 前，应确定以下分析标准：

1）后果度量形式及后果分级方法。

2）后果频率的计算方法。

3）IE 频率的确定方法。

4）IPL 要求时的失效概率（PFD）的确定方法。

5）风险度量形式和风险可接受标准。

6）分析结果与建议的审查及后续跟踪。

2. 应用时机

在过程危害分析中出现以下情形时，可使用 LOPA：

（1）事故场景后果严重，需要确定后果的发生频率。

（2）确定事故场景的风险等级及事故场景中各种保护层降低的风险水平。

（3）确定安全仪表功能（SIF）的安全完整性等级（SIL）。

（4）确定过程中的安全关键设备或安全关键活动。

（5）其他适用 LOPA 的情形等。

如图 8—5 所示绘制了 LOPA 的应用时机。当无法确定事故场景的风险时，可采用定量方法进行定量风险评价。

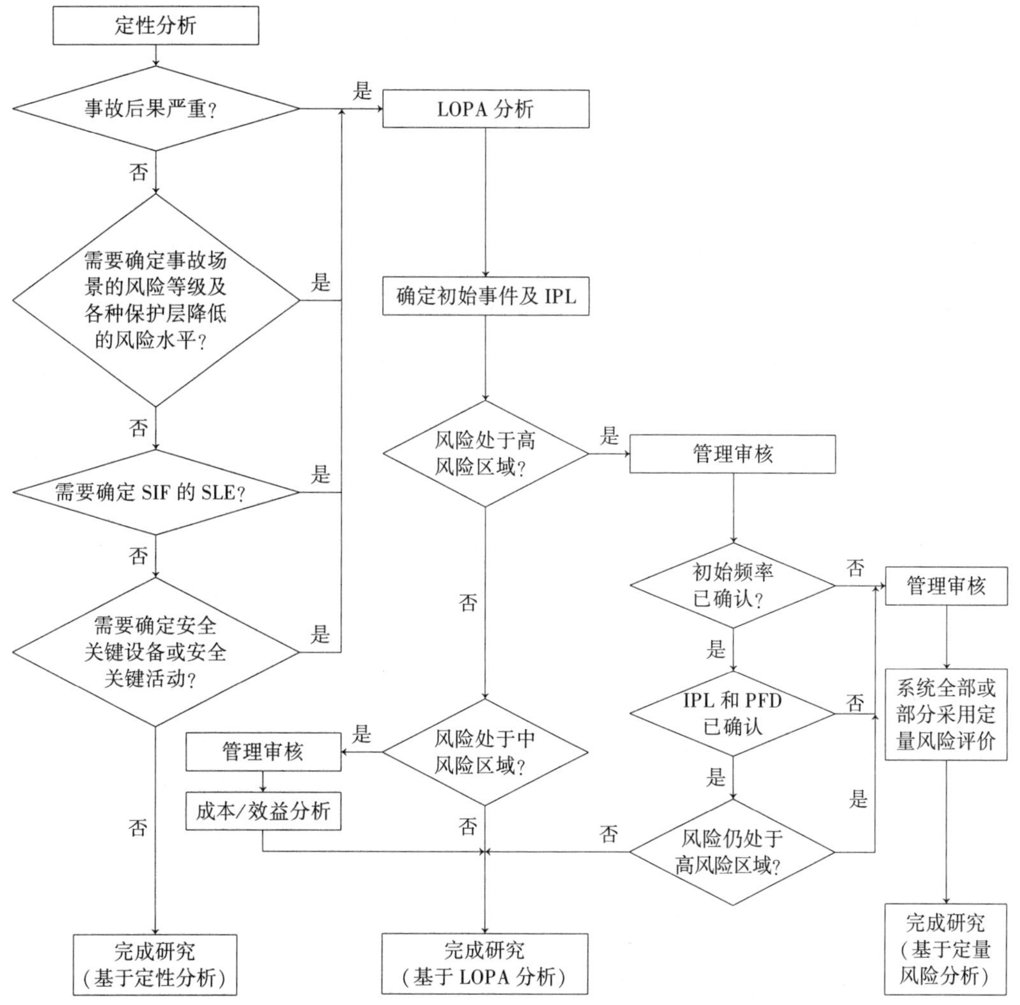

注：事故后果是否严重可根据企业的风险标准确定，以表 8—5 为例，通常可认为 4 级及以上的后果为严重后果。

图 8—5　LOPA 的应用时机

四、小组组成

1. LOPA 分析小组

LOPA 由一个小组完成。LOPA 小组成员可包括但不限于的人员有组长、记录员/设计人员、操作人员/工艺人员、设备工程师/仪表工程师和安全工程师。

2. 其他人员

根据需要，可要求参加的人员有工艺包供应商、成套工艺设备供应商、公用工程工程师、电气工程师、其他专业工程师。

3. HAZOP 分析小组成员

如果 LOPA 是基于 HAZOP 分析的结果，LOPA 小组人员组成宜包括 HAZOP 分析小组成员。

五、场景识别与筛选

1. 场景基本要求

场景应满足以下基本要求：

（1）每个场景应有唯一的 IE 及其对应的单一后果。

（2）当同一 IE 导致不同的后果时，或多种 IE 导致同一后果时，应假设多个场景。

（3）当场景中存在使能必要事件或条件，应将其包含在场景中。

2. 场景识别与信息来源

（1）场景信息来源于危险分析的结果，包括：

1）采用 HAZOP 分析方法进行危害分析的结果。

2）采用 AQ/T3034 中的工艺危害分析方法进行危害分析的结果。

3）事故分析结果。

4）工艺变更分析。

5）安全仪表功能审查结果。

6）其他危害分析结果等。

（2）当利用 HAZOP 分析结果进行 LOPA 时，两者之间的信息对应关系参见图 8—6。

（3）当利用已有的定性危害分析结果进行 LOPA 时，宜对定性危害分析的结果进行审查，确保识别出所有的危害后果及导致后果的所有原因。

3. 场景筛选

（1）宜采用定性或定量的方法对场景后果的严重性进行评估，并根据后果严重性评估结果对场景进行筛选。

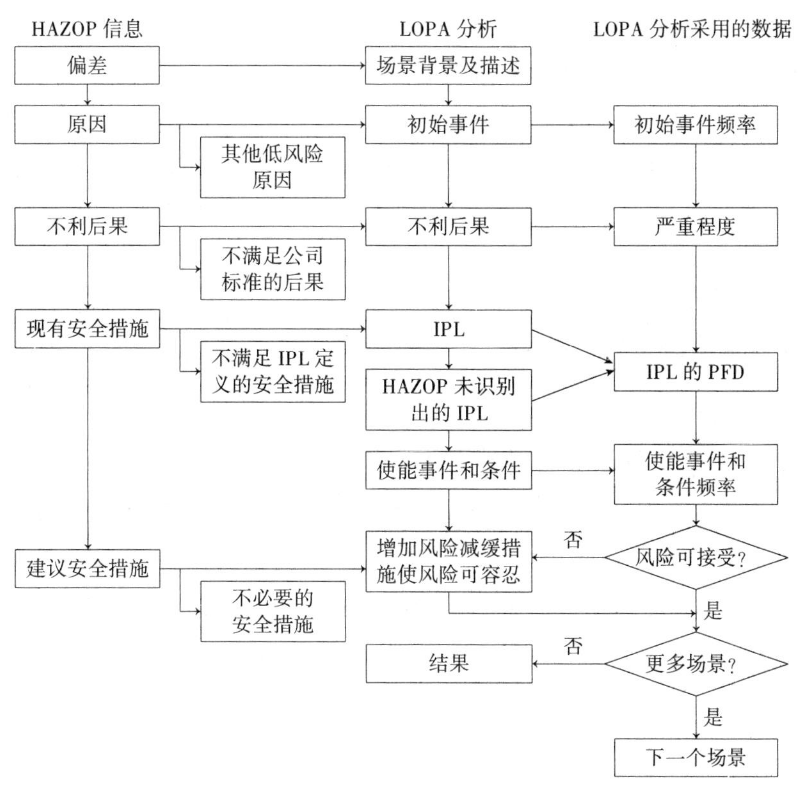

图 8—6　HAZOP 信息与 LOPA 信息的关系

（2）典型的后果种类包括人员伤害、财产损失、环境和声誉影响等。

六、初始事件确认

（1）IE 一般包括外部事件、设备故障和人员失误，具体分类见表 8—5。

表 8—5　　IE 类型

类别	外部事件	设备故障	人员失误
分类	（1）地震、海啸、龙卷风、飓风、洪水、泥石流、滑坡和雷击等自然灾害； （2）空难； （3）临近工厂的重大事故； （4）破坏或恐怖活动； （5）邻近区域火灾或爆炸； （6）其他外部事件	（1）控制系统故障（如硬件或软件失效、控制辅助系统失效）； （2）设备故障： 1）机械故障（如泵密封失效、泵或压缩机停机）； 2）腐蚀/侵蚀/磨蚀； 3）机械碰撞或振动； 4）阀门故障； 5）管道、容器和储罐失效； 6）泄漏等 （3）公用工程故障（如停水、停电、停气、停风等）； （4）其他故障	（1）操作失误； （2）维护失误； （3）关键响应错误； （4）作业程序错误； （5）其他行为失误

（2）在确定 IE 时，应遵循以下原则：

1）宜对后果的原因进行审查，确保该原因为后果的有效 IE。

2）应将每个原因细分为具体的失效事件，如“冷却失效”可细分为冷却剂泵故障、电力故障或控制回路失效。

3）人员失误的根原因（如培训不完善）、设备的不完善测试和维护等不宜作为 IE。

七、独立保护层评估

1. IPL 确定原则

化工企业保护层作为 IPL 时，应满足以下基本要求：

（1）独立性：独立于 IE 的发生及其后果；独立于同一场景中的其他 IPL。

（2）有效性：能检测到响应的条件；在有效的时间内，能及时响应；在可用的时间内，有足够的能力采取所要求的行动；满足所选择的 PFD 的要求。

（3）安全性：应使用管理控制或技术于段减少非故意的或未授权的变动。

（4）变更管理：设备、操作程序、原料、过程条件等任何改动应执行变更管理程序，以满足变更后保护层的 IPL 要求。

（5）可审查性：应有可用的信息、文档和程序可查，以说明保护层的设计、检查、维护、测试和运行活动能够使保护层达到 IPL 的要求。

2. 化工企业典型保护层及作为 IPL 的要求

化工企业典型保护层及作为 IPL 的要求见表 8—6。

表 8—6　　化工企业典型保护层及作为 IPL 的要求

保护层	描述	说明	示例	作为 IPL 的要求	
				具体要求	通用要求
本质安全设计	从根本上消除或减少工艺系统存在的危害	企业可根据具体场景需要，确定是否将其作为 IPL	容器或管道设计可承受事故后果产生的高温、高压等	（1）当本质安全设计用来消除某些场景时，不应作为 IPL； （2）当考虑本质安全设计在运行和维护过程中的失效时，在某些场景中，可将其作为一种 IPL	对于所有的保护层，作为 IPL 应满足以下要求： （1）应有控制段防止非故意的或未授权的变动； （2）应执行严格的变更管理程序，以满足变更后保护层的 IPL 要求；
基本过程控制系统（BPCS）	BPCS 是执行持续监测和控制日常生产过程的控制系统，通过响应过程	BPCS 可以提供三种不同类型的安全功能作为 IPL： （1）连续控制行	精馏塔、加热炉等基本过程控制系统	（1）BPCS 作为 IPL 应满足以下要求： 1）BPCS 应与	

续表

保护层	描述	说明	示例	作为IPL的要求	
				具体要求	通用要求
基本过程控制系统（BPCS）	或操作人员的输入信号产生输出信息，使过程以期望的方式运行。由传感器、逻辑控制器和最终执行元件组成	动：保持过程参数维持在规定的正常范围以内，防止IE发生； （2）报警行动：识别超出正常范围的过程偏差，并向操作人员提供报警信息，促使操作人员采取行动（控制过程或停车）； （3）逻辑行动：行动将导致停车或采取动作使过程处于安全状态	精馏塔、加热炉等基本过程控制系统	安全仪表系统（SIS）在物理上分离，包括传感器、逻辑控制器和最终执行元件； 2）BPCS故障不是造成IE的原因。 （2）在同一个场景中当满足IPL的要求时，具有多个回路的BPCS宜作为一个IPLBPCS多个回路作为IPL的具体评估方法可参见AQ/T 3054的附录D。 （3）当BPCS通过报警或其他形式提醒操作人员采取行动时宜将这种保护考虑为报警和人员响应保护层	（3）应有可用的信息、文档和程序可查，以说明保护层的设计、检查、维护、测试和运行活动功能够使保护层达到IPL的要求
报警和人员响应	报警和人员响应是操作人员或其他工作人员对报警响应或在系统常规检查后，采取的防止不良后果的行动	通常认为人员响应的可靠性较低，应慎重考虑人员行动作为独立保护层的有效性	反应器温度高报警和人员响应	（1）操作人员应能够得到采取行动的指示或报警； （2）操作人员应训练有素，能够完成特定报警所要求的操作任务； （3）任务应具有单一性和可操作性，不宜要求操作人员执行IPL要求的行动时同时执行其他任务； （4）操作人员应有足够的响应时间； （5）操作人员身体条件合适等	

续表

保护层	描述	说明	示例	作为 IPL 的要求	
				具体要求	通用要求
安全仪表功能（SIF）	安全仪表功能通过检测超限（异常）条件，控制过程进入功能安全状态。一个安全仪表功能由传感器、逻辑控制器和最终执行元件组成，具有一定的 SIL	安全仪表功能 SIF 在功能上独立于 BPCS。SIL 分级可见 GB/T 21109	（1）安全仪表功能 SIL1； （2）安全仪表功能 SIL2； （3）安全仪表功能 SIL3	（1）SIF 在功能上独立于 BPCS； （2）SIF 的规格、设计、调试、检验、维护和测试应按 GB/T 21109 的有关规定执行	
物理保护	提供超压保护，防止容器的灾难性破裂	包括安全阀、爆破片等，其有效性受服役条件的影响较大	（1）安全阀； （2）爆破片； （3）安全阀和爆破片串联； （4）放空阀	（1）独立于场景中的其他保护层； （2）在确定安全阀、爆破片等设备的 PFD 时，应考虑其实际运行环境中可能出现的污染、堵塞、腐蚀、不恰当维护等因素对 PFD 进行修正； （3）当物理保护作为 IPL 时，应考虑物理保护起作用后可能造成的其他危害，并重新假设 LOPA 场景进行评估	对于所有的保护层，作为 IPL 应满足以下要求： （1）应有控制段防止非故意的或未授权的变动； （2）应执行严格的变更管理程序，以满足变更后保护层的 IPL 要求；
释放后保护设施	危险物质释放后，用来降低事故后果的保护设施（如防止大面积泄漏扩散、降低受保护设备和建筑物的冲击波破坏、防止容器或管道火灾暴露失效、防止火焰或爆轰波穿过管道系统等）	一般需要对事故后果进行定量评估，根据评估结果选择针对性释放后保护设施或确定保护设施的设计参数	（1）火气系统：可燃气体和有毒气体检测报警系统、泄漏或火灾后紧急切断系统、火灾报警系统等； （2）拦蓄或收集设施：防火堤、集液池及收集系统等； （3）释放后安全处理系统：洗涤设施、有毒气体捕集及处理系统等； （4）减少蒸发扩散的设施：如用于 LNG 的高倍数泡沫系统； （5）防火设施：耐火涂层、防火门、阻火器消防系统（水幕、	（1）独立于场景中的其他保护层； （2）在确定阻火器、隔爆器等设备的 PFD 时，应考虑其实际运行环境中可能出现的污染、堵塞、腐蚀、不恰当维护等因素对 PFD 进行修正	

续表

保护层	描述	说明	示例	作为 IPL 的要求	
				具体要求	通用要求
释放后保护设施	危险物质释放后，用来降低事故后果的保护设施（如防止大面积泄漏扩散、降低受保护设备和建筑物的冲击波破坏、防止容器或管道火灾暴露失效、防止火焰或爆轰波穿过管道系统等）	一般需要对事故后果进行定量评估，根据评估结果选择针对性释放后保护设施或确定保护设施的设计参数	自动灭火系统等）； （6）防爆设施：防爆墙或防爆舱、隔爆器泄压板、水雾系统减爆剂、惰化系统等； （7）防中毒设施：正压防护系统、中和系统等； （8）其他，如与消防联动的电视监视系统		（3）应有可用的信息、文档和程序可查，以说明保护层的设计、检查、维护、测试和运行活动功能够使保护层达到 IPL 的要求
工厂和社区应急响应	在初始释放之后被激活，其整体有效性受多种因素影响		主要包括消防队、工厂撤离、社区撤离、避难所和应急预术等	应确认其有效性	

3. 不作为 IPL 的防护措施

通常不作为 IPL 的防护措施见表 8—7。

表 8—7　　通常不作为 IPL 的防护措施

防护措施	说　明
培训和取证	在确定操作人员行动的 PFD 时，需要考虑这些因素，但是它们本身不是 IPL
程序	在确定操作人员行动的 PFD 时，需要考虑这些因素，但是它们本身不是 IPL
正常的测试和检测	正常的测试和检测将影响某些 IPL 的 PFD，延长测试和检测周期可能增加 IPL 的 PFD
维护	维护活动将影响某些 IPL 的 PFD
通信	差的通信将影响某些 IPL 的 PFD
标识	标识自身不是 IPL，标识可能不清晰、模糊、容易被忽略等。标识可能影响某些 IPL 的 PFD
火灾保护	火灾保护的可用性和有效性受到所包围的火灾/爆炸的影响。如果在特定的场景中，企业能够证明它满足 IPL 的要求，则可将其作为 IPL

八、场景频率计算

1. 风险和频率的定量计算

（1）场景的发生频率计算见式(8—1)：

$$f_i^C = f_i^I \times \prod_{j=1}^{J} PFD_{ij}$$

$$= f_i^I \times PFD_{i1} \times PFD_{i2} \times \cdots \times PFD_{ij} \quad (8\text{—}1)$$

式中 f_i^C——初始事件 i 的后果 C 的发生频率，单位为每年；

f_i^I——初始事件 i 的发生频率，单位为每年；

PFD_{ij}——初始事件 i 中第 j 个阻止后果 C 发生的 IPL 的 PFD。

（2）在计算场景频率时，可根据需要对场景频率进行修正。

1）存在使能事件或条件时，见式(8—2)：

$$f_i^C = f_i^I \times f_i^E \times \prod_{j=1}^{J} PFD_{ij} \tag{8—2}$$

式中 f_i^E——使能事件或条件发生概率。

2）采用点火概率、人员暴露和具体伤害的概率对不同后果场景频率进行修正。

①火灾发生的频率，见式(8—3)：

$$f_i^{fire} = f_i^I \times \left(\prod_{j=1}^{J} PFD_{ij}\right) \times P_{ig} \tag{8—3}$$

式中 P_{ig}——点火概率。

② 人员暴露于火灾中的频率，见式(8—4)：

$$f_i^{fire-ex} = f_i^I \times \left(\prod_{j=1}^{J} PFD_{ij}\right) \times P_{ig} \times P_{ex} \tag{8—4}$$

式中 P_{ex}——人员暴露概率。

③火灾引起人员受伤的频率，见式(8—5)：

$$f_i^{fire-injury} = f_i^I \times \left(\prod_{j=1}^{J} PFD_{ij}\right) \times P_{ig} \times P_{ex} \times P_d \tag{8—5}$$

式中 P_d——人员受伤或死亡概率。

④对于毒性影响，人员伤害的频率方程与火灾伤害方程相似，毒性影响不需要点火概率，式(8—5) 变为式(8—6)：

$$f_i^{toxic} = f_i^I \times \left(\prod_{j=1}^{J} PFD_{ij}\right) \times P_{ex} \times P_d \tag{8—6}$$

2. 初始事件发生频率和 IPL 的 PFD

（1）初始事件发生频率和 IPL 的 PFD 数据可采用：

1）行业统计数据。

2）企业历史统计数据。

3）基于失效模式、影响和诊断分析（FMEDA）及故障树分析（FTA）等的数据。

4）其他可用数据等。

（2）选择失效数据时，应满足以下要求：

1）在整个分析过程中，使用的所有失效数据的选用原则应一致。

2）选择的失效率数据应具有行业代表性或能代表操作条件。

3）使用企业历史统计数据时，只有该历史数据充足并具有统计意义时才能使用。

4）使用普通的行业数据时，可根据企业的具体条件对数据进行修正。

5）可对失效频率数据取整至最近的整数数量级。

（3）在确定 IE 发生频率和典型 IPL 的 PFD 时，应考虑实际的运行环境对发生频率的影响：

1）当系统或操作不连续（装载/卸载、间歇工艺等）时，应根据其实际的运行时间对失效频率数据进行修正。

2）在确定安全阀、阻火器或隔爆器等设备的 PFD 时，应考虑其实际运行环境中可能出现的污染、堵塞、腐蚀、不恰当维护等因素对 PFD 进行修正。

3）典型 IE 发生频率和典型 IPL 的 PFD 参见表 8—8、表 8—9 和表 8—10。

表 8—8　　IE 典型频率值

IE	频率范围（每年）
压力容器疲劳失效	$10^{-5}\sim10^{-7}$
管道疲劳失效-100 m-全部断裂	$10^{-5}\sim10^{-6}$
管线泄漏（10%截面积）-100 m	$10^{-3}\sim10^{-4}$
常压储罐失效	$10^{-3}\sim10^{-5}$
垫片/填料爆裂	$10^{-2}\sim10^{-6}$
涡轮/柴油发动机超速，外套破裂	$10^{-3}\sim10^{-4}$
第三方破坏（挖掘机、车辆等外部影响）	$10^{-2}\sim10^{-4}$
起重机载荷掉落	$(10^{-3}\sim10^{-4})$/起吊
雷击	$10^{-3}\sim10^{-4}$
安全阀误开启	$10^{-2}\sim10^{-4}$
冷却水失效	$1\sim10^{-2}$
泵密封失效	$10^{-1}\sim10^{-2}$
卸载/装载软管失效	$1\sim10^{-2}$
BPCS 仪表控制回路失效	$1\sim10^{-2}$
调节器失效	$1\sim10^{-1}$
小的外部火灾（多因素）	$10^{-1}\sim10^{-2}$
大的外部火灾（多因素）	$10^{-2}\sim10^{-3}$
LOTO（锁定、标定）程序失效（多个元件的总失效）	$(10^{-3}\sim10^{-4})$/次
操作员失效（执行常规程序，假设得到较好的培训、不紧张、不疲劳）	$(10^{-1}\sim10^{-3})$/次

表 8—9　　某公司采用的 IE 典型频率值

分类	IE	频率（每年）
阀门	（1）单向阀完全失效	1
	（2）单向阀完全失效	1×10^{-2}
	（3）单向阀内漏（严重）	1×10^{-5}
	（4）垫圈或填料泄漏	1×10^{-2}
	（5）安全阀误开或严重泄漏	1×10^{-2}
	（6）调节器失效	1×10^{-1}
	（7）电动或气动阀门误动作	1×10^{-1}
容器和储罐	（1）压力容器灾难性失效	1×10^{-6}
	（2）常压储罐失效	1×10^{-3}
	（3）过程容器沸腾液体扩展蒸气云爆炸（BLEVE）	1×10^{-6}
	（4）球罐沸腾液体扩展蒸气云爆炸（BLEVE）	1×10^{-4}
	（5）容器小孔（≤50 mm）泄漏	1×10^{-3}
公用工程	（1）冷却水失效	1×10^{-1}
	（2）断电	1
	（3）仪表风失效	1×10^{-1}
	（4）氮气（惰性气体）系统失效	1×10^{-1}
管道和软管	（1）泄漏（法兰或泵密封泄漏）	1
	（2）弯曲软管微小泄漏（小口径）	1
	（3）弯曲软管大量泄漏（小口径）	1×10^{-1}
	（4）加载或卸载软管失效（大口径）	1×10^{-1}
	（5）中口径（≤150 mm）管道大量泄漏	1×10^{-5}
	（6）大口径（>150 mm）管道大量泄漏	1×10^{-6}
	（7）管道小泄漏	1×10^{-3}
	（8）管道破裂或大泄漏	1×10^{-5}
施工与维修	（1）外部交通工具的冲击（假定有看守员）	1×10^{-2}
	（2）吊车载重掉落（起吊次数每年）	1×10^{-3}
	（3）操作维修加锁加标记（LOTO）规定没有遵守	1×10^{-3}
操作失误	（1）无压力下的操作失误（常规操作）	1×10^{-1}
	（2）有压力下的操作失误（开停车、报警）	1
机械故障	（1）泵体坏（材质变化）	1×10^{-3}
	（2）泵密封失效	1×10^{-1}
	（3）有备用系统的泵和其他转动设备失去流量	1×10^{-1}
	（4）透平驱动的压缩机停转	1
	（5）冷却风扇或扇叶停转	1×10^{-1}
	（6）电机驱动的泵或压缩机停转	1×10^{-1}
	（7）透平或压缩机超载或外壳开裂	1×10^{-3}

续表

分类	IE	频率（每年）
仪表	BPCS（基本过程控制系统）回路失效	1×10^{-1}
外部事件	（1）雷电击中	1×10^{-3}
	（2）外部大火灾	1×10^{-2}
	（3）外部小火灾	1×10^{-1}
	（4）易燃蒸气云爆炸	1×10^{-3}

表 8—10　　　　化工行业典型 IPL 的 PFD

IPL		说明 （假设具有完善的设计基础、充足的检测和维护程序、良好的培训）	PFD（每年）
本质安全设计		如果正确执行，将大大地降低相关场景后果的频率	$1\times10^{-1}\sim1\times10^{-6}$
BPCS		如果与 IE 无关，BPCS 可作为一种 IPL	$1\times10^{-1}\sim1\times10^{-2}$
关键报警和人员响应	人员行动，有 10 min 的响应时间	行动应具有单一性和可操作性	$1\sim1\times10^{-1}$
	人员对 BPCS 指示或报警的响应，有 40 min 的响应时间		1×10^{-1}
	人员行动，有 40 min 的响应时间		$1\times10^{-1}\sim1\times10^{-2}$
安全仪表功能	安全仪表功能 SIL1	见 GB/T 21109	$\geqslant1\times10^{-2}\sim<1\times10^{-1}$
	安全仪表功能 SIL2		$\geqslant1\times10^{-3}\sim<1\times10^{-2}$
	安全仪表功能 SIL3		$\geqslant1\times10^{-4}\sim<1\times10^{-3}$
物理保护	安全阀	此类系统有效性对服役的条件比较敏感	$1\times10^{-1}\sim1\times10^{-5}$
	爆破片		$1\times10^{-1}\sim1\times10^{-5}$
释放后保护措施	防火堤	降低由于储罐溢流、断裂、泄漏等造成严重后果的频率	$1\times10^{-2}\sim1\times10^{-3}$
	地下排污系统	降低由于储罐溢流、断裂、泄漏等造成严重后果的频率	$1\times10^{-2}\sim1\times10^{-3}$
	开式通风口	防止超压	$1\times10^{-2}\sim1\times10^{-3}$
	耐火涂层	减少热输入率，为降压、消防等提供额外的响应时间	$1\times10^{-2}\sim1\times10^{-3}$
	防爆墙/舱	限制冲击波，保护设备/建筑物等，降低爆炸重大后果的频率	$1\times10^{-2}\sim1\times10^{-3}$
	阻火器或防爆器	如果安装和维护合适，这些设备能够防止通过管道系统或进入容器或储罐内的潜在回火	$1\times10^{-1}\sim1\times10^{-3}$
	遥控式紧急切断阀	切断物料，防止事故发生或事故后果扩大	$1\times10^{-1}\sim1\times10^{-2}$

九、风险评估与决策

对事故场景风险，可根据场景频率计算结果和后果等级，使用定量数值风险标准、风险矩阵等形式进行风险等级评估，定量数值风险标准和风险矩阵示例参见表 8—11、表 8—12、表 8—13。

根据事故场景风险等级进行风险决策，风险决策宜采取 ALARP 原则，将事故场景风险降低到可接受风险水平，ALARP 原则如图 8—7 所示。

表 8—11　　数值风险标准（厂外个体风险）

部　门	可容许风险（每年）	可忽略风险（每年）
荷兰环境保护和城市规划部 VROM（现存装置）	1×10^{-5}	1×10^{-8}
荷兰环境保护和城市规划部 VROM（新建设施）	1×10^{-6}	1×10^{-8}
英国健康和安全局 HSE（现有设施）	1×10^{-4}	1×10^{-6}
英国健康和安全局 HSE（新建居民区）	3×10^{-6}	3×10^{-7}
英国（新建核电站）	1×10^{-5}	1×10^{-6}
英国（新建危险品运输）	1×10^{-4}	1×10^{-6}
香港（新建和已建装置）	1×10^{-5}	—
新加坡（新建和已建装置）	5×10^{-5}	1×10^{-6}
马来西亚（新建和已建装置）	1×10^{-5}	1×10^{-6}
澳大利亚（新建和已建装置）	5×10^{-5}	5×10^{-7}
加拿大	1×10^{-4}	1×10^{-6}
巴西（新建和已建装置）	1×10^{-5}	1×10^{-6}

表 8—12　　风险评估矩阵

后果等级								
后果等级	5	低	中	中	高	高	很高	很高
	4	低	低	中	中	高	高	很高
	3	低	低	低	中	中	中	高
	2	低	低	低	低	中	中	中
	1	低	低	低	低	低	中	中
		$10^{-6}\sim10^{-7}$	$10^{-5}\sim10^{-6}$	$10^{-4}\sim10^{-5}$	$10^{-3}\sim10^{-4}$	$10^{-2}\sim10^{-3}$	$10^{-1}\sim10^{-2}$	$1\sim10^{-1}$
		频率等级（每年）						

风险等级说明：

低：不需采取行动；中：可选择性地采取行动；高：选择合适的时机采取行动；很高：立即采取行动

表 8—13　　后果定性分级方法

等级	严重程度	分类			
		人员	财产	环境	声誉
1	低后果	医疗处理，不需住院；短时间身体不适	损失极小	事件影响未超过界区	企业内部关注，形象没有受损
2	较低后果	工作受限，轻伤	损失较小	事件不会受到管理部门的通报或违反允许条件	社区、邻居、合作伙伴影响
3	中后果	严重伤害，职业相关疾病	损失较大	事件受到管理部门的通报或违反允许条件	本地区内影响；政府管制，公众关注负面后果
4	高后果	1~2 人死亡或丧失劳动能力，3~9 人重伤	损失很大	重大泄漏，给工作场所外带来严重影响	国内影响；政府管制，媒体和公众关注负面后果
5	很高后果	3 人以上死亡，10 人以上重伤	损失极大	重大泄漏，给工作场所外带来严重的环境影响，且会导致直接或潜在的健康危害	国际影响

ALARP（As low As Reasonable Practicable）原则是指在当前的技术条件和合理的费用下，对风险的控制要做到在合理可行的原则下“尽可能的低”，如图 8—7 所示。

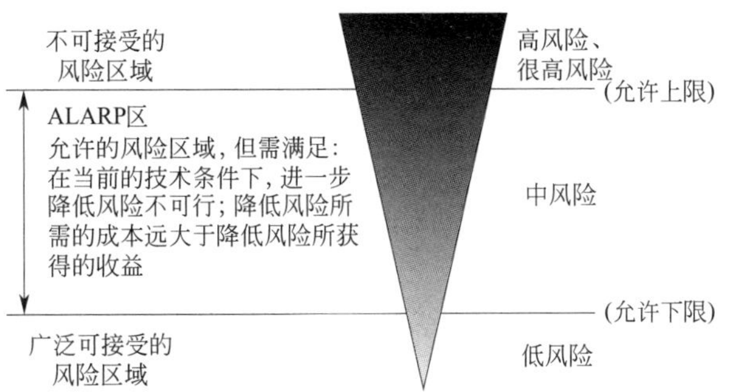

图 8—7　ALARP 原则

按照 ALARP 原则，风险区域可分为：

（1）不可接受的风险区域。在表 8—12 中指高风险和很高风险区域。在这个区域，除非特殊情况，风险是不可接受的。

（2）允许的风险区域。在表 8—12 中指中风险区域。在这个区域内必须满足以下条件之一时风险才是可允许的：

1）在当前的技术条件下，进一步降低风险不可行。

2）降低风险所需的成本远远大于降低风险所获得的收益。

（3）广泛可接受的风险区域。在表 8—12 中指低风险区域。在这个区域，剩余风险水平是可忽略的，一般不要求进一步采取措施降低风险。

十、LOPA 报告

（1）LOPA 分析结束时，应生成 LOPA 记录表和报告。

（2）LOPA 报告应包括：场景的信息来源说明；企业的风险标准；IE 发生频率和 IPL 的 PFD；场景中 IPL 和非 IPL 的评估结果；场景的风险评估结果；满足风险标准要求采取的行动及后续跟踪；如果有必要，对需要采取不同技术进行深入研究的问题提出建议；对分析期间所发现的不确定情况及不确定数据的处理；分析小组使用的所有图纸、说明书、数据表和危险分析报告等的清单（包括引用的版本号）；参加分析的小组成员名单。

（3）LOPA 报告应经小组成员签字确认。若 LOPA 小组不能达成一致意见，应记录原因。

十一、LOPA 后续跟踪及审查

宜对 LOPA 分析结果的执行情况进行后续跟踪，对 LOPA 提出的降低风险行动的实施情况进行落实。

LOPA 的程序和分析结果可接受相关的审查。

第九章

危险化学品安全教育培训

第一节　危险化学品领域安全教育培训法规要求

一、生产经营单位安全培训

《生产经营单位安全培训规定》（2006年1月17日国家安全生产监督管理总局令第3号公布，根据2013年8月29日国家安全生产监督管理总局令第63号第一次修正，根据2015年5月29日国家安全生产监管总局令第80号第二次修正。）对生产经营单位从业人员安全教育培训工作进行了明确规定，主要内容如下：

（1）生产经营单位负责本单位从业人员安全培训工作。生产经营单位应当按照安全生产法和有关法律、行政法规和本规定，建立、健全安全培训工作制度。

（2）生产经营单位应当进行安全培训的从业人员包括主要负责人、安全生产管理人员、特种作业人员和其他从业人员。

1）生产经营单位使用被派遣劳动者的，应当将被派遣劳动者纳入本单位从业人员统一管理，对被派遣劳动者进行岗位安全操作规程和安全操作技能的教育和培训。劳务派遣单位应当对被派遣劳动者进行必要的安全生产教育和培训。

2）生产经营单位接收中等职业学校、高等学校学生实习的，应当对实习学生进行相应的安全生产教育和培训，提供必要的劳动防护用品。学校应当协助生产经营单位对实习学生进行安全生产教育和培训。

3）生产经营单位从业人员应当接受安全培训，熟悉有关安全生产规章制度和安全操作规程，具备必要的安全生产知识，掌握本岗位的安全操作技能，了解事故应急处理措施，知悉自身在安全生产方面的权利和义务。

4）未经安全培训合格的从业人员，不得上岗作业。

（3）生产经营单位主要负责人和安全生产管理人员应当接受安全培训，具备与所从事的生产经营活动相适应的安全生产知识和管理能力。

（4）生产经营单位主要负责人安全培训应当包括下列内容：

1）国家安全生产方针、政策和有关安全生产的法律、法规、规章及标准。

2）安全生产管理基本知识、安全生产技术、安全生产专业知识。

3）重大危险源管理、重大事故防范、应急管理和救援组织以及事故调查处理的有关规定。

4）职业危害及其预防措施。

5）国内外先进的安全生产管理经验。

6）典型事故和应急救援案例分析。

7）其他需要培训的内容。

（5）生产经营单位安全生产管理人员安全培训应当包括下列内容：

1）国家安全生产方针、政策和有关安全生产的法律、法规、规章及标准。

2）安全生产管理、安全生产技术、职业卫生等知识。

3）伤亡事故统计、报告及职业危害的调查处理方法。

4）应急管理、应急预案编制以及应急处置的内容和要求。

5）国内外先进的安全生产管理经验。

6）典型事故和应急救援案例分析。

7）其他需要培训的内容。

（6）危险化学品生产经营单位主要负责人和安全生产管理人员初次安全培训时间不得少于48学时，每年再培训时间不得少于16学时。

（7）危险化学品生产经营单位必须对新上岗的临时工、合同工、劳务工、轮换工、协议工等进行强制性安全培训，保证其具备本岗位安全操作、自救互救以及应急处置所需的知识和技能后，方能安排上岗作业。

（8）加工、制造业等生产单位的其他从业人员，在上岗前必须经过厂（矿）、车间（工段、区、队）、班组三级安全培训教育。生产经营单位应当根据工作性质对其他从业人员进行安全培训，保证其具备本岗位安全操作、应急处置等知识和技能。

（9）危险化学品生产经营单位新上岗的从业人员安全培训时间不得少于72学时，每年再培训的时间不得少于20学时。

（10）从业人员在本生产经营单位内调整工作岗位或离岗一年以上重新上岗时，应当重新接受车间（工段、区、队）和班组级的安全培训。生产经营单位采用新工艺、新技术、新材料或者使用新设备时，应当对有关从业人员重新进行有针对性的安全培训。

（11）生产经营单位的特种作业人员，必须按照国家有关法律、法规的规定接受

专门的安全培训，经考核合格，取得特种作业操作资格证书后，方可上岗作业。

（12）生产经营单位从业人员的安全培训工作，由生产经营单位组织实施。生产经营单位应当坚持以考促学、以讲促学，确保全体从业人员熟练掌握岗位安全生产知识和技能；危险化学品生产经营单位还应当完善和落实师傅带徒弟制度。

（13）生产经营单位应当建立、健全从业人员安全生产教育和培训档案，由生产经营单位的安全生产管理机构以及安全生产管理人员详细、准确记录培训的时间、内容、参加人员以及考核结果等情况。

二、贯彻落实国务院进一步加强企业安全生产工作

2010年11月3日，国家安全生产监督管理总局、工业和信息化部联合下发《关于危险化学品企业贯彻落实〈国务院关于进一步加强企业安全生产工作的通知〉的实施意见》，要求实施规范化安全培训管理，提高全员安全意识和操作技能。与企业安全教育培训有关的内容主要包括：

（1）进一步规范和强化企业安全培训教育管理。企业要制定安全培训教育管理制度，编制年度安全培训教育计划，制定安全培训教育方案，建立培训档案，实施持续不断的安全培训教育，使从业人员满足本岗位对安全生产知识和操作技能的要求。

（2）强化从业人员安全培训教育。企业必须对新录用的员工（包括临时工、合同工、劳务工、轮换工、协议工等）进行强制性安全培训教育，经过厂、车间、班组三级安全培训教育，保证其了解危险化学品安全生产相关的法律、法规，熟悉从业人员安全生产的权利和义务；掌握安全生产基本常识及操作规程；具备对工作环境的危险因素进行分析的能力；掌握应急处置、个人防险、避灾、自救方法；熟悉劳动防护用品的使用和维护，经考核合格后方可上岗作业。对转岗、脱离岗位1年（含）以上的从业人员，要进行车间级和班组级安全培训教育，经考核合格后，方可上岗作业。

（3）新建企业要在装置建成试车前6个月（至少）完成全部管理人员和操作人员的聘用、招工工作，进行安全培训，经考核合格后，方可上岗作业；新工艺、新设备、新材料、新方法投用前，要按新的操作规程，对岗位操作人员和相关人员进行专门教育培训，经考核合格后，方可上岗作业。

（4）企业主要负责人和安全生产管理人员要主动接受安全管理资格培训考核。企业的主要负责人和安全生产管理人员必须接受具有相应资质培训机构组织的培训，参加相关部门组织的考试（考核），取得安全管理资格证书。企业主要负责人应了解国家新发布的法律、法规；掌握安全管理知识和技能；具有一定的企业安全管理经验。安全生产管理人员应掌握国家有关法律、法规；掌握风险管理、隐患排查、应急管理和事故调查等专项技能、方法和手段。

（5）加强特种作业人员资格培训。特种作业人员须参加由具有特种作业人员培训资质的机构举办的培训，掌握与其所从事的特种作业相应的安全技术理论知识和实际操作技能，经相关部门考核合格，取得特种作业操作证后，持证上岗。

三、提升危险化学品领域本质安全水平

2012 年 6 月 29 日，国家安全生产监督管理总局、国家发展改革委员会、工业和信息化部、住房和城乡建设部联合发文《关于开展提升危险化学品领域本质安全水平专项行动的通知》，要求提高从业人员准入条件和专业素质：

（1）提高危险化学品领域从业人员准入条件。今后，涉及“两重点一重大”装置的专业管理人员必须具有大专以上学历，操作人员必须具有高中以上文化程度。要进一步加强从业人员的安全知识和技能培训，强化危险化学品特种作业人员培训和考核取证工作，提高从业人员操作技能和安全意识。

（2）加快化工专业管理人才和产业工人的培养。要充分利用大专院校、大型企业集团，创新工作机制，建立多层次的化工专业人才培养体系，为化工行业安全发展提供成熟的产业工人和专业管理人才。重点地区要大力发展化工职业教育，加快化工产业工人培养。新建化工企业要及早制订从业人员培养计划，依托大专院校、职业学校的支持，变招工为招生，从源头上保证从业人员专业素质和专业技能。

四、加强化工过程安全管理

2013 年 7 月 29 日，国家安全生产监督管理总局下发《加强化工过程安全管理的指导意见》，要求加强岗位安全教育和操作技能培训工作，具体有关内容如下：

（1）建立并执行安全教育培训制度。企业要建立厂、车间、班组三级安全教育培训体系，制定安全教育培训制度，明确教育培训的具体要求，建立教育培训档案；要制订并落实教育培训计划，定期评估教育培训内容、方式和效果。从业人员应经考核合格后方可上岗，特种作业人员必须持证上岗。

（2）从业人员安全教育培训。企业要按照国家和企业要求，定期开展从业人员安全培训，使从业人员掌握安全生产基本常识及本岗位操作要点、操作规程、危险因素和控制措施，掌握异常工况识别判定、应急处置、避险避灾、自救互救等技能与方法，熟练使用个体防护用品。当工艺技术、设备设施等发生改变时，要及时对操作人员进行再培训。要重视开展从业人员安全教育，使从业人员不断强化安全意识，充分认识化工安全生产的特殊性和极端重要性，自觉遵守企业安全管理规定和操作规程。企业要采取有效的监督检查评估措施，保证安全教育培训工作质量和效果。

（3）新装置投用前的安全操作培训。新建企业应规定从业人员文化素质要求，变招工为招生，加强从业人员专业技能培养。工厂开工建设后，企业就应招录操作人员，使操作人员在上岗前先接受规范的基础知识和专业理论培训。装置试生产前，企业要完成全体管理人员和操作人员岗位技能培训，确保全体管理人员和操作人员考核合格后参加全过程的生产准备。

五、加强化工安全人才培养

2014 年 8 月 27 日，教育部、国家安全生产监督管理总局联合下发《关于加强化工安全人才培养工作的指导意见》（教高〔2014〕4 号），对加强化工安全人才培养工作提出如下意见：

（1）优化化工安全专业和人才结构。化工安全在本科和研究生层次主要涉及化工与制药类、安全科学与工程类、机械类、自动化类部分学科专业；在专科层次主要涉及生化与药品大类、环保气象与安全大类部分专业（以下统称化工安全相关专业）。鼓励高校根据需求在现有本科专业和研究生学科内设置化工安全方向。鼓励高职高专院校根据需求建设以化工安全和危险化学品安全管理为特色的专业或扩大现有专业招生规模。有关高校要定期组织开展化工安全人才需求调研，面向化工安全生产需要，培养安全意识强、具备一定安全生产知识和能力的高素质劳动者和各级专业技术后备人才。有条件的高校要通过定向培养、校企联合培养等方式，招收具有化工安全实践经验的人员，培养一批既懂化工又懂安全的复合型人才。

（2）完善化工安全人才标准。制定化工安全相关一级学科博士和硕士学位基本要求、本科专业类教学质量国家标准和高职相关专业教学标准。教学标准要将危险与可操作性分析、定量风险分析等国际通用化工安全分析技术纳入培养要求，增加化工过程安全及过程自动化控制等方面的教学内容，突出化工安全生产理念、知识、技术及能力的培养，明确化工专业教师任课前应有至少 3 个月的化工厂实践经历。完善化工安全相关专业认证标准，强化安全意识和安全知识培养。积极推进化学工程等领域工程硕士专业学位与化工安全职业资格认证的有机衔接。修订完善注册安全工程师、注册化工工程师标准。人才标准要根据化工行业发展要求不断更新和完善。

（3）深化化工安全人才培养机制改革。有关高校要主动加强与企业的合作，校企共同制定培养目标、共同开设相关课程和编写教材、共同实施培养过程、共同评价培养质量。要制定政策，鼓励教师到化工企业挂职或合作科研等，增强教师的工程实践能力。企业要鼓励经验丰富的工程技术人员和管理人员担任学生导师、开设化工安全管理和事故案例分析等方面的课程或讲座。推动大型化工园区、注册安全工程事务所、注册安全工程师协会、安全技术科研机构、安全评价机构等履行社会责任，主动接收学生开展实习实训活动。

（4）提高学生的安全素养和实践能力。化工安全相关专业要落实化工安全人才标准，将安全知识教育细化到具体的课程和教学环节，将安全意识培养融入教学全过程，使学生了解化工安全技术进展，强化化工是高危行业的认识，树立安全是化工生产前提的理念。要确保学生到化工企业实习实训的时间，探索完善化工厂跟班实习与毕业设计（论文）相结合的模式，使学生掌握化工安全生产特点、化工厂主要风险、化工生产主要安全操作原理与基本技能，具备基本的化工生产风险识别能力、事故预防和处理能力，鼓励有关高校建设化工安全方向的虚拟仿真实验教学中心、与企业共建校外实践教育基地；面向其他专业的学生开设化工安全方面的选修课程。

（5）健全学生实习安全保障。通过制（修）订化工企业安全生产监督管理规定，明确企业承担学生实习的责任；制（修）订相关安全生产规章制度，明确企业规范实习学生安全管理的具体要求。学校、企业、学生和家长要签订实习协议，明确各方的责任，建立学生实习安全保障联动机制。学生实习前，学校与企业要强化学生安全意识教育，落实购买实习保险。

（6）实施化工企业安全人才招收计划。大中型化工企业要编制化工安全中长期人才队伍建设规划，小型化工企业要制订从业人员录用计划。要将化工安全操作人员、专业技术人员等人才培训和招录工作前移，主动与有关高校合作开展顶岗实习、现代学徒制、“订单式”培养、“预就业”等试点工作。鼓励企业采取减免实习费用、定向奖学金或助学金、帮助偿还助学贷款等方式吸引学生到企业工作。鼓励企业对到条件艰苦和安全生产关键岗位工作的毕业生，给予一定的岗位津贴和特别补助。支持企业与获得化工安全相关专业研究生入学资格的学生签约，保留学籍先到企业工作1~2年。

（7）严格化工安全从业人员上岗准入条件。化工企业要严格按照法规标准的要求配备专职安全生产管理人员，建立有效的人才激励和使用机制。要根据本企业实际情况，明确化工安全从业人员必须具备的学历和专业要求，把是否具备相关化工安全知识和技能作为招聘的重要条件。涉及“两重点一重大”（重点监管危险化工工艺、重点监管危险化学品，危险化学品重大危险源）的化工装置、设施的操作人员要逐步实现从化工安全相关专业毕业生中聘用。

（8）加强化工安全从业人员在职培训。化工企业要依据化工安全从业人员标准，加强在职人员的专业知识、操作技能、安全管理等培训，提高自觉遵守化工生产安全管理制度、严格执行操作规程的安全意识，加强安全行为养成。鼓励企业与学校合作，采取委托培养、联合办学、短期专题培训等多种形式，对新就业人员进行化工及化工安全知识培训，对新上岗人员进行岗位需求的专业知识及安全知识培训，对关键岗位人员进行提高安全技能培训。支持化工重点地区特别是新兴化工行业发展较快的地区成立化工职业院校，引导化工企业招生与招工结合，实行校企联合招生、联合培养。

(9) 加大对化工安全人才培养的政策支持。教育部、国家安全生产监督管理总局统筹指导和支持全国化工安全人才培养基地建设、化工安全案例资源库建设，并建立开放共享机制。国家安全生产监督管理总局指导有条件的中央企业建设企业安全培训基地，承担职工培训和继续教育，主动接纳学生进行实习实训。教育部支持学校与部分大中型企业共建校外实践教育基地，探索持续运行机制和管理模式，健全学生管理和安全保障制度。通过“高等学校本科教学质量与教学改革工程”项目，支持学校开展化工安全相关专业综合改革、建设校外实践教育基地、促进课程建设与开放共享。通过“卓越工程师教育培养计划”，支持化工安全相关专业的人才培养模式改革。通过“现代职业教育质量提升计划”，支持相关专业实训基地建设。

第二节 危险化学品从业人员安全教育培训管理

一、主要负责人、安全生产管理人员的培训和考核

1. 生产经营单位主要负责人和安全生产管理人员的范围

(1) 危险化学品生产单位主要负责人是指从事危险化学品生产的有限责任公司或者股份有限公司的董事长、总经理，其他生产单位的厂长、经理（含实际控制人）。

(2) 危险化学品生产单位安全生产管理人员是指单位中分管安全生产的负责人、安全生产管理机构负责人及其管理人员，以及未设安全管理机构的生产单位的专、兼职安全生产管理人员。

(3) 危险化学品经营单位主要负责人是指从事危险化学品经营单位的董事长、总经理（含实际控制人），加油站及加气站的站长，以及其他单位中负责危险化学品经营的负责人。

(4) 危险化学品经营单位安全生产管理人员是指危险化学品经营单位中分管安全生产的负责人、安全生产管理机构负责人及其管理人员，以及未设安全生产管理机构的危险化学品经营单位的专职、兼职安全生产管理人员。

2. 培训大纲及考核标准

为了进一步规范危险化学品单位主要负责人、安全生产管理人员的培训和考核工作，2010 年国家安全生产监督管理总局发布了 4 个行业标准：

(1) AQ/T 3029—2010《危险化学品生产单位主要负责人安全生产培训大纲及考

核标准》。

（2）AQ/T 3030—2010《危险化学品生产单位安全生产管理人员安全生产培训大纲及考核标准》。

（3）AQ/T 3031—2010《危险化学品经营单位主要负责人安全生产培训大纲及考核标准》。

（4）AQ/T 3032—2010《危险化学品经营单位安全生产管理人员安全生产培训大纲及考核标准》。

以上标准对危险化学品单位主要负责人、安全生产管理人员的安全生产培训要求，培训和再培训的内容及学时安排，以及安全生产考核的方法、内容，再培训考核的方法、要求与内容予以规范。

表 9—1 为危险化学品生产单位主要负责人培训课时安排。危险化学品生产单位主要负责人安全生产管理资格培训时间不少于 48 学时，其中第一单元、第二单元培训时间均不少于 12 学时，第三单元培训时间不少于 16 学时，第四单元培训时间不少于 4 学时。培训内容中案例分析不少于 6 学时。

表 9—1　　危险化学品生产单位主要负责人培训课时安排

<table>
<tr><th colspan="2">项目</th><th>培训内容</th><th>学时</th></tr>
<tr><td rowspan="12">培训</td><td rowspan="2">第一单元
（共 12 学时）</td><td>危险化学品安全生产法律、法规</td><td>10</td></tr>
<tr><td>案例分析</td><td>2</td></tr>
<tr><td rowspan="3">第二单元
（共 12 学时）</td><td>安全生产管理</td><td>6</td></tr>
<tr><td>危险化学品重大危险源与危险化学品事故应急管理</td><td>4</td></tr>
<tr><td>案例分析</td><td>2</td></tr>
<tr><td rowspan="3">第三单元
（共 16 学时）</td><td>危险化学品安全生产知识</td><td>12</td></tr>
<tr><td>职业危害及其预防</td><td>2</td></tr>
<tr><td>案例分析</td><td>2</td></tr>
<tr><td>第四单元
（共 4 学时）</td><td>安全管理技能</td><td>4</td></tr>
<tr><td colspan="2">复习</td><td>2</td></tr>
<tr><td colspan="2">考试</td><td>2</td></tr>
<tr><td colspan="2">合计</td><td>48</td></tr>
<tr><td rowspan="4">再培训</td><td colspan="2">（1）有关危险化学品安全生产新的政策、法律、法规、规章、规程、标准。
（2）有关危险化学品生产的新工艺、新技术、新设备、新材料及其安全技术要求。
（3）国内外危险化学品生产单位安全生产管理先进经验。
（4）危险化学品安全生产形势及危险化学品典型事故案例分析。</td><td>12</td></tr>
<tr><td colspan="2">复习</td><td>2</td></tr>
<tr><td colspan="2">考试</td><td>2</td></tr>
<tr><td colspan="2">合计</td><td>16</td></tr>
</table>

3. 化工（危险化学品）企业主要负责人安全生产管理知识重点考核内容

对部分企业主要负责人及安全管理人员安全生产管理知识欠缺、安全生产意识不强、安全管理能力不足的问题仍然十分突出；同时也反映出部分基层危险化学品安全监管人员专业知识欠缺、执法效率不高的现象还普遍存在等问题，2017 年 1 月 25 日，国家安全生产监督管理总局办公厅下发《关于印发化工（危险化学品）企业主要负责人安全生产管理知识重点考核内容等的通知》（安监总厅宣教〔2017〕15 号），颁布《化工（危险化学品）企业主要负责人安全生产管理知识重点考核内容（第一版）》《化工（危险化学品）企业安全生产管理人员安全生产管理知识重点考核内容（第一版）》《危险化学品安全监管人员提升专业知识培训重点（第一版）》。

（1）化工（危险化学品）企业主要负责人安全生产管理知识重点考核内容（第一版）。

1）掌握国家安全生产方针政策，了解危险化学品安全生产相关法律、法规标准体系的框架。

2）掌握《安全生产法》《危险化学品安全管理条例》对化工（危险化学品）企业安全生产的要求，了解其他法律法规对化工（危险化学品）企业安全生产的基本要求，熟悉国家有关化工行业安全准入（限制）条件及危险化学品建设项目安全设施“三同时”的要求，熟悉地方政府对化工（危险化学品）企业的安全生产要求。

3）掌握企业主要负责人安全生产责任和义务，掌握本企业安全生产责任制、主要安全生产管理制度，掌握安全生产管理机构设置及人员配备要求，掌握安全费用提取和使用的管理要求，熟悉组织企业安全检查的主要方式。

4）了解国家对危险化学品特种作业人员的要求，了解政府有关部门对企业安全教育和培训的基本要求。

5）掌握化工过程安全管理（PSM）的主要要素，熟悉危险化学品安全生产标准化主要内容，了解构建企业安全文化的基本路径、方式方法。

6）熟悉本企业涉及危险化学品（原料、中间产品、最终产品和主要的辅助材料）的危险特性和防护要求，熟悉本企业工艺技术路线的安全特点，掌握关键装置、要害部位的主要风险及管控措施，掌握本企业重大危险源及其管理要求，了解风险分级管控和隐患排查治理双重预防机制的基本要求。

7）了解特殊作业的管理要求，熟悉动火作业的分级管理，以及动火、进入受限空间作业的主要风险和管控措施。

8）了解本企业主要安全设施、特种设备及安全仪表（包括可燃有毒气体泄漏检测报警系统）的基本管理要求。

9）了解本企业职业病危害及其预防措施。

10）熟悉本企业应急救援职责和应急处置程序，了解外部应急联动的部门、方式、主要资源。

11）掌握事故信息上报的时限、程序、内容等要求，熟悉事故事件调查处理“四不放过”（事故原因未查清不放过、责任人员未处理不放过、责任人和群众未受教育不放过、整改措施未落实不放过）原则。

12）了解本行业重特大及典型事故教训。

（2）化工（危险化学品）企业安全生产管理人员安全生产管理知识重点考核内容（第一版）。

1）掌握国家安全生产方针政策，熟悉危险化学品安全生产相关法律、法规标准体系框架，掌握有关法律、法规、标准和规范性文件的获取渠道。

2）掌握《安全生产法》《危险化学品安全管理条例》对化工（危险化学品）企业安全生产的要求，熟悉其他有关法律、法规对化工（危险化学品）企业安全生产的要求，熟悉国家危险化学品安全生产的部门规章、标准和安全监管部门有关规范性文件的要求，熟悉地方政府对化工（危险化学品）企业安全生产的要求。

3）掌握安全生产管理人员的安全生产责任和义务。

4）掌握政府有关部门对企业安全教育和培训的基本要求。

5）熟悉化工过程安全管理（PSM）要素，掌握全面加强化工企业安全生产的基本途径，掌握危险化学品安全生产标准化的主要内容和要求。

6）熟悉本企业安全生产责任体系、安全生产管理制度体系和应急预案体系。

7）掌握燃烧、爆炸、中毒条件，熟悉防火、防爆、防中毒主要措施，熟悉闪点、燃点、沸点、凝固点、爆炸极限等概念及本企业危险化学品的数据，了解静电、雷电的危害及其预防措施。

8）掌握本企业危险化学品安全技术说明书（SDS）的主要内容。

9）掌握本企业的工艺过程的主要风险及管控措施，掌握关键装置、要害部位的主要风险及管控措施，掌握本企业主要安全设施、特种设备及安全仪表（包括可燃有毒气体泄漏检测报警系统）的基本管理要求。

10）掌握工作危害分析（JHA）、安全检查表（SCL）等风险分析方法，涉及“两重点一重大”企业的安全生产管理人员还要熟悉危险与可操作性分析（HAZOP）、保护层分析（LOPA）等风险分析方法，了解安全仪表完整性管理的有关要求，了解国家安全生产监督管理总局《危险化学品生产、储存装置个人可接受风险标准和社会可接受风险标准》。

11）熟悉本企业的主要风险及分级管控情况，熟悉隐患排查的范围、方法及要求，掌握本企业的隐患排查治理现状。

12）熟悉危险化学品重大危险源定义、辨识、分级及管理要求，掌握本企业重大危险源的现状和管控措施。

13）熟悉变更管理的内容、程序和要求，熟悉承包商安全管理的主要程序及要求。

14）熟悉试生产和开停车安全管理要求，掌握特殊作业的管理要求，以及特殊作业的主要风险、管控措施。

15）掌握本企业职业病危害因素及危害特性，熟悉职业病危害因素申报、检测、危害告知与标识、防控措施等要求，熟悉健康体检、职业禁忌证及健康档案等管理要求。

16）掌握本企业个体防护装备的分类、选用和管理要求。

17）熟悉本企业应急组织机构与职责、应急响应原则与程序、应急物资配备情况。

18）掌握应急预案的编制、演练和管理要求，以及本企业应急预案及应急处置措施，了解典型事故应急管理的经验与教训。

19）熟悉本行业重特大及典型事故案例，熟悉本行业近期事故情况。

20）掌握事故分析的基本知识，熟悉事故、事件的分级及管理要求，掌握事故上报的程序、时限及内容等要求，掌握事故事件调查处理“四不放过”及事故事件档案等管理要求。

（3）危险化学品安全监管人员提升专业知识培训重点（第一版）。

1）熟悉国家危险化学品安全生产法律、法规标准框架体系。

2）熟悉《安全生产法》《危险化学品安全管理条例》，掌握危险化学品安全生产监督管理及法律责任有关内容，熟悉《行政许可法》《安全生产许可证条例》有关规定，掌握危险化学品安全许可证管理要求，了解其他法律、法规对危险化学品安全管理的有关规定。

3）熟悉国家危险化学品安全生产的部门规章和安全监管部门有关规范性文件的要求，熟悉地方政府对危险化学品企业的要求。

4）了解涉及危险化学品安全的国家标准、行业标准。

5）了解危险化学品分类方法，掌握《危险化学品目录》、化学品安全技术说明书（SDS）和安全标签的基本知识、监管要点。了解危险化学品、危险物品和危险货物的区别和联系。

6）了解化工单元操作基本知识，了解化工过程安全管理（PSM）要素，熟悉危险化学品安全生产标准化相关要求。

7）熟悉危险化学品生产经营单位法律、法规符合性监督检查要点。

8）熟悉危险化学品建设项目安全设施“三同时”监督管理规定，熟悉危险化学品建设项目安全审查基本要求，掌握危险化学品建设项目安全监督管理有关规定。

9）熟悉危险化学品企业全员安全生产责任制、特殊作业、重大危险源、变更管理、安全仪表系统、承包商管理、教育培训、风险识别与分级管控、应急管理等规章制度监督检查要点。

10）掌握“两重点一重大”以及剧毒化学品安全管理要求。

11）熟悉辖区内危险化学品重大风险、重大危险源及其管控情况。

12）熟悉特殊作业现场监督检查要点。

13）熟悉危险化学品企业危险化学品储存、装卸安全监督检查要点。

14）熟悉《危险化学品企业事故隐患排查治理导则》（安监总管三〔2012〕103号）事故隐患排查治理的监督检查要求。

15）熟悉《化工（危险化学品）企业安全检查重点指导目录》内容。

16）熟悉辖区内危险化学品企业可燃有毒气体泄漏检测报警系统、安全标志与标识监督检查要点。

17）掌握辖区内危险化学品企业职业病危害监督检查要点。

18）熟悉辖区内各类危险化学品事故现场应急处置原则、应急管理体系、应急资源情况。

19）掌握危险化学品事故调查程序、要点和方法。

20）了解危险化学品重特大事故及典型事故案例。

二、特种作业人员的安全培训要求

对于特种作业人员，必须按国家有关规定经专门的安全作业培训，取得特种作业操作资格证书，方可上岗作业。危险化学品行业的特种作业主要有电工作业、压力焊作业、高处作业、起重作业、制冷与空调作业，以及指从事危险化工工艺过程操作及化工自动化控制仪表安装、维修、维护等工作的危险化学品安全作业，包括光气及光气化工艺作业、氯碱电解工艺作业、氯化工艺作业、硝化工艺作业、合成氨工艺作业、裂解（裂化）工艺作业、氟化工艺作业、加氢工艺作业、重氮化工艺作业、氧化工艺作业、过氧化工艺作业、胺基化工艺作业、磺化工艺作业、聚合工艺作业、烷基化工艺作业、化工自动化控制仪表作业等。

2010年7月1日实施的《特种作业人员安全技术培训考核管理规定》对生产经营单位特种作业人员的安全技术培训、考核、发证、复审及其监督管理工作予以规定。

（1）特种作业人员应当接受与其所从事的特种作业相应的安全技术理论培训和实际操作培训。已经取得职业高中、技工学校及中专以上学历的毕业生从事与其所学专业相应的特种作业，持学历证明经考核发证机关同意，可以免予相关专业的培训。跨省、自治区、直辖市从业的特种作业人员，可以在户籍所在地或者从业所在地参加培训。

（2）特种作业人员的考核包括考试和审核两部分。考试由考核发证机关或其委托的单位负责；审核由考核发证机关负责。参加考试应按照规定提出申请。特种作业操

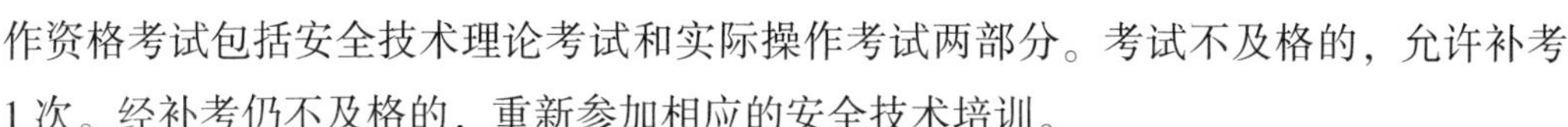

作资格考试包括安全技术理论考试和实际操作考试两部分。考试不及格的，允许补考1次。经补考仍不及格的，重新参加相应的安全技术培训。

（3）经考试合格的特种作业人员，应按规定申请办理特种作业操作证，并提交身份证复印件、学历证书复印件、体检证明、考试合格证明等材料。

（4）特种作业操作证有效期为6年，在全国范围内有效。特种作业操作证遗失的，应按规定申请补发。特种作业操作证所记载的信息发生变化或者损毁的，应按规定进行更换或者更新。

（5）特种作业操作证每3年复审1次。特种作业人员在特种作业操作证有效期内，连续从事本工种10年以上，符合规定的，复审时间可以延长至每6年1次。申请复审或者延期复审前，特种作业人员应当参加必要的安全培训并考试合格。安全培训时间不少于8个学时，主要培训法律、法规、标准、事故案例和有关新工艺、新技术、新装备等知识。

（6）复审或者延期复审不予通过的情形有：健康体检不合格的；违章操作造成严重后果或者有两次以上违章行为，并经查证确实的；有安全生产违法行为，并给予行政处罚的；拒绝、阻碍安全生产监管监察部门监督检查的；未按规定参加安全培训，或者考试不合格的；以及应当撤销或注销特种作业操作证的规定情形。

（7）离开特种作业岗位6个月以上的特种作业人员，应当重新进行实际操作考试，经确认合格后方可上岗作业。

（8）应当撤销特种作业操作证的情形有：超过特种作业操作证有效期未延期复审的；特种作业人员的身体条件已不适合继续从事特种作业的；对发生生产安全事故负有责任的；特种作业操作证记载虚假信息的；以欺骗、贿赂等不正当手段取得特种作业操作证的。特种作业操作证记载虚假信息以及以欺骗、贿赂等不正当手段取得特种作业操作证的，3年内不得再次申请特种作业操作证。

（9）应当注销特种作业操作证的情形有：特种作业人员死亡的；特种作业人员提出注销申请的；特种作业操作证被依法撤销的。

三、一般从业人员的安全培训内容

《生产经营单位安全培训规定》规定了一般从业人员安全培训的内容。

（1）厂（矿）级岗前安全培训内容应当包括：

1）本单位安全生产情况及安全生产基本知识。

2）本单位安全生产规章制度和劳动纪律。

3）从业人员安全生产权利和义务。

4）有关事故案例等。

危险化学品生产经营单位厂（矿）级安全培训除包括上述内容外，应当增加事故应急救援、事故应急预案演练及防范措施等内容。

（2）车间（工段、区、队）级岗前安全培训内容应当包括：

1）工作环境及危险因素。

2）所从事工种可能遭受的职业伤害和伤亡事故。

3）所从事工种的安全职责、操作技能及强制性标准。

4）自救互救、急救方法、疏散和现场紧急情况的处理。

5）安全设备设施、个人防护用品的使用和维护。

6）本车间（工段、区、队）安全生产状况及规章制度。

7）预防事故和职业危害的措施及应注意的安全事项。

8）有关事故案例。

9）其他需要培训的内容。

（3）班组级岗前安全培训内容应当包括：

1）岗位安全操作规程。

2）岗位之间工作衔接配合的安全与职业卫生事项。

3）有关事故案例。

4）其他需要培训的内容。

第十章
应急救援与事故处置

第一节　应急救援与事故处置管理

危险化学品应急救援是指由危险化学品造成或可能造成人员伤害、财产损失和环境污染及其他较大社会危害时，为及时控制事故源，抢救受害人员，指导群众防护和组织撤离，清除危害后果而组织的救援活动。《突发事件应对法》《生产安全事故报告和调查处理条例》等法律、法规对应急救援及事故管理作出了基本规定。在此基础上，国家安全生产监督管理总局等安全监管部门针对危险化学品领域的事故教训和存在的突出问题，下发了进一步加强应急救援与事故管理的相关规定。

一、进一步加强企业安全生产工作有关规定

2010 年 11 月 3 日，国家安全生产监督管理总局、工业和信息化部联合下发《关于危险化学品企业贯彻落实〈国务院关于进一步加强企业安全生产工作的通知〉的实施意见》，有关应急救援与事故处置管理方面的内容有：

1. 加强应急管理，提高应急响应水平

（1）建立、健全企业应急体系。企业要依据国家相关法律、法规及标准要求，建立、健全应急组织和专（兼）职应急队伍，明确职责。鼓励企业与周边其他企业签订应急救援和应急协议，提高应对突发事件的能力。

企业应依据对安全生产风险的评估结果和国家有关规定，配置与抵御企业风险要求相适应的应急装备、物资，做好应急装备、物资的日常管理维护，满足应急的需要。

大中型和有条件的企业应建设具有日常应急管理、风险分析、监测监控、预测预警、动态决策、应急联动等功能的应急指挥平台。

（2）完善应急预案管理。企业应依据国家相关法规及标准要求，规范应急预案的编制、评审、发布、备案、培训、演练和修订等环节的管理。企业的应急预案要与周边相关企业（单位）和当地政府应急预案相互衔接，形成应急联动机制。

要在做好风险分析和应急能力评估的基础上分级制定应急预案。要针对重大危险源和危险目标，做好基层作业场所的现场处置方案。现场处置方案的编制要简明、可操作，应针对岗位生产、设备及其次生灾害事故的特点，制定具体的报警报告、生产处理、灾害扑救程序，做到“一事一案”或“一岗一案”。在预案编制过程中要始终把从业人员及周边居民的人身安全和环境保护作为事故应急响应的首要任务，赋予企业生产现场的带班人员、班组长、生产调度人员在遇到险情时第一时间下达停产撤人的直接决策权和指挥权，提高突发事件初期处置能力，最大限度地减少或避免事故造成的人员伤亡。

企业要积极进行危险化学品登记工作，落实危害信息告知制度，定期组织开展各层次的应急预案演练、培训和危害告知，及时补充和完善应急预案，不断提高应急预案的针对性和可操作性，增强企业应急响应能力。

（3）建立完善企业安全生产预警机制。企业要建立完善安全生产动态监控及预警预报体系，每月进行一次安全生产风险分析。发现事故征兆要立即发布预警信息，落实防范和应急处置措施。对重大危险源和重大隐患要报当地安全生产监管部门和行业管理部门备案。

2. 加强事故事件管理，进一步提升事故防范能力

（1）加强安全事件管理。企业应对涉险事故、未遂事故等安全事件（如生产事故征兆、非计划停工、异常工况、泄漏等），按照重大、较大、一般等级别，进行分级管理，制定整改措施，防患于未然；建立安全事故事件报告激励机制，鼓励员工和基层单位报告安全事件，使企业安全生产管理由单一事后处罚，转向事前奖励与事后处罚相结合；强化事故事前控制，关口前移，积极消除不安全行为和不安全状态，把事故消灭在萌芽状态。

（2）加强事故管理。企业要根据国家相关法律、法规和标准的要求，制定本企业的事故管理制度，规范事故调查工作，保证调查结论的客观完整性；事故发生后，要按照事故等级、分类时限，上报政府有关部门，并按照相关规定，积极配合政府有关部门开展事故调查工作。事故调查处理应坚持“四不放过”和“依法依规、实事求是、注重实效”的原则。

（3）深入分析事故事件原因。企业要根据国家相关法律、法规和标准的规定，运用科学的事故分析手段，深入剖析事故事件的原因，找出安全管理体系的漏洞，从整体上提出整改措施，改善安全管理体系。

（4）切实吸取事故教训。建立事故通报制度，及时通报本企业发生的事故，组织员工学习事故经验教训，完善相应的操作规程和管理制度，共同探讨事故防范措施，

防范类似事故的再次发生；对国内外同行业发生的重大事故，要主动收集事故信息，加强学习和研究，对照本企业的生产现状，借鉴同行业事故暴露出的问题，查找事故隐患和类似的风险，警示本企业员工，落实防范措施；充分利用现代网络信息平台，建立事故事件快报制度和案例信息库，实现基层单位、基层员工及时上报、及时查寻、及时共享事故事件资源，促进全员安全意识的提高；充分利用事故案例资源，提高安全教育培训的针对性和有效性；对本单位、相关单位在一段时间内发生的所有事故事件进行统计分析，研究事故事件发生的特点、趋势，制定防范事故的总体策略。

二、突发事件应急预案管理

2013 年 10 月 25 日，国务院办公厅下发了《突发事件应急预案管理办法》，提出要规范突发事件应急预案管理，增强应急预案的针对性、实用性和可操作性，对应急预案的规划、编制、审批、发布、备案、演练、修订、培训、宣传教育等工作进行了规定，主要内容如下：

（1）单位和基层组织可根据应对突发事件需要，制订本单位、本基层组织应急预案编制计划。

（2）应急预案编制部门和单位应组成预案编制工作小组，吸收预案涉及主要部门和单位业务相关人员、有关专家及有现场处置经验的人员参加。编制工作小组组长由应急预案编制部门或单位有关负责人担任。

（3）编制应急预案应当在开展风险评估和应急资源调查的基础上进行。

1）风险评估。针对突发事件特点，识别事件的危害因素，分析事件可能产生的直接后果以及次生、衍生后果，评估各种后果的危害程度，提出控制风险、治理隐患的措施。

2）应急资源调查。全面调查本地区、本单位第一时间可调用的应急队伍、装备、物资、场所等应急资源状况和合作区域内可请求援助的应急资源状况，必要时对本地居民应急资源情况进行调查，为制定应急响应措施提供依据。

（4）单位和基层组织应急预案编制过程中，应根据法律、行政法规要求或实际需要，征求相关公民、法人或其他组织的意见。

（5）单位和基层组织应急预案须经本单位或基层组织主要负责人或分管负责人签发，审批方式根据实际情况确定。

（6）应急预案编制单位应当建立应急演练制度，根据实际情况采取实战演练、桌面推演等方式，组织开展人员广泛参与、处置联动性强、形式多样、节约高效的应急演练。

专项应急预案、部门应急预案至少每 3 年进行一次应急演练。

地震、台风、洪涝、滑坡、山洪泥石流等自然灾害易发区域所在地政府，重要基础设施和城市供水、供电、供气、供热等生命线工程经营管理单位，矿山、建筑施工单位和易燃易爆物品、危险化学品、放射性物品等危险物品生产、经营、储运、使用单位，公共交通工具、公共场所和医院、学校等人员密集场所的经营单位或者管理单位等，应当有针对性地经常组织开展应急演练。

（7）应急演练组织单位应当组织演练评估。评估的主要内容包括：演练的执行情况，预案的合理性与可操作性，指挥协调和应急联动情况，应急人员的处置情况，演练所用设备装备的适用性，对完善预案、应急准备、应急机制、应急措施等方面的意见和建议等。鼓励委托第三方进行演练评估。

（8）应急预案编制单位应当建立定期评估制度，分析评价预案内容的针对性、实用性和可操作性，实现应急预案的动态优化和科学规范管理。

（9）有下列情形之一的，应当及时修订应急预案：

1）有关法律、行政法规、规章、标准、上位预案中的有关规定发生变化的。

2）应急指挥机构及其职责发生重大调整的。

3）面临的风险发生重大变化的。

4）重要应急资源发生重大变化的。

5）预案中的其他重要信息发生变化的。

6）在突发事件实际应对和应急演练中发现问题需要作出重大调整的。

7）应急预案制定单位认为应当修订的其他情况。

（10）应急预案修订涉及组织指挥体系与职责、应急处置程序、主要处置措施、突发事件分级标准等重要内容的，修订工作应参照规定的预案编制、审批、备案、公布程序组织进行。仅涉及其他内容的，修订程序可根据情况适当简化。

三、加强生产安全事故应急处置

针对一些地方和行业领域仍存在应急主体责任不落实、救援指挥不科学、救援现场管理混乱等突出问题，2013 年 11 月 15 日，国务院安委会下发《关于进一步加强生产安全事故应急处置工作的通知》，主要内容如下：

1. 高度重视事故应急处置工作

各地区、各部门和单位要始终把人民生命安全放在首位，以对党和人民高度负责的精神，进一步加强事故应急处置工作，最大限度地减少人员伤亡。要坚持“属地为主、条块结合、精心组织、科学施救”的原则，在确保救援人员安全的前提下实施救援，全力以赴搜救遇险人员，精心救治受伤人员，妥善处理善后，有效防范次生衍生事故。

2. 严格落实事故应急处置责任

生产经营单位（以下统称企业）必须认真落实安全生产主体责任，严格按照相关法律、法规和标准、规范要求，建立专兼职救援队伍，做好应急物资储备，完善应急预案和现场处置措施，加强从业人员应急培训，组织开展演练，不断提高应急处置能力。

地方人民政府负责本行政区域内事故应急处置工作，负责制定与实施救援方案，组织开展应急救援，核实遇险、遇难及受伤人数，协调与调动应急资源，维护现场秩序，疏散转移可能受影响人员，开展医疗救治和疫情防控，并组织做好伤亡人员赔偿和安抚善后、救援人员抚恤和荣誉认定、应急处置信息发布及维护社会稳定等工作。

地方人民政府安全生产监督管理部门和负有安全生产监督管理职责的有关部门应进一步加强机构和队伍建设，配备专职的安全生产应急处置工作机构和工作人员。

3. 进一步规范事故现场应急处置

（1）做好企业先期处置。发生事故或险情后，企业要立即启动相关应急预案，在确保安全的前提下组织抢救遇险人员，控制危险源，封锁危险场所，杜绝盲目施救，防止事态扩大；要明确并落实生产现场带班人员、班组长和调度人员直接处置权和指挥权，在遇到险情或事故征兆时立即下达停产撤人命令，组织现场人员及时、有序撤离到安全地点，减少人员伤亡。

（2）要依法依规及时、如实向当地安全生产监管监察部门和负有安全生产监督管理职责的有关部门报告事故情况，不得瞒报、谎报、迟报、漏报，不得故意破坏事故现场、毁灭证据。

（3）加强政府应急响应。事故发生地人民政府及有关部门接到事故报告后，相关负责同志要立即赶赴事故现场，按照有关应急预案规定，成立事故应急处置现场指挥部（以下简称指挥部），代表本级人民政府履行事故应急处置职责，组织开展事故应急处置工作。

指挥部是事故现场应急处置的最高决策指挥机构，实行总指挥负责制。总指挥要认真履行指挥职责，明确下达指挥命令，明确责任、任务、纪律。指挥部会议、重大决策事项等要指定专人记录，指挥命令、会议纪要和图纸资料等要妥善保存。事故现场所有人员要严格执行指挥部指令，对于延误或拒绝执行命令的，要严肃追究责任。

按照事故等级和相关规定，上一级人民政府成立指挥部的，下一级人民政府指挥部要立即移交指挥权，并继续配合做好应急处置工作。

事故发生地有关单位、各类安全生产应急救援队伍接到地方人民政府及有关部门的应急救援指令或有关企业的请求后，应当及时出动参加事故救援。

（4）强化救援现场管理。指挥部要充分发挥专家组、企业现场管理人员和专业技术人员以及救援队伍指挥员的作用，实行科学决策。要根据事故救援需要和现场实际需要划定警戒区域，及时疏散和安置事故可能影响的周边居民和群众，疏导劝离与救援无关的人员，维护现场秩序，确保救援工作高效有序。必要时，要对事故现场实行隔离保护，尤其是矿井井口、危险化学品处置区域、火区灾区入口等重要部位要实行专人值守，未经指挥部批准，任何人不准进入。要对现场周边及有关区域实行交通管制，确保应急救援通道畅通。

（5）确保安全有效施救。救援过程中，要严格遵守安全规程，及时排除隐患，确保救援人员安全。救援队伍指挥员应当作为指挥部成员，参与制定救援方案等重大决策，并根据救援方案和总指挥命令组织实施救援；在行动前要了解有关危险因素，明确防范措施，科学组织救援，积极搜救遇险人员。遇到突发情况危及救援人员生命安全时，救援队伍指挥员有权作出处置决定，迅速带领救援人员撤出危险区域，并及时报告指挥部。

（6）适时把握救援暂停和终止。对于继续救援直接威胁救援人员生命安全、极易造成次生衍生事故等情况，指挥部要组织专家充分论证，作出暂停救援的决定；在事故现场得以控制、导致次生衍生事故隐患消除后，经指挥部组织研究，确认符合继续施救条件时，再行组织施救，直至救援任务完成。因客观条件导致无法实施救援或救援任务完成后，在经专家组论证并做好相关工作的基础上，指挥部要提出终止救援的意见，报本级人民政府批准。

4. 加强事故应急处置相关工作

（1）全力强化应急保障。地方人民政府要对应急保障工作总负责，统筹协调，全力保证应急救援工作的需要；要采取财政措施，保障应急处置工作所需经费。政府有关部门要按照国家有关规定和指挥部的需要，在各自职责范围内做好应急保障工作，确保交通、通信、供电、供水、气象服务以及应急救援队伍、装备、物资等救援条件。

（2）及时发布有关信息。指挥部应当按照有关规定及时发布事故应急处置工作信息；设立举报电话、举报信箱，登记、核实举报情况，接受社会监督。有关各方要引导各类新闻媒体客观、公正、及时报道事故信息，不得编造、发布虚假信息。

（3）精心组织医疗卫生服务。事故发生地卫生行政主管部门要按照指挥部的要求，组织做好紧急医疗救护和现场卫生处置工作，协调有关专家、特种药品和特种救治装备，全力救治事故受伤人员，并按照专业规程做好现场防疫工作。必要时，由指挥部向上级卫生行政主管部门提出调配医疗专家和药品及转治伤员等相关请求。

（4）稳妥做好善后处置工作。地方人民政府和事故发生单位要组织妥善安置和慰问受害及受影响人员，组织开展遇难人员善后和赔偿、征用物资补偿、协调应急救援队伍补偿、污染物收集清理与处理等工作，尽快消除事故影响，恢复正常秩序，保证社会稳定。

5. 建立、健全事故应急处置制度

（1）建立分级指导配合制度。县级以上人民政府及其有关部门要建立事故应急处置分级指导配合制度。事故发生后，县级以上人民政府及其有关部门要根据事故等级和相关规定派出工作组，赶赴事故现场指导配合事发地开展工作。国务院安全生产监管监察部门和国务院负有安全生产监督管理职责的有关部门要对重特大事故或全国社会影响大的事故应急处置工作进行指导；省级安全生产监管监察部门和负有安全生产监督管理职责的有关部门要对重大、较大事故或本省（区、市）社会影响大的事故应急处置工作进行指导；市（地）级安全生产监管监察部门和负有安全生产监督管理职责的有关部门要对较大、一般事故或本市（地）社会影响大的事故应急处置工作进行指导。

工作组的主要任务是：了解掌握事故基本情况和初步原因；督促地方人民政府和相关部门及企业核查核实并如实上报事故遇险、遇难、受伤人员情况；根据前期处置情况对救援方案提出建议，协调调动外部应急资源，指导事故应对处置工作，但不替代地方指挥部的指挥职责；指导当地做好舆论引导和善后处理工作；起草事故情况报告，并及时向派出单位或上级单位报告有关工作情况。

（2）完善总结和评估制度。地方人民政府及其有关部门要建立、健全事故应急处置总结和评估制度。指挥部要对事故应急处置工作进行总结并将总结报告报事故调查组和上级安全生产监管监察部门。事故应急处置工作总结报告的主要内容包括：事故基本情况、事故信息接收与报送情况、应急处置组织与领导、应急预案执行情况、应急救援队伍工作情况、主要技术措施及其实施情况、救援成效、经验教训、相关建议等。

事故调查组负责事故应急处置评估工作，并在事故调查报告中对应急处置做出评估结论。

（3）落实应急奖惩制度。各地区、各部门要落实事故应急处置奖励与责任追究制度。要根据有关法律、法规和事故应急处置评估结论，对事故应急处置工作中表现突出的单位和个人给予奖励。对影响和妨碍事故应急处置工作的有关单位和人员，视情节和危害后果依法依规追究责任。

四、生产安全事故应急处置评估

2014 年 9 月 22 日，国家安全生产监督管理总局下发《生产安全事故应急处置评估暂行办法》，要求开展事故应急处置评估工作，主要内容如下：

（1）事故调查组应当单独设立应急处置评估组，专职负责对事故单位和事发地人民政府的应急处置工作进行评估。事故调查组应急处置评估组组长一般由安全生产应急管理机构人员担任，有关单位人员参加，并根据需要聘请相关专家参与评估工作。

（2）应急处置评估组根据工作需要，可以采取下列措施：

1）听取事故单位和事发地人民政府事故应急处置现场指挥部（以下简称现场指挥部）事故及应急处置情况说明。

2）现场勘查。

3）查阅相关文字、音像资料和数据信息。

4）询问有关人员。

5）组织专家论证，必要时可以委托相关机构进行技术鉴定。

（3）事故单位和现场指挥部应当分别总结事故应急处置工作，向事故调查组和上一级安全生产监管监察部门提交总结报告。总结报告内容包括：

1）事故基本情况。

2）先期处置情况及事故信息接收、流转与报送情况。

3）应急预案实施情况。

4）组织指挥情况。

5）现场救援方案制定及执行情况。

6）现场应急救援队伍工作情况。

7）现场管理和信息发布情况。

8）应急资源保障情况。

9）防控环境影响措施的执行情况。

10）救援成效、经验和教训。

11）相关建议。

事故单位和现场指挥部应当妥善保存并整理好与应急处置有关的书证和物证。

（4）应急处置评估组对事故单位的评估，应当包括以下内容：

1）应急响应情况，包括事故基本情况、信息报送情况等。

2）先期处置情况，包括自救情况、控制危险源情况、防范次生灾害发生情况。

3）应急管理规章制度的建立和执行情况。

4）风险评估和应急资源调查情况。

5）应急预案的编制、培训、演练、执行情况。

6）应急救援队伍、人员、装备、物资储备、资金保障等方面的落实情况。

五、加强安全生产应急预案管理工作

针对一些地区和生产经营单位仍然存在应急预案风险评估、政企衔接不到位，针对性不强，实用性和操作性差等问题，2015 年 7 月 23 日，国务院安委会办公室下发

《关于进一步加强安全生产应急预案管理工作的通知》，主要内容如下：

1. 总体要求

各地区、各有关部门和生产经营单位要进一步加强应急预案工作的组织领导，坚持以习近平总书记、李克强总理等党中央、国务院领导同志系列重要讲话和指示批示精神为指导，按照“管行业必须管安全、管业务必须管安全、管生产经营必须管安全”的要求，强化红线意识，坚持问题导向，树立“预案不完善就是隐患、培训不到位就是隐患、演练不到位就是隐患”的理念，落实责任、深化管理、加强执法，通过强化风险评估、预案修订、培训演练、监督检查等工作，深入开展应急预案优化工作，推动应急预案专业化、简明化、卡片化，完善体系、提升质量，实现应急预案科学、易记、好用。

2. 严格落实应急预案管理责任

（1）强化生产经营单位主体责任。生产经营单位要把应急预案工作纳入本单位安全生产总体布局，同步规划、同步实施，落实机构、人员和经费，切实做好应急预案的编制与实施工作。生产经营单位主要负责人是本单位应急预案工作的第一责任人，负责组织制定并实施本单位的应急预案；各分管负责人要按职责分工落实分管领域的应急预案工作责任。

（2）落实属地管理责任。地方各级安委会要建立应急预案属地监管机制，将应急预案工作纳入本级安委会工作内容，定期研究落实应急预案工作。要督促有关部门履行在应急预案编制实施、监督管理等方面的职责。要组织有关部门制定本行政区域内专项应急预案，监督本行政区域内有关部门编制和实施好部门应急预案，推动有关部门广泛深入开展应急预案培训、演练、修订等工作。要落实政企应急预案衔接责任，在政府相关预案中明确生产经营单位在信息报告、警戒疏散、指挥权转移、医疗救治、交通控制等方面的衔接要求。

（3）落实部门监管责任。负有安全生产监督管理职责的部门要履行应急预案监督管理责任，负责本部门应急预案的编制与实施工作，监督管理本行业、领域生产经营单位的应急预案工作，研究制定规章标准、督促生产经营单位编制预案、做好预案衔接、规范预案评审备案等。

3. 深入开展应急预案修订工作

（1）不断推进应急预案简明化。生产经营单位要结合本单位实际，梳理和明确不同层级间应对事故的职责和措施，在保证衔接性的基础上避免应急预案内容重复，并可根据本单位的实际情况确定是否编制专项预案。生产经营规模小、安全生产风险种类少、事故危害程度低、从业人员数量少的生产经营单位可仅编制现场处置方案。要大力推广应用应急处置卡，明确重点岗位、重点环节在事故处置中的具体处置措施。

（2）切实开展风险评估和应急资源调查。风险评估和应急资源调查是预案编制、修订的基础。编制和修订应急预案前，必须认真、科学识别本地区、本部门、本单位存在的安全生产风险，分析可能发生的事故类型、后果、危害程度和影响范围，提出防范和控制风险的措施；必须全面调查掌握本地区、本部门、本单位第一时间可调用的应急队伍、装备、物资及场所等应急资源状况和合作区域内可请求援助的应急资源状况，结合风险评估结果制定应急响应措施。应急预案应附有风险评估结果和应急资源调查清单。

（3）加强政企预案衔接与联动。地方各级安委会、有关部门和生产经营单位应急预案中要增加预案衔接内容，在做好不同层级应急预案衔接的基础上，明确生产经营单位与属地政府应急预案的衔接。生产经营单位应急响应级别可按照事故是否超出厂区范围、自身应急能力能否满足应急处置需要、危及人员数量等因素综合划定。生产经营单位不同层级应急预案应明确应急响应启动条件和影响范围。

4. 认真开展应急预案宣传教育和培训演练

（1）广泛开展应急预案宣传教育。各地区、各有关部门和生产经营单位要加强应急预案基本知识的宣传教育，特别要注重对基层一线和社会公众的宣传教育，使社会公众和生产经营单位职工了解、掌握自身所涉及应急预案的核心内容，增强应急意识、提升自救互救能力。要充分发挥报纸、电视等传统媒体和网络、微博、微信等新媒体的宣传教育作用，制作通俗易懂、好记管用的宣传普及材料，向公众免费发放，推动应急预案宣传教育“进机关、进基层、进社区、进工厂、进学校”，做到应急预案宣传教育全覆盖。

（2）强化应急预案培训。应急预案发布单位要强化对应急预案涉及人员特别是指挥机构、各工作组成员、救援队伍等的培训，使其了解各自职责、信息报送程序、所在岗位应急措施等关键要素，做到内化于意识、外化于行动，科学有序有效应对事故灾难。明确员工入厂“三级安全教育”和全员安全培训中的应急预案培训要求，通过强化应急预案培训，使生产经营单位从业人员和各级应急指挥人员牢记应急措施和实施步骤，提高快速响应和有效应对事故灾难的能力。

（3）全面推进应急预案演练。各地区、各有关部门和生产经营单位要建立应急演练制度，广泛开展应急预案演练活动，并进行总结评估，查漏补缺，切实达到提升预案实效、普及应急知识、完善应急准备的目的。新编制应急预案颁布实施前要经过演练检验。政府专项和部门应急预案每 3 年至少演练一次；生产经营单位综合或专项预案每年至少演练一次，现场处置方案应经常性开展演练，切实提升带班领导、调度、班组长、生产骨干等关键岗位人员的响应速度和应急能力，提高现场作业人员的应急技能。

5. 强化应急预案备案管理和监督检查

（1）严格应急预案备案管理。按照分级属地原则，健全完善应急预案备案制度。

各级安全监管部门负责非煤矿山、金属冶炼、危险化学品的生产、经营、存储和油气输送管道运营等生产经营单位的应急预案备案工作。其他生产经营单位应急预案向所在地其他负有安全生产监督管理职责的部门备案并抄送同级安全监管部门。要将应急预案体系建设作为安全生产标准化创建的重要内容，在标准化创建评审中加大应急预案权重，推动生产经营单位应急预案工作。

（2）加大对应急预案工作的监管监察执法力度。各地区、各有关部门要将应急预案工作列入各级安全监管监察执法范围，将应急预案编制、备案和实施等内容作为安全生产检查、督查、专项行动的重要内容，通过加大执法检查力度推动重点行业生产经营单位应急预案工作。要以“四不两直”（即“不发通知、不打招呼、不听汇报、不用陪同接待、直奔基层、直播现场”）暗查、暗访等方式组织开展应急预案专项检查，并通过主流媒体及时予以公开，选择典型案例进行曝光，增强执法检查震慑作用。

（3）严肃责任追究。要对未按照规定制定应急预案或者未定期组织演练的生产经营单位依法进行处罚。要全面落实新《安全生产法》和《国务院安委会关于进一步加强生产安全事故应急处置工作的通知》（安委〔2013〕8 号）要求，在日常执法检查和生产安全事故应急处置评估工作中加强对应急预案执行情况的检查和评估。对发生生产安全事故的单位，要严格检查预案编制、演练、修订、评审备案、宣传教育和启动等情况，对因预案工作不到位导致应急处置不当、救援响应不及时等造成事故扩大的，要依法依规追究相关人员责任。

六、生产安全事故应急预案管理方法

2016 年 6 月 3 日，国家安全生产监督管理总局令第 88 号发布《生产安全事故应急预案管理办法》，规定了生产安全事故应急预案的编制、评审、公布、备案、宣传、教育、培训、演练、评估、修订及监督管理工作，主要内容如下：

（1）生产经营单位主要负责人负责组织编制和实施本单位的应急预案，并对应急预案的真实性和实用性负责；各分管负责人应当按照职责分工落实应急预案规定的职责。

（2）生产经营单位应急预案分为综合应急预案、专项应急预案和现场处置方案。综合应急预案，是指生产经营单位为应对各种生产安全事故而制定的综合性工作方案，是本单位应对生产安全事故的总体工作程序、措施和应急预案体系的总纲。专项应急预案，是指生产经营单位为应对某一种或者多种类型生产安全事故，或者针对重要生产设施、重大危险源、重大活动防止生产安全事故而制定的专项性工作方案。现场处置方案，是指生产经营单位根据不同生产安全事故类型，针对具体场所、装置或者设施所制定的应急处置措施。

（3）应急预案的编制应当遵循以人为本、依法依规、符合实际、注重实效的原则，以应急处置为核心，明确应急职责、规范应急程序、细化保障措施。

（4）应急预案的编制应当符合下列基本要求：

1）有关法律、法规、规章和标准的规定。

2）本地区、本部门、本单位的安全生产实际情况。

3）本地区、本部门、本单位的危险性分析情况。

4）应急组织和人员的职责分工明确，并有具体的落实措施。

5）有明确、具体的应急程序和处置措施，并与其应急能力相适应。

6）有明确的应急保障措施，满足本地区、本部门、本单位的应急工作需要。

7）应急预案基本要素齐全、完整，应急预案附件提供的信息准确。

8）应急预案内容与相关应急预案相互衔接。

（5）编制应急预案应当成立编制工作小组，由本单位有关负责人任组长，吸收与应急预案有关的职能部门和单位的人员，以及有现场处置经验的人员参加。

（6）编制应急预案前，编制单位应当进行事故风险评估和应急资源调查。事故风险评估，是指针对不同事故种类及特点，识别存在的危险危害因素，分析事故可能产生的直接后果以及次生、衍生后果，评估各种后果的危害程度和影响范围，提出防范和控制事故风险措施的过程。应急资源调查，是指全面调查本地区、本单位第一时间可以调用的应急资源状况和合作区域内可以请求援助的应急资源状况，并结合事故风险评估结论制定应急措施的过程。

（7）地方各级安全生产监督管理部门应当根据法律、法规、规章和同级人民政府以及上一级安全生产监督管理部门的应急预案，结合工作实际，组织编制相应的部门应急预案。部门应急预案应当根据本地区、本部门的实际情况，明确信息报告、响应分级、指挥权移交、警戒疏散等内容。

（8）生产经营单位应当根据有关法律、法规、规章和相关标准，结合本单位组织管理体系、生产规模和可能发生的事故特点，确立本单位的应急预案体系，编制相应的应急预案，并体现自救互救和先期处置等特点。

（9）生产经营单位风险种类多、可能发生多种类型事故的，应当组织编制综合应急预案。综合应急预案应当规定应急组织机构及其职责、应急预案体系、事故风险描述、预警及信息报告、应急响应、保障措施、应急预案管理等内容。

（10）对于某一种或者多种类型的事故风险，生产经营单位可以编制相应的专项应急预案，或将专项应急预案并入综合应急预案。专项应急预案应当规定应急指挥机构与职责、处置程序和措施等内容。

（11）对于危险性较大的场所、装置或者设施，生产经营单位应当编制现场处置方案。现场处置方案应当规定应急工作职责、应急处置措施和注意事项等内容。事故

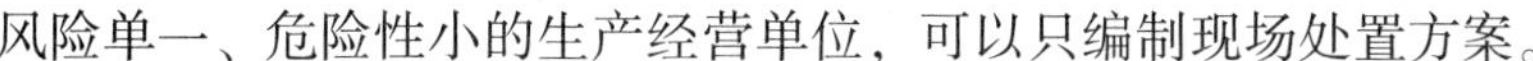

风险单一、危险性小的生产经营单位，可以只编制现场处置方案。

（12）生产经营单位应急预案应当包括向上级应急管理机构报告的内容、应急组织机构和人员的联系方式、应急物资储备清单等附件信息。附件信息发生变化时，应当及时更新，确保准确有效。

（13）生产经营单位组织应急预案编制过程中，应当根据法律、法规、规章的规定或者实际需要，征求相关应急救援队伍、公民、法人或其他组织的意见。

（14）生产经营单位编制的各类应急预案之间应当相互衔接，并与相关人民政府及其部门、应急救援队伍和涉及的其他单位的应急预案相衔接。

（15）生产经营单位应当在编制应急预案的基础上，针对工作场所、岗位的特点，编制简明、实用、有效的应急处置卡。应急处置卡应当规定重点岗位、人员的应急处置程序和措施，以及相关联络人员和联系方式，便于从业人员携带。

（16）地方各级安全生产监督管理部门应当组织有关专家对本部门编制的部门应急预案进行审定；必要时，可以召开听证会，听取社会有关方面的意见。

（17）矿山、金属冶炼、建筑施工企业和易燃易爆物品、危险化学品的生产、经营（带储存设施的，下同）、储存企业，以及使用危险化学品达到国家规定数量的化工企业、烟花爆竹生产、批发经营企业和中型规模以上的其他生产经营单位，应当对本单位编制的应急预案进行评审，并形成书面评审纪要。

其他生产经营单位应当对本单位编制的应急预案进行论证。

（18）参加应急预案评审的人员应当包括有关安全生产及应急管理方面的专家。评审人员与所评审应急预案的生产经营单位有利害关系的，应当回避。

（19）应急预案的评审或者论证应当注重基本要素的完整性、组织体系的合理性、应急处置程序和措施的针对性、应急保障措施的可行性、应急预案的衔接性等内容。

（20）生产经营单位的应急预案经评审或者论证后，由本单位主要负责人签署公布，并及时发放到本单位有关部门、岗位和相关应急救援队伍。事故风险可能影响周边其他单位、人员的，生产经营单位应当将有关事故风险的性质、影响范围和应急防范措施告知周边的其他单位和人员。

（21）地方各级安全生产监督管理部门的应急预案，应当报同级人民政府备案，并抄送上一级安全生产监督管理部门。其他负有安全生产监督管理职责部门的应急预案，应当抄送同级安全生产监督管理部门。

（22）生产经营单位应当在应急预案公布之日起 20 个工作日内，按照分级属地原则，向安全生产监督管理部门和有关部门进行告知性备案。

中央企业总部（上市公司）的应急预案，报国务院主管的负有安全生产监督管理职责的部门备案，并抄送国家安全生产监督管理总局；其所属单位的应急预案报所在地的省、自治区、直辖市或者设区的市级人民政府主管的负有安全生产监督管理职责的部门备案，并抄送同级安全生产监督管理部门。

上述规定以外的非煤矿山、金属冶炼和危险化学品生产、经营、储存企业，以及使用危险化学品达到国家规定数量的化工企业、烟花爆竹生产、批发经营企业的应急预案，按照隶属关系报所在地县级以上地方人民政府安全生产监督管理部门备案；其他生产经营单位应急预案的备案，由省、自治区、直辖市人民政府负有安全生产监督管理职责的部门确定。

油气输送管道运营单位的应急预案，除按照规定备案外，还应当抄送所跨行政区域的县级安全生产监督管理部门。

煤矿企业的应急预案除按照规定备案外，还应当抄送所在地的煤矿安全监察机构。

（23）生产经营单位申报应急预案备案，应当提交下列材料：

1）应急预案备案申报表。

2）应急预案评审或者论证意见。

3）应急预案文本及电子文档。

4）风险评估结果和应急资源调查清单。

（24）受理备案登记的负有安全生产监督管理职责的部门应当在 5 个工作日内对应急预案材料进行核对，材料齐全的，应当予以备案并出具应急预案备案登记表；材料不齐全的，不予备案并一次性告知需要补齐的材料。逾期不予备案又不说明理由的，视为已经备案。

对于实行安全生产许可的生产经营单位，已经进行应急预案备案的，在申请安全生产许可证时，可以不提供相应的应急预案，仅提供应急预案备案登记表。

（25）各级安全生产监督管理部门应当建立应急预案备案登记建档制度，指导、督促生产经营单位做好应急预案的备案登记工作。

（26）各级安全生产监督管理部门、各类生产经营单位应当采取多种形式开展应急预案的宣传教育，普及生产安全事故避险、自救和互救知识，提高从业人员和社会公众的安全意识与应急处置技能。

（27）各级安全生产监督管理部门应当将本部门应急预案的培训纳入安全生产培训工作计划，并组织实施本行政区域内重点生产经营单位的应急预案培训工作。生产经营单位应当组织开展本单位的应急预案、应急知识、自救互救和避险逃生技能的培训活动，使有关人员了解应急预案内容，熟悉应急职责、应急处置程序和措施。应急培训的时间、地点、内容、师资、参加人员和考核结果等情况应当如实记入本单位的安全生产教育和培训档案。

（28）各级安全生产监督管理部门应当定期组织应急预案演练，提高本部门、本地区生产安全事故应急处置能力。

（29）生产经营单位应当制订本单位的应急预案演练计划，根据本单位的事故风

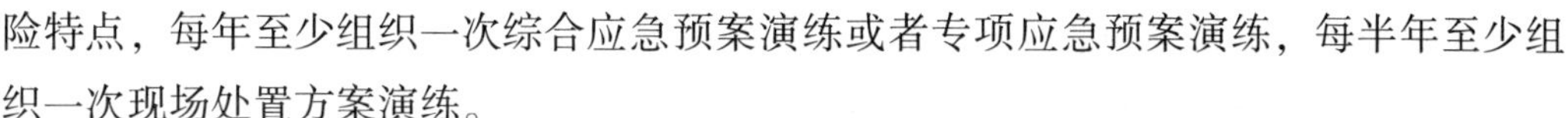

险特点，每年至少组织一次综合应急预案演练或者专项应急预案演练，每半年至少组织一次现场处置方案演练。

（30）应急预案演练结束后，应急预案演练组织单位应当对应急预案演练效果进行评估，撰写应急预案演练评估报告，分析存在的问题，并对应急预案提出修订意见。

（31）应急预案编制单位应当建立应急预案定期评估制度，对预案内容的针对性和实用性进行分析，并对应急预案是否需要修订做出结论。

矿山、金属冶炼、建筑施工企业和易燃易爆物品、危险化学品等危险物品的生产、经营、储存企业、使用危险化学品达到国家规定数量的化工企业、烟花爆竹生产、批发经营企业和中型规模以上的其他生产经营单位，应当每 3 年进行一次应急预案评估。

应急预案评估可以邀请相关专业机构或者有关专家、有实际应急救援工作经验的人员参加，必要时可以委托安全生产技术服务机构实施。

（32）有下列情形之一的，应急预案应当及时修订并归档：

1）依据的法律、法规、规章、标准及上位预案中的有关规定发生重大变化的。

2）应急指挥机构及其职责发生调整的。

3）面临的事故风险发生重大变化的。

4）重要应急资源发生重大变化的。

5）预案中的其他重要信息发生变化的。

6）在应急演练和事故应急救援中发现问题需要修订的。

7）编制单位认为应当修订的其他情况。

（33）应急预案修订涉及组织指挥体系与职责、应急处置程序、主要处置措施、应急响应分级等内容变更的，修订工作应当参照有关规定的应急预案编制程序进行，并按照有关应急预案报备程序重新备案。

（34）生产经营单位应当按照应急预案的规定，落实应急指挥体系、应急救援队伍、应急物资及装备，建立应急物资、装备配备及其使用档案，并对应急物资、装备进行定期检测和维护，使其处于适用状态。

（35）生产经营单位发生事故时，应当第一时间启动应急响应，组织有关力量进行救援，并按照规定将事故信息及应急响应启动情况报告安全生产监督管理部门和其他负有安全生产监督管理职责的部门。

（36）生产安全事故应急处置和应急救援结束后，事故发生单位应当对应急预案实施情况进行总结评估。

（37）生产经营单位有下列情形之一的，由县级以上安全生产监督管理部门依照《中华人民共和国安全生产法》第九十四条的规定，责令限期改正，可以处 5 万元以下罚款；逾期未改正的，责令停产停业整顿，并处 5 万元以上 10 万元以下罚款，对直接负责的主管人员和其他直接责任人员处 1 万元以上 2 万元以下的罚款：

1）未按照规定编制应急预案的。

2）未按照规定定期组织应急预案演练的。

（38）生产经营单位有下列情形之一的，由县级以上安全生产监督管理部门责令限期改正，可以处1万元以上3万元以下罚款：

1）在应急预案编制前未按照规定开展风险评估和应急资源调查的。

2）未按照规定开展应急预案评审或者论证的。

3）未按照规定进行应急预案备案的。

4）事故风险可能影响周边单位、人员的，未将事故风险的性质、影响范围和应急防范措施告知周边单位和人员的。

5）未按照规定开展应急预案评估的。

6）未按照规定进行应急预案修订并重新备案的。

7）未落实应急预案规定的应急物资及装备的。

第二节　危险化学品事故应急救援技术

一、危险化学品事故应急救援指挥

2015年3月9日，国家安全生产监督管理总局发布AQ/T 3052—2015《危险化学品事故应急救援指挥导则》，规定了危险化学品事故应急救援指挥的基本原则和程序，主要内容如下：

1. 基本原则

（1）坚持救人第一、防止灾害扩大的原则。在保障施救人员安全的前提下，果断抢救受困人员的生命，迅速控制危险化学品事故现场，防止灾害扩大。

（2）坚持统一领导、科学决策的原则。由现场指挥部和总指挥部根据预案要求和现场情况变化，领导应急响应和应急救援，现场指挥部负责现场具体处置，重大决策由总指挥部决定。

（3）坚持信息畅通、协同应对的原则。总指挥部、现场指挥部与救援队伍应保证实时互通信息，提高救援效率，在事故单位开展自救的同时，外部救援力量根据事故单位的需求和总指挥部的要求参与救援。

（4）坚持保护环境，减少污染的原则。在处置中应加强对环境的保护，控制事故范围，减少对人员、大气、土壤、水体的污染。

（5）在救援过程中，有关单位和人员应考虑妥善保护事故现场及相关证据。任何人不得以救援为借口，故意破坏事故现场及毁灭相关证据。

2. 基本程序

（1）应急响应

1）事故单位应立即启动应急预案，组织成立现场指挥部，制定科学、合理的救援方案，并统一指挥实施。

2）事故单位在开展自救的同时，应按照有关规定向当地政府部门报告。

3）政府有关部门在接到事故报告后，应立即启动相关预案，赶赴事故现场（或应急指挥中心），成立总指挥部，明确总指挥、副总指挥及有关成员单位或人员职责分工。

4）现场指挥部根据情况，划定本单位警戒隔离区域，抢救、撤离遇险人员，制定现场处置措施（工艺控制、工程抢险、防范次生及衍生事故），及时将现场情况及应急救援进展报告总指挥部，向总指挥部提出外部救援力量、技术、物资支持、疏散公众等请求和建议。

5）总指挥部根据现场指挥部提供的情况对应急救援进行指导，划定事故单位周边警戒隔离区域，根据现场指挥部请求调集有关资源、下达应急疏散指令。

6）外部救援力量根据事故单位的需求和总指挥部的协调安排，与事故单位合力开展救援。

7）现场指挥部和总指挥部应及时了解事故现场情况，主要了解下列内容包括：遇险人员伤亡、失踪、被困情况；危险化学品危险特性、数量、应急处置方法等信息；周边建筑、居民、地形、电源、火源等情况；事故可能导致的后果及对周围区域的可能影响范围和危害程度；应急救援设备、物资、器材、队伍等应急力量情况；有关装置、设备、设施损毁情况。

8）现场指挥部和总指挥部根据情况变化，对救援行动及时作出相应调整。

（2）警戒隔离

1）根据现场危险化学品自身及燃烧产物的毒害性、扩散趋势、火焰辐射热和爆炸、泄漏所涉及的范围等相关内容对危险区域进行评估，确定警戒隔离区。

2）在警戒隔离区边界设警示标志，并设专人负责警戒。

3）对通往事故现场的道路实行交通管制，严禁无关车辆进入。清理主要交通干道，保证道路畅通。

4）合理设置出入口，除应急救援人员外，严禁无关人员进入。

5）根据事故发展、应急处置和动态监测情况，适当调整警戒隔离区。

（3）人员防护与救护

1）应急救援人员防护

①调集所需安全防护装备。现场应急救援人员应针对不同的危险特性，采取相应

安全防护措施后，方可进入现场救援。

②控制、记录进入现场救援人员的数量。

③现场安全监测人员若遇直接危及应急人员生命安全的紧急情况，应立即报告救援队伍负责人和现场指挥部，救援队伍负责人、现场指挥部应当迅速作出撤离决定。

2）遇险人员救护

①救援人员应携带救生器材迅速进入现场，将遇险受困人员转移到安全区。

②将警戒隔离区内与事故应急处理无关人员撤离至安全区，撤离时要选择正确方向和路线。

③对救出人员进行现场急救和登记后，交专业医疗卫生机构处置。

3）公众安全防护

①总指挥部根据现场指挥部疏散人员的请求，决定并发布疏散指令。

②应选择安全的疏散路线，避免横穿危险区。

③根据危险化学品的危害特性，指导疏散人员就地取材（如毛巾、湿布、口罩），采取简易有效的措施保护自己。

（4）现场处置

1）火灾爆炸事故处置

①扑灭现场明火应坚持先控制后扑灭的原则。依危险化学品性质、火灾大小采用冷却、堵截、突破、夹攻、合击、分割、围歼、破拆、封堵、排烟等方法进行控制与灭火。

②根据危险化学品特性，选用正确的灭火剂。禁止用水、泡沫等含水灭火剂扑救遇湿易燃物品、自燃物品火灾；禁用直流水冲击扑灭粉末状、易沸溅危险化学品火灾；禁用沙土盖压扑灭爆炸品火灾；宜使用低压水流或雾状水扑灭腐蚀品火灾，避免腐蚀品溅出；禁止对液态轻烃强行灭火。

③有关生产部门监控装置工艺变化情况，做好应急状态下生产方案的调整和相关装置的生产平衡，优先保证应急救援所需的水、电、汽、交通运输车辆和工程机械。

④根据现场情况和预案要求，及时决定有关设备、装置、单元或系统紧急停车，避免事故扩大。

2）泄漏事故处置

①控制泄漏源。生产过程中发生泄漏，事故单位应根据生产和事故情况，及时采取控制措施，防止事故扩大。采取停车、局部打循环、改走副线或降压堵漏等措施。

在其他储存、使用等过程中发生泄漏，应根据事故情况，采取转料、套装、堵漏等控制措施。

②制泄漏物。泄漏物控制应与泄漏源控制同时进行。对气体泄漏物可采取喷雾状水、释放惰性气体、加入中和剂等措施，降低泄漏物的浓度或燃爆危害。喷水稀释时，

应筑堤收容产生的废水，防止水体污染。对液体泄漏物可采取容器盛装、吸附、筑堤、挖坑、泵吸等措施进行收集、阻挡或转移。若液体具有挥发性及可燃性，可用适当的泡沫覆盖泄漏液体。

3）中毒窒息事故处置

①立即将染毒者转移至上风向或侧上风向空气无污染区域，并进行紧急救治。

②经现场紧急救治，伤势严重者立即送医院观察治疗。

4）其他处置要求

①现场指挥人员发现危及人身生命安全的紧急情况，应迅速发出紧急撤离信号。

②若因火灾爆炸引发泄漏中毒事故，或因泄漏引发火灾爆炸事故，应统筹考虑，优先采取保障人员生命安全，防止灾害扩大的救援措施。

③维护现场救援秩序，防止救援过程中发生车辆碰撞、车辆伤害、物体打击、高处坠落等事故。

（5）现场监测

1）对可燃、有毒有害危险化学品的浓度、扩散等情况进行动态监测。

2）测定风向、风力、气温等气象数据。

3）确认装置、设施、建（构）筑物已经受到的破坏或潜在的威胁。

4）监测现场及周边污染情况。

5）现场指挥部和总指挥部根据现场动态监测信息，适时调整救援行动方案。

（6）洗消

1）在危险区与安全区交界处设立洗消站。

2）使用相应的洗消药剂，对所有染毒人员及工具、装备进行洗消。

（7）现场清理

1）彻底清除事故现场各处残留的有毒有害气体。

2）对泄漏液体、固体应统一收集处理。

3）对污染地面进行彻底清洗，确保不留残液。

4）对事故现场空气、水源、土壤污染情况进行动态监测，并将监测信息及时报告现场指挥部和总指挥部。

5）洗消污水应集中净化处理，严禁直接外排。

6）若空气、水源、土壤出现污染，应及时采取相应处置措施。

（8）信息发布

1）事故信息由总指挥部统一对外发布。

2）信息发布应及时、准确、客观、全面。

（9）救援结束

1）事故现场处置完毕，遇险人员全部救出，可能导致次生、衍生灾害的隐患得到彻底消除或控制，由总指挥部发布救援行动结束指令。

2）清点救援人员、车辆及器材。

3）解除警戒，指挥部解散，救援人员返回驻地。

4）事故单位对应急救援资料进行收集、整理、归档，对救援行动进行总结评估，并报上级有关部门。

二、危险化学品单位应急救援物资配备

2013 年 12 月 17 日，国家标准委发布 GB 30077—2013《危险化学品单位应急救援物资配备标准》，规定了危险化学品单位应急救援物资的配备原则、总体配备要求、作业场所配备要求、企业应急救援队伍配备要求、其他配备要求和管理维护。标准适用于危险化学品生产和储存单位应急救援物资的配备，主要内容如下：

1. 配备原则

（1）危险化学品单位应急救援物资应根据本单位危险化学品的种类、数量和危险化学品事故可能造成的危害进行配置，本标准范围内的危险化学品单位分为 3 类，危险化学品单位类别划分方法见表 10—1。

表 10—1　　危险化学品单位类别划分依据

企业规模	危险化学品重大危险源级别			
	一级危险化学品重大危险源	二级危险化学品重大危险源	三级危险化学品重大危险源	四级危险化学品重大危险源
从业人数 300 人以下或营业收入 2 000 万元以下	第二类危险化学品单位	第三类危险化学品单位	第三类危险化学品单位	第三类危险化学品单位
从业人数 300 人以上 1 000 人以下或营业收入 2 000 万元以上 40 000 万元以下	第二类危险化学品单位	第二类危险化学品单位	第二类危险化学品单位	第三类危险化学品单位
从业人数 1 000 人以上或营业收入 40 000万元以上	第一类危险化学品单位	第二类危险化学品单位	第二类危险化学品单位	第二类危险化学品单位

注：1. 表 10—1 中所称的“以上”包括本数，所称的“以下”不包括本数。

2. 没有危险化学品重大危险源的危险化学品单位可作为第三类危险化学品单位。

（2）应急救援物资应符合实用性、功能性、安全性、耐用性以及单位实际需要的原则，应满足单位员工现场应急处置和企业应急救援队伍所承担救援任务的需要。

2. 总体配备要求

（1）本标准是危险化学品单位应急救援物资配备的最低要求，危险化学品单位可根据实际情况增配应急救援物资的种类和数量。

（2）危险化学品单位应急救援物资及其配备，除应符合本标准外，尚应符合国家

现行的有关标准、规范的要求。

3. 作业场所配备要求

在危险化学品单位作业场所，应急救援物资应存放在应急救援器材专用柜或指定地点。作业场所应急物资配备应符合表 10—2 的要求。

表 10—2　作业场所救援物资配备要求

序号	物资名称	技术要求或功能要求	配备	备注
1	正压式空气呼吸器	技术性能符合 GB/T 18664 要求	2 套	
2	化学防护服	技术性能符合 AQ/T 6107 要求	2 套	具有有毒、腐蚀性危险化学品的作业场所
3	过滤式防毒面具	技术性能符合 GB/T 18664 要求	1 个/人	类型根据有毒、有害物质确定，数量根据当班人数确定
4	气体浓度检测仪	检测气体浓度	2 台	根据作业场所的气体确定
5	手电筒	易燃、易爆场所，防爆	1 个/人	根据当班人数确定
6	对讲机	易燃、易爆场所，防爆	4 台	
7	急救箱或急救包	物资清单见 GBZ 1	1 包	
8	吸附材料或堵漏器材	处理化学品泄漏	*	以工作介质理化性质选择吸附材料，常用吸附材料为干沙土（具有爆炸危险性的除外）
9	洗消设施或清洗剂	洗消受污染或可能受污染的人员、设备和器材	*	在工作地点配备
10	应急处置工具箱	工作箱内配备常用工具或专业处置工具	*	防爆场所应配置无火花工具

注：“ * ”表示由单位根据实际需要进行配置，本标准不作规定。

4. 企业应急救援队伍配备要求

（1）企业应急救援队伍应急救援人员的个人防护装备配备应符合表 10—3 的要求。

表 10—3　应急救援人员个体防护装备配备要求

序号	名称	主要用途	配备	备份比	备注
1	头盔	头部、面部及颈部的安全防护	1 顶/人	4∶1	
2	二级化学防护服装	化学灾害现场作业时的躯体防护	1 套/10 人	4∶1	（1）以值勤人员数量确定 （2）至少配备 2 套
3	一级化学防护服装	重度化学灾害现场全身防护	*		
4	灭火防护服	灭火救援作业时的身体防护	1 套/人	3∶1	指挥员可选配消防指挥服
5	防静电内衣	可燃气体、粉尘、蒸气等易燃、易爆场所作业时的躯体内层防护	1 套/人	4∶1	
6	防化手套	手部及腕部防护	2 副/人		应针对有毒、有害物质穿透性选择手套材料
7	防化靴	事故现场作业时的脚部和小腿部防护	1 双/人	4∶1	易燃、易爆场所应配备防静电靴
8	安全腰带	登梯作业和逃生自救	1 根/人	4∶1	

续表

序号	名称	主要用途	配备	备份比	备注
9	正压式空气呼吸器	缺氧或有毒现场作业时的呼吸防护	1具/人	5∶1	（1）以值勤人员数量确定 （2）备用气瓶按照正压式空气呼吸器总量1∶1备份
10	佩戴式防爆照明灯	单人作业照明	1个/人	5∶1	
11	轻型安全绳	救援人员的救生、自救和逃生	1根/5人	4∶1	
12	消防腰斧	破拆和自救	1把/人	5∶1	

注：1. 表中“备份比”是指应急救援人员防护装备配备投入使用数量与备用数量之比。

2. 根据备份比计算的备份数量为非整数时向上取整。

3. 第三类危险化学品单位应急救援人员可使用作业场所配备的个体防护装备，不配备该表中的装备。

4. “＊”表示由单位根据实际需要进行配置，本标准不作规定。

（2）企业应急救援队伍抢险救援车辆配备要求

1）企业应急救援队伍抢险救援车辆配备数量应符合表10—4的要求。

表10—4　　企业应急救援队伍抢险救援车辆配备数量

危险化学品单位级别	第一类危险化学品单位	第二类危险化学品单位	第三类危险化学品单位
抢险救援车辆数量	≥3	1~2	0~1

2）企业应急救援队伍抢险救援车品种，宜符合表10—5的要求，生产、储存剧毒或高毒危险化学品的单位宜配备气体防护车。

表10—5　　企业应急救援队伍常用抢险救援车辆品种配备要求

序号	设备名称		第一类危险化学品单位	第二类危险化学品单位	第三类危险化学品单位
1	灭火抢险救援车	水罐或泵油抢险救援车	1	1	1
2		水罐或泡沫抢险救援车			
3		干粉泡沫联用抢险救援车			—
4		干粉抢险救援车	—	—	—
5	举高抢险救援车	登高平台抢险救援车	＊	—	—
6		云梯抢险救援车		—	—
7		举高喷射抢险救援车		—	—
8	专勤抢险救援车	多功能抢险救援车或气防车	1	＊	—
9		排烟抢险救援车或照明抢险救援车	—	—	—
10		危险化学品事故抢险救援车或防化洗消抢险救援车	1	＊	—
11		通信指挥抢险救援车	—	—	—
12		供气抢险救援车	—	—	—

续表

序号	设备名称		第一类危险化学品单位	第二类危险化学品单位	第三类危险化学品单位
13	后勤抢险救援车	自装卸式抢险救援车（含器材保障、生活保障、供液集装箱）	—	—	—
14		器材抢险救援车或供水抢险救援车	*	—	—

注："*"表示由单位根据实际需要进行配置，本标准不作规定。

3）企业应急救援队伍主要抢险救援车辆的技术性能应符合表10—6的要求，气体防护车内应急救援物资配备可参考表10—7配置。

表10—6　　企业应急救援队伍主要抢险救援车辆的技术性能

技术性能		第一类危险化学品单位		第二类危险化学品单位		第三类危险化学品单位	
发动机功率（kW）		≥191		≥132		≥132	
比功率（kW/t）		≥10		≥8		≥8	
水罐抢险救援车出水性能	出口压力（MPa）	1	1.8	1	1.8	1	1.8
	流量（L/s）	60	30	40	20	40	20
水罐抢险救援车出泡沫性能（类）		A、B		A、B		B	
举高抢险救援车额定工作高度（m）		≥30		≥20		≥20	
多功能抢险救援车	起吊质量（kg）	≥5 000		≥3 000		≥3 000	
	牵引质量（kg）	≥10 000		≥10 000		≥10 000	

表10—7　　气体防护车内应急救援物资配备要求

序号	物资名称	主要功能或技术要求	配备	备注
1	正压式空气呼吸器	技术性能符合GB/T 18664要求	2套	配备空气瓶1个/套
2	苏生器	自动进行正负压人工呼吸	1套	
3	医用氧气瓶	治疗中毒人员	2个	
4	移动式长管供气系统	在缺氧或有毒、有害气体环境中的抢险救灾人员提供长时间呼吸保护	1台	
5	对讲机	易燃、易爆场所应防爆型	2台	
6	抢险救援服	抢险人员躯体保护，橘红色	1套/人	根据气体防护车上配备的人员确定
7	头戴式照明灯	灭火和抢险救援现场作业时的照明，易燃、易爆场所应为防爆型	1个/人	根据气体防护车上配备的人员确定
8	一级化学防护服	重度化学灾害现场全身防护	2套	
9	二级化学防护服	化学灾害现场作业时的躯体防护	2套	
10	隔热服	强热辐射场所的全身防护	*	
11	折叠担架	运送事故现场受伤人员	2副	

续表

序号	物资名称	主要功能或技术要求	配备	备注
12	急救包	盛放常规外伤和化学伤害急救所需的敷料、药品和器械等	1个	
13	可燃气体检测仪	检测事故现场易燃、易爆气体，可检测多种易燃、易爆气体的体积浓度	2台	根据企业可燃气体的种类配备
14	有毒气体检测仪	具备自动识别、防水、防爆性能，能探测有毒、有害气体及氧含量	2台	根据企业有毒、有害气体的种类配备

注：“＊”表示由单位根据实际需要进行配置，本标准不作规定。

（3）企业应急救援队伍抢险救援物资配备要求

1）第一类危险化学品单位应急救援队伍的抢险救援物资配备的种类和数量不应低于表10—8~表10—19的要求。

2）第二类危险化学品单位应急救援队伍的抢险救援物资配备的种类和数量不应低于表10—18的要求。

3）第三类危险化学品单位应急救援队伍可使用作业场所应急救援物资作为抢险救援物资。

表10—8　　第一类危险化学品单位侦检器材配备要求

序号	物资名称	主要用途或技术要求	配备	备注
1	有毒气体探测仪	具备自动识别、防水、防爆性能；能探测有毒、有害气体及氧含量	2台	
2	可燃气体检测仪	检测事故现场易燃、易爆气体，可检测多种易燃、易爆气体的浓度	2台	
3	红外测温仪	测量事故现场温度；可预设高、低温危险报警	1台	
4	便携式气象仪	测量风速、风向、温度、湿度、大气压等气象参数	1台	
5	水质分析仪	定性分析液体内的化学成分	＊	
6	红外热像仪	事故现场黑暗、浓烟环境中的搜寻；温差分辨率不小于0.25 ℃，有效检测距离不小于40 m	＊	

注：“＊”表示由单位根据实际需要进行配置，本标准不作规定。

表10—9　　第一类危险化学品单位警戒器材配备要求

序号	物资名称	主要用途或技术要求	配备	备注
1	警戒标志杆	灾害事故现场警戒，有反光功能	10根	
2	锥形事故标志柱	灾害事故现场道路警戒	10根	
3	隔离警示带	灾害事故现场警戒；双面反光，每盘长度约500 m	10盘	备份2盘
4	出入口标志牌	灾害事故现场标示；图案、文字、边框均为反光材料，与标志杆配套使用，易燃、易爆环境应为无火花材料	2组	

续表

序号	物资名称	主要用途或技术要求	配备	备注
5	危险警示牌	灾害事故现场警戒警示；分为有毒、易燃、泄漏、爆炸、危险5种标志，图案为反光材料。与标志杆配套使用，易燃易爆环境应为无火花材料	5块	
6	闪光警示灯	灾害事故现场警戒警示；频闪型，光线暗时自动闪亮	5个	备份2个
7	手持扩音器	灾害事故现场指挥；功率大于10 W，同时应具备警报功能	2个	

表10—10　　第一类危险化学品单位灭火器材配备要求

序号	物资名称	主要用途或技术要求	配备	备注
1	机动手抬泵	可人力搬运，用作输送水或泡沫溶液等液体灭火剂的专用泵	3台	
2	移动式消防炮	扑救可燃化学品火灾	2个	
3	A、B类比例混合器、泡沫液桶、空气泡沫枪	扑救小面积化工类火灾；由储液桶、吸液管和泡沫管枪组成，操作轻便快捷	2套	
4	二节拉梯	登高作业	3个	
5	三节拉梯	登高作业	2个	
6	移动式水带卷盘或水带槽	清理水带	3个	
7	水带	消防用水的输送	2 800 m	
8	其他	按所配车辆技术标准要求配备	1套	扳手、水枪、分水器、接口、包布、护桥等常规器材工具

表10—11　　第一类危险化学品单位通信器材配备要求

序号	物资名称	主要用途或技术要求	配备	备注
1	移动电话	易燃、易爆环境应防爆	2部	指挥员
2	对讲机	应急救援人员间以及与后方指挥员的通信，通信距离不低于1 000 m，易燃、易爆环境应防爆	1部/人	按执勤人数配备
3	通信指挥系统	符合GB 50313要求	1套	

表10—12　　第一类危险化学品单位救生物资配备要求

序号	物资名称	主要用途或技术要求	配备	备注
1	缓降器	高处救人和自救；安全负荷不低于1 300 N，绳索防火、耐磨	2套	
2	医药急救箱	盛放常规外伤和化学伤害急救所需的敷料、药品和器械等	1个	
3	逃生面罩	灾害事故现场被救人员呼吸防护	10个	备份10个
4	折叠式担架	运送事故现场受伤人员；为金属框架，高分子材料表面质材，便于洗消，承重不小于100 kg	1架	

续表

序号	物资名称	主要用途或技术要求	配备	备注
5	救援三脚架	高处、井下等救援作业；金属框架，配有手摇式绞盘，牵引滑轮，最大承载 2 500 N，绳索长度不小于 30 m	1 个	
6	救生软梯	登高救生作业	1 条	
7	安全绳	灾害事故现场救援，长度 50 m	2 组	
8	救生绳	救人或自救工具，也可用于运送消防施救器材，50 m	2 组	

表 10—13　　第一类危险化学品单位破拆器材配备要求

序号	物资名称	主要用途或技术要求	配备	备注
1	液压破拆工具组	灾害现场破拆作业	1 套	根据企业实际情况选配
2	无齿锯	切割金属和混凝土材料		
3	机动链锯	切割各类木质结构障碍物		
4	手动破拆工具组	灾害现场破拆作业		

表 10—14　　第一类危险化学品单位堵漏器材配备要求

序号	物资名称	主要用途或技术要求	配备	备注
1	木制堵漏楔	各类孔洞状较低压力的堵漏作业；经专门绝缘处理，防裂，不变形	1 套	每套不少于 28 种规格
2	气动吸盘式堵漏工具	封堵不规则孔洞；气动、负压式吸盘，可输转作业	1 套	根据企业实际情况和工艺特点，选配 1 套堵漏工具
3	粘贴式堵漏工具	各种罐体和管道表面点状、线状泄漏的堵漏作业；无火花材料		
4	电磁式堵漏工具	各种罐体和管道表面点状、线状泄漏的堵漏作业；适用温度不大于 80 ℃		
5	注入式堵漏工具	阀门或法兰盘堵漏作业；无火花材料；配有手动液压泵，液压不小于 74 MPa，使用温度-100~400 ℃	1 套	含注入式堵漏胶 1 箱
6	无火花工具	易燃、易爆事故现场的手动作业，铜制材料	1 套	每套不小于 11 种
7	金属堵漏套管	各种金属管道裂缝的密封堵漏	1 套	
8	内封式堵漏袋	圆形容器和管道的堵漏作业；由防腐橡胶制成，工作压力 0.15 MPa，4 种，直径分别为：10 mm/20 mm、20 mm/40 mm、30 mm/60 mm、50 mm/100 mm	*	
9	外封式堵漏袋	罐体外部堵漏作业；由防腐橡胶制成，工作压力 0.15 MPa，2 种，尺寸 5 mm/20 mm、20 mm/48 mm	*	
10	捆绑式堵漏袋	管道断裂堵漏作业；由防腐橡胶制成，工作压力 0.15 MPa，尺寸为 5 mm/20 mm、20 mm/48 mm	*	
11	阀门堵漏套具	阀门泄漏的堵漏作业	*	
12	管道黏结剂	小空洞或砂眼的堵漏	*	

注：“ * ”表示由单位根据实际需要进行配置，本标准不作规定。

表 10—15　　第一类危险化学品单位输转物资配备要求

序号	物资名称	主要用途或技术要求	配备	备注
1	输转泵	吸附、输转各种液体；易燃、易爆场所应为防爆	1 台	
2	有毒物质密封桶	装载有毒、有害物质；防酸碱，耐高温	2 个	
3	吸附垫、吸附棉	小范围内吸附酸、碱和其他腐蚀性液体	2 箱	
4	集污袋	装载有害物质	2 只	

表 10—16　　第一类危险化学品单位洗消物资配备要求

序号	物资名称	主要用途或技术要求	配备	备注
1	强酸、碱清洗剂	手部或身体小面积部位的洗消	5 瓶	酸碱环境下配备
2	强酸、碱洗消器	化学灼伤部位的洗消	2 只	酸碱环境下配备
3	洗消帐篷	消防人员洗消；配有电动充气泵、喷淋、照明等系统	1 套	
4	洗消粉	按比例与水混合后，对人体、物品和场地的降毒洗消	*	

注：“*”表示由单位根据实际需要进行配置，本标准不作规定。

表 10—17　　第一类危险化学品单位排烟照明器材配备要求

序号	物资名称	主要用途或技术要求	配备	备注
1	移动式排烟机	灾害现场的排烟和送风，配有相应口径的风管	1 台	
2	坑道小型空气输送机	缺氧空间作业，排风量符合常用救灾的要求	*	
3	移动照明灯组	灾害现场的作业照明，照度符合作业要求	1 套	
4	移动发电机	灾害现场等电器设备的供电	2 台	

注：“*”表示由单位根据实际需要进行配置，本标准不作规定。

表 10—18　　第一类危险化学品单位其他物资配备要求

序号	物资名称	主要用途或技术要求	配备	备注
1	心肺复苏人体模型	急救训练用	1 套	
2	空气充填泵	现场为空气呼吸器储气瓶充气	1 套	

表 10—19　　第二类危险化学品单位抢险救援物资配备要求

序号	种类	物资名称	主要用途或技术要求	配备	备注
1	侦检	有毒气体探测仪	具备自动识别、防水、防爆性能，能探测有毒、有害气体及氧含量	2 台	根据企业有毒、有害气体的种类配备
2		可燃气体检测仪	检测事故现场易燃、易爆气体；可检测多种易燃、易爆气体的浓度	2 台	根据企业可燃气体的种类配备
3	警戒	各类警示牌	灾害事故现场警戒警示	1 套	
4		隔离警示带	灾害事故现场警戒，双面反光	5 盘	备用 2 盘
5	灭火	移动式消防炮	扑救可燃化学品火灾	1 个	
6		水带	消防用水的输送	1 200 m	
7		常规器材工具，扳手、水枪等	按所配车辆技术标准要求配备	1 套	扳手、水枪、分水器、接口、包布、护桥等常规器材工具

续表

序号	种类	物资名称	主要用途或技术要求	配备	备注
8	通信	移动电话	易燃、易爆环境应防爆	2 部	
9		对讲机	易燃、易爆环境应防爆	2 台	
10	救生	缓降器	高处救人和自救；安全负荷不低于 1 300 N，绳索防火、耐磨	2 套	
11		逃生面罩	灾害事故现场被救人员呼吸防护	10 个	备用 5 个
12		折叠式担架	运送事故现场受伤人员，为金属框架，高分子材料表面质材，便于洗消，承重不小于 100 kg	1 架	
13		救援三脚架	金属框架，配有手摇式绞盘，牵引滑轮最大承载 2 500 N，绳索长度不小于 30 m	1 个	
14		救生软梯	登高救生作业	1 个	
15		安全绳	长度 50 m	2 组	
16		医药急救箱	盛放常规外伤和化学伤害急救所需的敷料、药品和器械等	1 个	
17	破拆	液压破拆工具组	灾害现场破拆作业	1 套	根据企业实际情况选择其中一项
18		无齿锯	切割金属和混凝土材料		
19		手动破拆工具组	灾害现场破拆作业		
20	堵漏	木制堵漏楔	各类孔洞状较低压力的堵漏作业。经专门绝缘处理，防裂，不变形	1 套	每套不少于 28 种规格
21		无火花工具	易燃、易爆事故现场的手动作业，钢制材料	1 套	
22		粘贴式堵漏工具	各种罐体和管道表面点状、线状泄漏的堵漏作业；无火花材料	*	
23		注入式堵漏工具	间门或法兰盘堵漏作业；无火花材料；配有手动液压泵，泵缸压力≥74 MPa，使用温度-100~400 ℃	*	
24	输转	输转泵	吸附、输转各种液体，安全防爆	1 台	
25		有毒物质密封桶	装载有毒有害物质，可防酸碱，耐高温	1 个	
26		吸附垫	小范围内的吸附酸、碱和其他腐蚀性液体	2 箱	
27	洗消	洗消帐篷	消防人员洗消；配有电动充气泵、喷淋、照明等系统	1 顶	
28	排烟照明	移动式排烟机	灾害现场的排烟和送风，配有相应口径的风管	1 台	
29		移动照明灯组	灾害现场的作业照明，照度符合作业要求	1 组	
30		移动发电机	灾害现场等的照明	*	
31	其他	水幕水带	阻挡或稀释有毒和易燃、易爆气体或液体蒸气	1 套	

注：“*”表示由单位根据实际需要进行配置，本标准不作规定。

5. 其他配备要求

（1）危险化学品单位，除作业场所和应急救援队伍外的其他部门应根据应急响应过程中所承担的职责配备相应的应急救援物资。

（2）沿江河湖海的危险化学品单位应配备水上灭火抢险救援、水上泄漏物处置和防汛排涝物资。

（3）除作业场所的应急救援物资外的其他应急救援物资，可由危险化学品单位与其周边其他相关单位或应急救援机构签订互助协议，并能在这些单位或机构接到报警后 5 min 内到达现场，可作为本单位的应急救援物资。

6. 管理和维护

（1）危险化学品单位应建立应急救援物资的有关制度和记录：物资清单；物资使用管理制度；物资测试检修制度；物资租用制度；资料管理制度；物资调用和使用记录；物资检查维护、报废及更新记录等。

（2）应急救援物资应明确专人管理；严格按照产品说明书要求，对应急救援物资进行日常检查、定期维护保养；应急救援物资应存放在便于取用的固定场所，摆放整齐，不得随意摆放、挪作他用。

（3）应急救援物资应保持完好，随时处于备战状态；物资若有损坏或影响安全使用的，应及时修理、更换或报废。

（4）应急救援物资的使用人员，应接受相应的培训，熟悉装备的用途、技术性能及有关使用说明资料，并遵守操作规程。

附录一　涉及危险化学品安全风险的行业品种目录

门类	大类	类别名称	涉及的典型危险化学品	主要安全风险
A		农、林、牧、渔业	包括1、2、4、5大类	
	1	农业	（1）农业种植使用硝酸铵肥料、硝酸钾肥料	爆炸、火灾
			（2）农业种植使用农药，如甲拌磷、克百威、涕灭威、氯化苦、溴敌隆、杀鼠醚、杀鼠灵、氧乐果、水胺硫磷、硫丹、灭线磷、百草枯等	中毒
	2	林业	（1）林业种植使用硝酸铵肥料、硝酸钾肥料	爆炸、火灾
			（2）使用农药，具有毒性，如氧乐果、水胺硫磷等	中毒
	3	渔业	渔船、冷库的制冷使用液氨	中毒、爆炸、火灾
	4	农、林、牧、渔服务业	（1）农业服务业防治病虫害使用毒杀芬等农药	中毒
			（2）使用硝酸铵肥料、硝酸钾肥料	爆炸、火灾
			（3）制冷使用液氨	中毒、爆炸、火灾
B		采矿业	包括6、7、8、9、10、12大类	
	5	煤炭开采和洗选业	（1）煤矿许用的膨化硝铵炸药	爆炸
			（2）焊接使用乙炔、氧气	爆炸、火灾
			（3）铅酸蓄电池使用硫酸等	腐蚀
			（4）煤炭洗选使用煤油、轻柴油等非极性烃类作为捕收剂	火灾、爆炸
			（5）煤炭洗选使用盐酸作为调整剂	腐蚀、中毒
			（6）瓦斯、一氧化碳等有毒、有害气体	中毒、火灾、爆炸
			（7）煤炭洗选重介质选煤使用三溴甲烷、四氯化碳等作为重介质	中毒
	6	石油和天然气开采业	（1）油气田勘探过程中使用硝铵炸药	爆炸
			（2）油气田开采、集输、油气分离、净化处理、存储等过程以及井喷事故中涉及原油、天然气、液化烃和硫化氢等	火灾、爆炸、中毒
			（3）采油过程中的压裂、酸化等增产作业使用过硫酸铵、盐酸、甲酸甲酯、氢氟酸等	中毒、腐蚀、火灾、爆炸
	7	黑色金属矿采选业	（1）金属矿开采使用硝铵炸药、硝化甘油等	爆炸
			（2）金属矿选矿使用松油、松节油、戊醇、甲酚等作为起泡剂，使用氯化锌、四溴乙烷等作为重液	火灾、中毒
	8	有色金属矿采选业	（1）金属矿开采使用硝铵炸药、硝化甘油等	爆炸
			（2）金属矿选矿使用氰化物、硫酸、盐酸、氢氧化钠、次氯酸钠、硫化钠、氢氟酸、重铬酸钠、氟硅酸等作为调整剂，使用松油、煤油、乙醇、甲酚等作为起泡剂	火灾、爆炸、中毒、腐蚀

续表

门类	大类	类别名称	涉及的典型危险化学品	主要安全风险
B		采矿业	包括 6、7、8、9、10、12 大类	
	9	非金属矿采选业	（1）非金属矿开采使用硝铵炸药、硝化甘油等	爆炸
			（2）非金属矿开采过程中涉及五氧化二磷、硫黄、硝酸钾等	腐蚀、火灾、爆炸、中毒
	10	其他采矿业	矿物开采使用硝铵炸药、硝化甘油等	爆炸
C		制造业	包括 13~15、17、19~43 大类	
	11	农副产品加工业	（1）谷物研磨、熏蒸、浸泡、蛋白沉淀等过程中使用磷化铝、磷化氢、盐酸、氢氧化钠等	中毒、腐蚀、粉尘爆炸、火灾
			（2）饲料加工使用亚硒酸钠、氢氧化钠等作为饲料添加剂	中毒、腐蚀
			（3）植物油加工使用正己烷、环己烷等易燃液体作浸出剂，使用氢氧化钠去除游离脂肪酸。生产氢化植物油使用氢气	火灾、爆炸、腐蚀
			（4）制糖使用亚硫酸、二氧化硫、磷酸、五氧化二磷等作为糖类的清净剂，在硫漂工艺使用硫黄	腐蚀、中毒、火灾
			（5）屠宰、水产品使用液氨作冷冻剂，使用食用亚硝酸钠、硝酸钠进行腌制	中毒、火灾、爆炸
			（6）鱼油生产涉及氢氧化钠等	腐蚀
			（7）使用二氧化氯等作为消毒剂	中毒
			（8）使用氢氧化钠、氢氧化钾等用于水果碱液去皮工艺	腐蚀
			（9）使用亚硫酸加速淀粉颗粒释放，涉及硫黄燃烧生产二氧化硫、加水生成亚硫酸的过程	中毒、腐蚀、火灾
			（10）脱毛使用液化石油气	火灾、爆炸
	12	食品制造业	（1）使用液氨作为冷冻剂，亚硝酸盐作为防腐剂	中毒、火灾、爆炸
			（2）方便食品制造使用液氨等作为冷冻剂	中毒、火灾、爆炸
			（3）盐加工使用碘酸钾等	火灾、爆炸
			（4）味精制造过程中使用硫化钠作为除铁剂	中毒、腐蚀
			（5）制醋过程使用乙醇溶液作为速酿醋原料	火灾、爆炸、中毒
			（6）使用无水乙醇进行萃取提纯	火灾、爆炸、中毒
			（7）酱油酿造、食用油生产使用正己烷、环己烷等易燃液体作为浸出剂	火灾、爆炸、中毒
			（8）食品腌制产生硫化氢等	中毒
			（9）淀粉生产使用亚硫酸	中毒
	13	酒、饮料和精制茶制造业	（1）酒类制造过程中产生乙醇等	火灾、爆炸、中毒
			（2）饮料制作过程中使用二氧化碳	物理爆炸、窒息
			（3）使用液氨作为冷冻剂	中毒、火灾、爆炸
			（4）使用氢氧化钠、硝酸、过氧乙酸等清洗、消毒设备	中毒、腐蚀
	14	纺织业	（1）棉纺用三氯乙烯、甲苯等	火灾、中毒
			（2）毛纺使用重铬酸钾、甲酸、氢氧化钠、燃气等	火灾、爆炸、中毒、腐蚀

续表

门类	大类	类别名称	涉及的典型危险化学品	主要安全风险
C		制造业	包括13~15、17、19~43大类	
	15	纺织业	（3）化纤纺丝工序使用联苯醚	中毒、火灾
			（4）针织类涂层复合布使用醋酸乙酯、丁酮、环己酮、甲苯等	火灾、爆炸、中毒
			（5）印染使用氢氧化钠、双氧水、连二亚硫酸钠、次氯酸钠溶液、N，N—二甲基甲酰胺、甲苯、硫化钠、丙酮、乙酸乙酯等	火灾、爆炸、中毒、腐蚀
	16	皮革、毛皮、羽毛及其制品和制鞋业	（1）脱毛使用硫化钠	中毒、腐蚀
			（2）鞣制使用甲醛	中毒、爆炸、火灾
			（3）浸酸工艺使用甲酸	腐蚀、爆炸、火灾
			（4）制鞋使用溶剂油、丙酮作为胶黏剂的稀释剂	火灾、爆炸、中毒
	17	木材加工和木、竹、藤、棕、草制品业	（1）使用溶剂油、丙酮作为胶黏剂的稀释剂	火灾、爆炸、中毒
			（2）表面漆使用溶剂油	火灾、爆炸、中毒
	18	家具制造业	（1）油漆使用二甲苯、溶剂油等稀释剂	火灾、爆炸、中毒
			（2）焊接使用乙炔、氧气	火灾、爆炸
	19	造纸和纸制品业	（1）染色过程中使用硫化钠等作为染色剂	中毒、腐蚀
			（2）硼酸等作为改性剂	腐蚀
			（3）漂白剂，如氯气、次氯酸钠、二氧化氯、过氧化氢、氧气等	中毒、腐蚀、火灾、爆炸
			（4）废液提取使用甲醇	火灾、爆炸
	20	印刷和记录媒介复制业	印刷使用油墨	火灾、中毒
	21	文教、工美、体育和娱乐用品制造业	（1）焊接使用乙炔、氧气	爆炸、火灾
			（2）电镀使用氰化钾、盐酸等	中毒、腐蚀
			（3）涂料使用硝基漆（主要成分为硝化纤维素）	火灾
	22	石油加工、炼焦和核燃料加工业	（1）石油加工涉及原油、汽油、柴油、液化烃、硫化氢、硫黄等	爆炸、火灾、中毒
			（2）炼焦涉及硫酸、乙炔、硫黄、苯、煤气等	爆炸、火灾、中毒、腐蚀
	23	化学原料和化学制品制造业	盐酸、氢氧化钠、乙醇、硝化棉等基础化工原料，硝酸铵等化肥，速灭磷等农药，氯乙烯等合成材料聚合物单体，硫黄等用于日化制造，以及各种专用化学品	爆炸、火灾、中毒、腐蚀
	24	医药制造业	（1）涉及乙醇、丙酮等作为溶剂和产品	爆炸、火灾、中毒
			（2）使用光气、环氧乙烷、氨气、氯气、液溴、盐酸、硫酸、氢氧化钠等作为原料	火灾、爆炸、中毒、腐蚀
	25	化学纤维制造业	（1）原料涉及二甲苯、丙烯腈、乙二醇等	火灾、爆炸、中毒
			（2）生产过程涉及成品油、天然气等原料，丙烯腈、丙烯等聚合单体	火灾、爆炸、中毒
	26	橡胶和塑料制品业	使用煤焦油、丙烯腈、丁二烯、松焦油、苯基硫醇、硫黄等	火灾、爆炸、中毒
	27	非金属矿物制品业	（1）三氧化二砷、氟化氢等作为澄清剂，高锰酸钾、重铬酸钾等作为着色剂	中毒、腐蚀、火灾

续表

门类	大类	类别名称	涉及的典型危险化学品	主要安全风险
C		制造业	包括13~15、17、19~43大类	
	28	非金属矿物制品业	（2）使用天然气、煤气等作为燃料	火灾、爆炸、中毒
	29	黑色金属冶炼和压延加工业	冶炼过程涉及一氧化碳、盐酸、氧气、氢气、氩气、氮气、电石等	火灾、爆炸、中毒、腐蚀
	30	有色金属冶炼和压延加工业	（1）冶炼焙烧过程涉及一氧化碳、二氧化硫、氯气、氮气、砷化氢等	火灾、爆炸、中毒、腐蚀
			（2）部分贵金属提取使用氰化钠	中毒
			（3）镁、锂和镁铝粉等	火灾、粉尘爆炸
			（4）萃取剂磺化煤油等	火灾
			（5）硫酸、盐酸、氢氧化钠等作为浸出剂	腐蚀
			（6）压延加工热处理使用液氨	中毒、火灾、爆炸
	31	金属制品业	（1）焊接使用乙炔、氧气、丙烷	火灾、爆炸
			（2）金属器件电镀使用氰化钾、硫酸、盐酸等	中毒、腐蚀
			（3）金属漆稀释剂使用甲苯、二甲苯等	火灾、爆炸、中毒
			（4）金属表面抛光产生镁铝粉等	火灾、粉尘爆炸
			（5）表面清洗使用松香水、天拿水等	火灾、爆炸、中毒
			（6）金属热处理使用液氨、氢气、丙烷等	火灾、爆炸、中毒
	32	通用设备制造业	（1）焊接使用乙炔、氧气、丙烷	火灾、爆炸
			（2）金属漆稀释剂使用甲苯、二甲苯等	火灾、爆炸、中毒
			（3）金属表面抛光产生镁铝粉等	火灾、粉尘爆炸
			（4）表面清洗使用松香水、天拿水等	火灾、爆炸、中毒
			（5）金属热处理使用液氨、氢气、丙烷等	火灾、爆炸、中毒
	33	专用设备制造业	（1）焊接使用乙炔、氧气、丙烷	火灾、爆炸
			（2）金属漆稀释剂使用甲苯、二甲苯等	火灾、爆炸、中毒
			（3）金属表面抛光产生镁铝粉等	火灾、粉尘爆炸
			（4）表面清洗使用松香水、天拿水等	火灾、爆炸、中毒
			（5）金属热处理使用液氨、氢气、丙烷等	火灾、爆炸、中毒
	34	汽车制造业	（1）焊接使用乙炔、氧气、丙烷	火灾、爆炸
			（2）金属漆稀释剂使用甲苯、二甲苯等	火灾、爆炸、中毒
			（3）金属表面抛光产生镁铝粉等	火灾、粉尘爆炸
			（4）表面清洗使用松香水、天拿水等	火灾、爆炸、中毒
			（5）金属热处理使用液氨、氢气、丙烷等	火灾、爆炸、中毒
	35	铁路、船舶、航空航天和其他运输设备制造业	（1）焊接使用乙炔、氧气、丙烷	火灾、爆炸
			（2）金属漆稀释剂使用甲苯、二甲苯等	火灾、爆炸、中毒
			（3）金属表面抛光产生镁铝粉等	火灾、粉尘爆炸
			（4）表面清洗使用松香水、天拿水等	火灾、爆炸、中毒
			（5）金属热处理使用液氨、氢气、丙烷等	火灾、爆炸、中毒

续表

门类	大类	类别名称	涉及的典型危险化学品	主要安全风险
C		制造业	包括 13~15、17、19~43 大类	
	36	电气机械和器材制造业	（1）电池制造使用硫酸、硫酸铅、氢气、甲醇、锂等	爆炸、火灾、腐蚀、中毒
			（2）照明器具使用砷化镓、汞等有毒物质	中毒
	37	计算机、通信和其他电子设备制造业	（1）氢氟酸用于集成电路板制造	中毒、腐蚀
			（2）金属器件电镀使用氰化钾、硫酸、盐酸、铬酐（三氧化铬）等	中毒、腐蚀
			（3）电子元件焊接过程使用松香水、天拿水等	火灾、爆炸、中毒
	38	仪器仪表制造业	（1）焊接使用乙炔、氧气、丙烷	火灾、爆炸
			（2）金属漆稀释剂使用甲苯、二甲苯等	火灾、爆炸、中毒
	39	其他制造业	溶剂油、丙酮作为日用品胶黏剂的稀释剂	火灾、爆炸、中毒
	40	废弃资源综合利用业	各种废弃物涉及易燃、易爆、有毒、氧化性、腐蚀等各种危险性的废料，如甲烷气、硫化氢、废汽油、废盐酸等	爆炸、火灾、中毒、腐蚀
	41	金属制品、机械和设备修理业	（1）焊接使用乙炔、氧气、丙烷	火灾、爆炸
			（2）金属漆稀释剂使用甲苯、二甲苯等	火灾、爆炸、中毒
D		电力、热力、燃气及水生产和供应业	包括 44~46 大类	
	42	电力、热力生产和供应业	热电厂涉及天然气、柴油、液氨、氢气、一氧化碳、二氧化硫等	爆炸、火灾、中毒、腐蚀
	43	燃气生产和供应业	燃气生产涉及液化石油气、天然气、煤气等易燃气体，液氨、硫化氢等有毒气体，原料涉及石油化工产品等易燃气体和易燃液体、盐酸、氢氧化钠等	爆炸、火灾、中毒、腐蚀
	44	水的生产和供应业	（1）消毒使用液氯、次氯酸钠等	中毒、腐蚀
			（2）污水处理使用盐酸、氢氧化钠、双氧水等	腐蚀
			（3）污水中含有的汽油等易燃液体和硫化氢等有毒物质	火灾、爆炸、中毒
E		建筑业	包括 47、48、50 大类	
	45	房屋建筑业	焊接使用乙炔、氧气	火灾、爆炸
	46	土木工程建筑业	（1）焊接使用乙炔、氧气	火灾、爆炸
			（2）油漆稀释剂涉及丙酮、乙醇等	火灾、爆炸、中毒
			（3）水利水电工程建设使用硝铵炸药	爆炸
	47	建筑装饰和其他建筑业	油漆稀释剂涉及丙酮、乙醇等	火灾、爆炸、中毒
F		批发和零售业	包括 51、52 大类	
	48	批发业	（1）盐酸、氢氧化钠、乙醇、氯乙烯、硝铵炸药、硝化棉、油漆、溶剂油等，硝酸铵等化肥，速灭磷等农药，氧气、乙醇等医用品，乙醇、丙酮等实验室用化学品	爆炸、火灾、中毒、腐蚀
			（2）冷冻涉及液氨等	中毒、火灾、爆炸
	49	零售业	盐酸、氢氧化钠、乙醇、硝铵炸药、氯乙烯、油漆、溶剂油等危险化学品，硝酸铵等化肥，速灭磷等农药，医用氧气、酒精等，乙醇、丙酮等实验室用化学品	爆炸、火灾、中毒、腐蚀

续表

门类	大类	类别名称	涉及的典型危险化学品	主要安全风险
G		交通运输、仓储和邮政业	包括 53~60 大类	
	50	铁路运输业	硝铵炸药、硝化棉、震源弹，液化石油气、液氨，原油、成品油、甲苯、乙醇，黄磷、电石，硝酸铵、氯酸钾、硝酸钾等肥料，氰化钠、氰化钾、呋喃丹、速灭磷，盐酸、硫酸、硝酸、氢氧化钠，以及各种危险货物的运输	爆炸、火灾、中毒、腐蚀
	51	道路运输业	盐酸、氢氧化钠、硝铵炸药、硝化棉、液氨、乙醇等，液氯、氰化钠等剧毒化学品，硝酸铵等化肥，速灭磷等农药，原油、成品油等油品，以及各种专用化学品的仓储运输	爆炸、火灾、中毒、腐蚀
	52	水上运输业	盐酸、氢氧化钠、硝铵炸药、硝化棉、液氨、乙醇等，硝酸铵等化肥，速灭磷等农药，原油、成品油等油品，以及各种专用化学品的仓储运输	爆炸、火灾、中毒、腐蚀
	53	航空运输业	航空煤油等油品，航空货运的各类危险化学品	爆炸、火灾、中毒、腐蚀
	54	管道运输业	天然气、乙烯、乙醇、汽油、煤气、沼气等的运输	爆炸、火灾、中毒
	55	装卸搬运和运输代理业	盐酸、氢氧化钠、硝铵炸药、硝化棉、液氨、乙醇等化学品，硝酸铵等化肥，速灭磷等农药，以及各种专用化学品的仓储	爆炸、火灾、中毒、腐蚀
	56	仓储业	盐酸、氢氧化钠、硝铵炸药、硝化棉、液氨、乙醇等化学品，硝酸铵等化肥，储粮害虫防治使用磷化铝等农药，以及各种专用化学品的仓储	爆炸、火灾、中毒、腐蚀
H		住宿和餐饮业	本门类包括 61、62 大类	
	57	住宿业	取暖涉及天然气、煤气等	火灾、爆炸、中毒
	58	餐饮业	烹饪使用天然气、液化石油气、二甲醚、酒精、煤气等	火灾、爆炸、中毒
K		房地产业	本门类包括 70 大类	
	59	房地产业	（1）使用溶剂油、丙酮作为胶黏剂的稀释剂	火灾、爆炸、中毒
			（2）涂料涉及溶剂油等	火灾、爆炸、中毒
			（3）焊接使用乙炔、氧气	火灾、爆炸
M		科学研究和技术服务业	本门类包括 73~75 大类	
	60	研究和试验发展	研究试验使用的硫酸、盐酸、硝酸、氢氧化钠、氢氧化钾等	火灾、爆炸、中毒、腐蚀
	61	专业技术服务业	（1）测试、监测、勘探等使用硫酸、盐酸、硝酸、氢氧化钠、氢氧化钾等	火灾、爆炸、中毒、腐蚀
			（2）油气田勘探过程中使用硝铵炸药，丙烯酰胺等助剂	爆炸、腐蚀、中毒
			（3）氢氟酸用于集成电路板制造	中毒、腐蚀
			（4）金属器件电镀使用氰化钾、硫酸、盐酸等	中毒、腐蚀
			（5）电子元件焊接过程使用松香水等	火灾、爆炸、中毒
N		水利、环境和公共设施管理业	包括 76~78 大类	
	62	水利管理业	（1）水质监测使用硫酸、盐酸、高锰酸钾、碘化汞等	腐蚀、中毒

续表

门类	大类	类别名称	涉及的典型危险化学品	主要安全风险
N		水利、环境和公共设施管理业	包括 76~78 大类	
	63	水利管理业	(2) 水保监测使用氧气、乙炔、氢气气瓶以及三氯甲烷、硫酸、盐酸、高锰酸钾、丙酮、甲苯、醋酸酐等	火灾、爆炸、中毒、腐蚀
			(3) 水利水电工程使用汽油、氧气、乙炔等	火灾、爆炸
			(4) 水文实验室使用氟化氢、硫酸、盐酸、三氯甲烷、正己烷等试剂，重铬酸钾、氰化钠、叠氮化钠等剧毒化学品	火灾、爆炸、中毒、腐蚀
			(5) 水利科研实验室使用乙炔、丙烷、甲醛、苯、硫酸、硝酸、盐酸等	中毒、腐蚀、火灾、爆炸
	64	生态保护和环境治理业	(1) 植物培育防治病虫害使用毒杀芬等农药、硝酸铵肥料等	中毒、爆炸
			(2) 污水治理使用次氯酸钠、液氯、盐酸、氢氧化钠等化学品，废弃物和污水含有的易燃、有毒、腐蚀等化学品	中毒、腐蚀、火灾、爆炸
			(3) 大气治理使用氨气等	中毒、腐蚀、火灾、爆炸
	65	公共设施管理业	(1) 化粪池等场所涉及沼气、硫化氢、盐酸等	火灾、爆炸、中毒、腐蚀
			(2) 绿化使用硝酸铵肥料和氧乐果等农药	爆炸、中毒
			(3) 市政设施抢修使用乙炔、氧气等	火灾、爆炸
O		居民服务、修理和其他服务业	包括 79、80 大类	
	66	居民服务业	(1) 使用燃气、甲醛、乙醇溶液	火灾、爆炸、中毒
			(2) 漂白剂，如过氧化氢、次氯酸钙及过硼酸钠等溶液	腐蚀、中毒
			(3) 美发行业发胶中含乙醇、丙烷、丁烷等	火灾、爆炸、中毒
	67	机动车、电子产品和日用产品修理业	(1) 焊接使用乙炔、氧气	火灾、爆炸
			(2) 金属器件电镀使用氰化钾、硫酸、盐酸等	中毒、腐蚀
			(3) 金属漆稀释剂使用甲苯、二甲苯等	火灾、爆炸、中毒
			(4) 金属表面抛光产生镁铝粉等	火灾、粉尘爆炸
			(5) 表面清洗使用松香水、天拿水等	火灾、爆炸、中毒
P		教育	包括 82 大类	
	68	教育	学校实验室使用金属钠、氢气、硫酸、盐酸、硝酸、氢氧化钠、氢氧化钾等试剂	火灾、爆炸、中毒、腐蚀
Q		卫生和社会工作	包括 83 大类	
	69	卫生	(1) 消毒使用乙醇、高锰酸钾、次氯酸钠等	火灾、爆炸、腐蚀
			(2) 检查使用甲醛溶液、氰化物等	火灾、中毒、腐蚀
			(3) 麻醉使用乙醚，医疗使用压缩氧气及液氧	火灾、爆炸
R		文化、体育和娱乐业	包括 85、87 大类	
	70	新闻和出版业	印刷使用油墨	火灾、中毒
	71	文化艺术业	(1) 储存使用甲醛溶液	中毒、火灾
			(2) 舞台使用二氧化碳	窒息、物理爆炸

注：本目录所列行业均为《国民经济分类》（GB/T 4754—2011）列出的行业，不涉及危险化学品的行业未列出。

附录二　危险化学品重大危险源临界量

附表 2—1　　危险化学品名称及其临界量

序号	类别	危险化学品名称和说明	临界量（T）
1	爆炸品	叠氮化钡	0.5
2		叠氮化铅	0.5
3		雷酸汞	0.5
4		三硝基苯甲醚	5
5		三硝基甲苯	5
6		硝化甘油	1
7		硝化纤维素	10
8		硝酸铵（含可燃物>0.2%）	5
9	易燃气体	丁二烯	5
10		二甲醚	50
11		甲烷，天然气	50
12		氯乙烯	50
13		氢	5
14		液化石油气（含丙烷、丁烷及其混合物）	50
15		一甲胺	5
16		乙炔	1
17		乙烯	50
18	毒性气体	氨	10
19		二氟化氧	1
20		二氧化氮	1
21		二氧化硫	20
22		氟	1
23		光气	0.3
24		环氧乙烷	10
25		甲醛（含量>90%）	5
26		磷化氢	1
27		硫化氢	5
28		氯化氢	20
29		氯	5

续表

序号	类别	危险化学品名称和说明	临界量(T)
30	毒性气体	煤气(CO,CO 和 H_2、CH_4的混合物等)	20
31		砷化三氢(胂)	1
32		锑化氢	1
33		硒化氢	1
34		溴甲烷	10
35	易燃液体	苯	50
36		苯乙烯	500
37		丙酮	500
38		丙烯腈	50
39		二硫化碳	50
40		环己烷	500
41		环氧丙烷	10
42		甲苯	500
43		甲醇	500
44		汽油	200
45		乙醇	500
46		乙醚	10
47		乙酸乙酯	500
48		正己烷	500
49	易于自燃的物质	黄磷	50
50		烷基铝	1
51		戊硼烷	1
52	遇水放出易燃气体的物质	电石	100
53		钾	1
54		钠	10
55	氧化性物质	发烟硫酸	100
56		过氧化钾	20
57		过氧化钠	20
58		氯酸钾	100
59		氯酸钠	100
60		硝酸(发红烟的)	20
61		硝酸(发红烟的除外,含硝酸>70%)	100
62		硝酸铵(含可燃物≤0.2%)	300
63		硝酸铵基化肥	1 000
64	有机过氧化物	过氧乙酸(含量≥60%)	10
65		过氧化甲乙酮(含量≥60%)	10

续表

序号	类别	危险化学品名称和说明	临界量(T)
66		丙酮合氰化氢	20
67		丙烯醛	20
68		氟化氢	1
69		环氧氯丙烷(3—氯—1,2—环氧丙烷)	20
70		环氧溴丙烷(表溴醇)	20
71		甲苯二异氰酸酯	100
72	毒性物质	氯化硫	1
73		氰化氢	1
74		三氧化硫	75
75		烯丙胺	20
76		溴	20
77		乙撑亚胺	20
78		异氰酸甲酯	0.75

附表 2—2　　　　未在附表 2—1 中列举的危险化学品类别及其临界量

类别	危险性分类及说明	临界量（T）
爆炸品	1.1A 项爆炸品	1
	除 1.1A 项外的其他 1.1 项爆炸品	10
	除 1.1 项外的其他爆炸品	50
气体	易燃气体：危险性属于 2.1 项的气体	10
	氧化性气体：危险性属于 2.2 项非易燃无毒气体且次要危险性为 5 类的气体	200
	剧毒气体：危险性属于 2.3 项且急性毒性为类别 1 的毒性气体	5
	有毒气体：危险性属于 2.3 项的其他毒性气体	50
易燃液体	极易燃液体：沸点≤35 ℃且闪点<0 ℃的液体；或保存温度一直在其沸点以上的易燃液体	10
	高度易燃液体：闪点<23 ℃的液体（不包括极易燃液体）；液态退敏爆炸品	1 000
	易燃液体：23 ℃≤闪点<61 ℃的液体	5 000
易燃固体	危险性属于 4.1 项且包装为Ⅰ类的物质	200
易于自燃的物质	危险性属于 4.2 项且包装为Ⅰ类或Ⅱ类的物质	200
遇水放出易燃气体的物质	危险性属于 4.3 项且包装为Ⅰ类或Ⅱ类的物质	200
氧化性物质	危险性属于 5.1 项且包装为Ⅰ类的物质	50
	危险性属于 5.1 项且包装为Ⅱ类或Ⅲ类的物质	200
有机过氧化物	危险性属于 5.2 项的物质	50
毒性物质	危险性属于 6.1 项且急性毒性为类别 1 的物质	50
	危险性属于 6.1 项且急性毒性为类别 2 的物质	500

注：以上危险化学品危险性类别及包装类别依据 GB 12268 确定，急性毒性类别依据 GB 20592 确定。